사적의 보존관리와 정비의 이해

사적의 보존관리와 정비의 이해

초판 1쇄 인쇄
2013년 2월 4일
초판 1쇄 발행
2013년 2월 8일

지은이
김철주
펴낸이
김효형

펴낸곳
(주)눌와
등록번호
1999. 7. 26. 제10-1795호
주소
서울시 마포구 성산동 617-8, 2층
전화
02. 3143. 4633
팩스
02. 3143. 4631
홈페이지
www.nulwa.com
전자우편
nulwa@naver.com
편집
이지현, 김선미
디자인
최혜진
마케팅
최은실
종이
정우페이퍼
출력
한국커뮤니케이션
인쇄
미르인쇄
제본
포엘비앤씨

ⓒ 김철주, 2013

ISBN
978-89-90620-64-4 93300

책값은 뒤표지에
표시되어 있습니다.

이 책은
콩기름잉크soy ink로 인쇄한
친환경 인쇄물입니다.

사적의 보존관리와 정비의 이해

김철주 지음

눌와

"사적을 보존하고 가꾸어나갈 초석이 되길 바라며"

《사적의 보존관리와 정비의 이해》는 어떻게 하면 사적을 잘 보존하고 가치를 제대로 전달함으로써 국민과 주민이 사적을 향유할 것인가에 대한 고민으로부터 시작되었다.

우리의 사적토지를 근간으로 하는 문화유산은 대부분 사적에 속함은 2000년대 이후 국민소득 증대와 문화의식의 고취로 보존에서 활용에 이르기까지 높은 관심의 대상이 되어왔다. 하지만 현재 우리 국민은 어느 사적에 어떤 가치가 있으며 무엇을 배우고 어떻게 체험하고 활용하면 되는지 혼란스러워하고 있으며, 사적은 생활에 불편을 끼치는 천덕꾸러기로 취급되고 있다.

그러나 조상들이 살면서 만들어온 역사를 담고 있는 사적은 아무도 대신할 수 없는 우리의 발자취로서, 후손에게 물려주어야 하는 소중한 자산이라는 이유만으로도 보존할 가치가 있다. 한번 훼손된 문화유산은 되돌릴 수 없으며, 우리 시대에 새로 만들어낼 수도 없다. 따라서 문화재청을 필두로 하는 문화재계에서도 사적정비를 위한 정책이나 지침 등을 수립하여 시행하고 있으며, 문화유산 내 탐방로·보호각·안내판·프로그램 활용방안 등에 대해 다양한 시도가 이루어지고 있다.

그러나 온전한 사적정비를 위해서는 사적의 다양한 유형과 특성을 반영해야 하는 어려움이 있으며, 이를 근간으로 기준과 체계를 정립하기 위해 건축학·고고학·토목학·인문학·보존과학·조경학 등 다양한 분야와 조화를 이루어야 하는 것이 사실이다. 이러한 중에 필자가 이제까지 쌓아온 건축적인 지식과 고고학적 경험을 사적정비로 귀결시킬 수 있지 않을까 하고 생각한 것은 2006년 무렵이다.

이후에도 사적정비에 대한 생각을 조금씩 연구하고 정리하며 칼럼·소논문·보고서·학술대회를 통해 발표하고 현지조사도 계속해왔다. 그 성과의 일부는 필자가 문화재청 보존정책과 상근전문위원이 되면서 2011년 12월

문화재청에서 출간한 《사적정비편람》에 집약되어 있다.

그러나 사적정비 전반에 걸친 이해와 실무를 담당하는 분들이 현장에서 적용하기 위해서는 문화재청의 정책, 행정적인 과정, 활용방안 등 추가적인 이해가 필요하다. 이에 기존의 성과와 새롭게 정리된 부분을 종합하여 《사적의 보존관리와 정비의 이해》리는 한 권의 책으로 엮었다. 이 책에서는 전문적인 지식을 전달하기보다는 사적정비의 전반적인 흐름과 기초적인 내용을 이해할 수 있게 도와줌으로써 사적의 보존관리와 정비에 쉽게 다가갈 수 있도록 구성하였다.

비록 부족한 점이 많지만 이 책으로 하나의 초석을 놓고 이후 동료 및 선후배가 꾸준한 노력과 관심으로 부족한 부분을 채워간다면, 국내뿐만 아니라 세계적으로도 많은 사람이 찾는 좋은 사적으로 가꾸어나갈 수 있는 사적정비 기초서로 거듭날 것이라 기대해본다.

책이 나오기까지 항상 우리 가족을 걱정하고 기도해주시는 캐나다의 김동숙 고모님과 부모님이 힘이 되어 주셨다. 그리고 문화재위원회 사적분과 위원님들과 전북대학교 남해경 교수님의 교시에 의한 깨달음도 곳곳에 섞여 있다. 또한 이 책의 근간을 만들어주신 문화재청 강경환 정책국장님과 보존정책과 김원기 과장님, 강흔모 과장님, 최장락 소장님, 박한규 과장님, 차금용 사무관님, 조운연 서기관님, 남효대 사무관님, 조성래 사무관님 등 많은 분이 도와주셨음을 말씀드리고 싶다. 게다가 본인의 일처럼 원고 전반에 걸쳐 감수를 해주신 장호수 충북문화재연구원장님 덕분에 체계를 갖춘 책으로 거듭날 수 있었다. 모든 분들에게 감사를 드린다.

작업을 진행하면서도 최병하 전문위원, 이천우 전문위원, 김봉두 선생님, 김영범 선생님, 이명선 선생님, 변용환 선생님, 여규철 선생님, 전원일 선생님, 조율호 선생님, 고경남 선생님, 전영준 님, 최종규 님, 노현균 님, 조상미 님 등이 사진을 제공하고 조언해주셔서 책이 더욱 충실한 내용을 갖추게 되었음에 감사드린다.

마지막으로 항상 에너지를 주는 아들 기준이와 묵묵히 곁을 지켜주는 아내에게 이 자리를 빌려 고마운 마음을 전한다.

2013년 1월
대전에서 김철주

차례

책머리에 04
사적을 보존하고 가꾸어나갈 초석이 되길 바라며

Chapter 1.
사적의 보존관리와 행정사항   11

1-1 사적의 보존관리와 정비
1 사적의 보존관리와 정비의 이해   12
2 사적의 보존관리와 정비의 목적   13
3 사적의 보존관리와 정비의 흐름   15

1-2 사적 관련 정책
1 사적 관련 법·제도적인 정책   21
2 사적 관련 정책   25
3 사적 주변 관련 정책   29
4 비지정문화재 관련 정책   31

1-3 사적 지정
1 사적 지정의 이해   32
2 지정 요건   33
3 지정기준 및 절차   34
4 지정을 위한 구비 서류   37
5 지정에 의한 조치   41
6 사적 지정과 타 법률과의 관계   44
7 관리단체의 지정   45
8 관리단체에 의한 관리   46
9 관리단체의 관리에 따른 보조금   50

1-4 사적 관련 예산

1 사적 관련 예산의 이해   **51**
2 사적 관련 예산의 해설   **53**
3 사적정비 예산 관련법   **59**

1-5 토지매입

1 토지매입의 이해   **62**
2 토지매입의 흐름   **63**
3 관련법   **64**

Chapter 2.
발굴조사와 현상변경   **65**

2-1 발굴조사

1 발굴조사의 이해   **66**
2 발굴조사   **69**
3 발굴조사 이후의 조치   **85**

2-2 현상변경

1 현상변경의 이해   **89**
2 사적정비에 따른 현상변경   **90**

Chapter 3.
종합정비기본계획   **105**

1 종합정비기본계획의 이해   **106**
2 〈사적 종합정비기본계획 수립 및 시행에 관한 지침〉의 해설   **108**

Chapter 4.
설계와 시공 및 감리　　　　　　**121**

4-1 설계
1 사적정비에 따른 설계의 이해　　　　　　**122**
2 설계 과정　　　　　　**123**
3 설계도서 작성원칙　　　　　　**124**
4 설계도서 작성　　　　　　**125**

4-2 시공
1 사적정비에 따른 시공의 이해　　　　　　**138**
2 사적정비에 따른 시공　　　　　　**138**
3 사적정비에 따른 공종별 시공의 공통사항　　　　　　**143**
4 각 공종별 공사　　　　　　**145**

4-3 감리
1 감리의 이해　　　　　　**158**
2 감리　　　　　　**158**
3 유의사항　　　　　　**163**

Chapter 5.
사적의 정비기법과 유형별 정비　　　　　　**165**

5-1 사적정비기법
1 사적정비기법의 이해　　　　　　**166**
2 사적정비기법　　　　　　**167**

5-2 사적의 유형별 정비

1 사적의 유형별 정비의 이해 — **221**
2 유형 분류 — **221**
3 유형별 정비 — **223**

Chapter 6.
사적의 관리 및 활용 — **285**

6-1 사적정비보고서

1 사적정비보고서의 이해 — **286**
2 사적정비보고서 — **286**

6-2 사적의 유지관리

1 사적 유지관리의 이해 — **290**
2 사적의 유지관리 — **290**
3 유의사항 — **300**

6-3 사적의 활용

1 사적 활용의 이해 — **302**
2 사적 활용의 유형 — **302**
3 사적 활용 프로그램 — **303**

부록 — **313**

용어 해설 — **314**
참고문헌 — **326**

Chapter 1.

사적의 보존관리와 행정사항

1.1 사적의 보존관리와 정비

1 사적의 보존관리와 정비의 이해

사적의 개념을 사전적 의미로 살펴보면 ① 문화 활동에 의하여 창조된 것으로서 가치가 뛰어난 사물, ② 〈문화재보호법〉이 보호 대상으로 정한 유형문화재·무형문화재·민속문화재·천연기념물·사적·명승지 따위를 이르는 말로 표현되며, 다양한 유형의 사적이 존재한다.

또한 보존은 ① 잘 보호하고 간수하여 남기고, ② 원상태로 유지한다는 의미를 가지고 있다. 정비는 ① 흐트러진 체계를 정리하여 제대로 갖추고, ② 기계나 설비가 제대로 작동하도록 보살피고 손질한다는 의미로 쓰인다.

결국 사적의 보존관리와 정비란 역사적·예술적·학술적·경관적 가치가 높은 유적 및 유구로 구성된 장소가 훼손되지 않도록 하면서 그 가치를 알기 쉽게 나타내고 유지한다는 의미로 이해할 수 있다. 이러한 기본적인 이해를 바탕으로 제정된 〈문화유산헌장〉에 나타나는 문화재 기본철학을 토대로 사적의 보존관리와 정비가 이루어져야 한다.

그 밖에도 사적의 보존관리와 정비를 위해서는 관련 정책·지정·현상변경·예산·종합정비기본계획·설계·시공·활용·유지관리 등에 관해 복합적으로 검토해야 하며, 최근 세계유산과의 연관성을 고려할 때 국제헌장 등에서 정하는 문화유산의 보존과 활용 정신을 존중하는 것도 중요한 전제 조건이다.

〈문화유산헌장〉

1. 문화유산은 원래의 모습대로 보존되어야 한다.
2. 문화유산은 주위 환경과 함께 무분별한 개발로부터 보호되어야 한다.
3. 문화유산은 그 가치를 재화로 따질 수 없는 것이므로 결코 파괴·도굴되거나 불법으로 거래되어서는 안 된다.

4, 문화유산 보존의 중요성은 가정·학교·사회 교육을 통해 널리 일깨워져야 한다.
5, 모든 국민은 자랑스러운 문화유산을 바탕으로 찬란한 민족 문화를 계승·발전시켜야 한다.

2 사적의 보존관리와 정비의 목적

국가지정문화재인 사적은 면面을 단위로 하는 문화재로서 그 유형이 상당히 다양하다. 선사시대 유적과 같이 유구를 근간으로 하는 사적부터 지상의 건조물 및 구조물과 토지가 일체화된 사적, 상징적인 의미만 가진 터로 구성된 사적까지 여러 유형이 있다. 시간 경과에 따른 변형·훼손으로 인해 형태를 유지하고 가치를 나타내기 어려운 경우가 많기 때문에 원래의 현상을 유지하기 위해 보존조치를 취하거나 가치를 나타내고 활용하기 위해 정비하게 된다.

이러한 사적의 보존관리와 정비를 위한 목적을 살펴보면 다음과 같이 정리할 수 있다.

사적의 보존

사적은 진정성과 역사성·장소성이라는 가치를 인정받아 지정된 문화재로, 원형을 보존하여 후세에게 물려준다는 대전제 조건이 있다. 이를 위해서는 지속적인 보존관리가 필요하다.

발굴조사 후 복토와 성토 그리고 잔디식재로 보존한 유구의 경우에도 이를 유지하기 위해서는 지속적인 관리가 필요하며, 사적 내 지상에 노출된 역사적 건축물과 구조물 역시 지속적인 보존처리와 수리에 의해서만 유지될 수 있다. 지상의 역사적 건축물과 구조물, 지하 유구를 보다 합리적으로 보존하기 위해서는 정비를 통한 관리가 체계적으로 이루어져야 한다.

사적의 가치 이해 및 증진

지상의 건축물 또는 건조물의 경우에는 수리와 보존처리를 통해 가치를 지속적으로 전달할 수 있다. 또한 발굴조사에 의해 규명된 지하 유구는 곧바로 복토나 성토를 하게 된다. 그러나 이러한 조치만으로 사적이 가진 가치를 나타내기는 상당히 어렵다.

사적은 다양한 정비기법을 통해 역사적·예술적·학술적·경관적 가치를 나타낼 수밖에 없는 속성을 가지고 있다. 이렇게 사적이 가진 가치를 적극적으로 공유하고 나타내기 위해 취하는 방법이 사적 정비라 할 수 있다.

교육적 활용

사적은 해당 지역의 역사를 알려주는 자랑스러운 문화재이자 정체성을 가장 잘 드러내주는 문화유산으로서 지역문화의 중심에 서 있다. 또한 다양한 유적 및 유구와 이야기 그리고 이와 연계된 유적지에는 교육적인 내용이 포함되어 있다.

최근에는 학교 교육의 중요한 핵심 거점으로서 지역의 사적을 활용한 교육 프로그램을 도입하거나 지역 박물관의 사회교육기능을 강화하고 있다. 정비된 사적의 전시관도 단순한 전시기능을 벗어나 교육의 기능을 일부 수행하고 있으며, 다양한 체험기능을 더하여 지역문화의 중심으로 자리 잡고 있는 실정이다.

이처럼 사적을 교육적인 장소로 활용하기 위해서는 정비를 통해 사적이 가진 가치를 가시적인 형태로 나타내고, 전시관이나 박물관 등을 활용하여 시너지 효과를 발휘할 필요가 있다.

사적의 효용성 증대

사적으로 지정된 구역 또는 역사적 건조물 및 구조물은 보존과 관리를 위해 토지를 매입하게 된다. 매입된 토지는 특별히 관리하지 않는 한 공지로 남겨져 지역의 황폐화를 가져온다.

발굴조사에 의해 드러난 유적 및 유구의 가치를 공유지로 남겨놓기보다는 적극적으로 활용하기 위해 정비를 실시한다. 사적의 정비를 통해 지역의 활성화와 경제적인 가치를 불러일으킬 뿐만 아니라 교육이나 윤택한 생활을 위한 장소로 활용할 수도 있다.

지역 주민의 활력 공간, 휴식의 장소

정비된 사적의 활용도는 지역 주민의 50퍼센트를 넘는다는 외국의 사례에서도 알 수 있듯이, 도심 또는 지역에서도 잘 정리되고 숲이 있는 유적공원이나 개발에서 벗어나 자연이 보존되고 있는 사적은 지역 주민에게 휴식과 만남, 커뮤니티의 중심지이자 활력을 더해주는 장소로서 기능하게 된다.

**지역
활성화**

역사적 배경을 가진 사적은 정비를 통해서 가치를 드러내게 되며, 정비된 사적은 볼거리와 지식을 제공하는 장소로서 많은 사람이 방문하게 만든다.

또한 사적을 중심으로 관람객의 방문을 위한 다양한 시설과 각종 편의시설이 필요해진다. 이로 인해 널리 알려진 사적은 지역경제에 활력을 더해준다.

**관광
자원과의
연계**

정비된 사적은 지역의 문화자원으로서 주변의 관광자원과 연계하여 시너지 효과를 발휘할 수 있다. 지역의 개별 사적을 지속적으로 정비하고 연계시켜 한 지역 전체를 유적 벨트로 구상하는 사례도 많아지고 있다. 개별 사적에 대한 이해보다는 지역 전체에 대한 이해를 높이고 호기심을 자극하여 적극적인 관광자원 개발로 이어나갈 수 있다.

3 사적의 보존관리와 정비의 흐름

각각의 사적은 규모·입지·환경·특성 등이 다양하며, 이를 정비할 때는 기법 및 진행에 관련된 다양한 흐름을 따라야 한다. 또한 사적이 가진 가치를 명확히 한 후 그 성과에 근거하여 정비할 필요가 있기 때문에 발굴조사 등의 학술조사와 병행하여 사업을 진행하는 경우가 많다.

사적정비를 실현하기까지 오랜 기간이 필요한 경우도 많으며, 정비가 정해지면 시대에 따른 사회적 요청과 보존 및 활용 방향에 관해 다양한 의견을 수렴할 필요가 있다. 이 때문에 사적정비사업을 위해서는 복잡한 절차를 거치게 되며, 문화재청이나 관계전문가 등이 관여하게 된다.

사적정비사업은 보존과 활용의 측면에서 다양한 기법을 적절히 조합하면서 일체감 있게 진행되도록 노력해야 한다. 다양한 정비기법의 내용과 방법을 이해하는 것은 물론 상호관계를 파악하여 각 사적의 상황에 따라 적용을 검토할 필요가 있다. 이러한 검토를 통해 적용된 기법의 내용과 성과에 관해서는 사적정비의 각 단계에서 실시한 내용과 과정, 결과 등으로 상세히 기록하여 보고서로 발간해야 한다.

    사적정비보고서는 사적정비에 적용된 기법에 관한 검토자료이자 기록일 뿐만 아니라, 다른 사적의 정비에 보다 발전적인 방향을 제시해준다는 점에서 아주 중요한 역할을 한다.

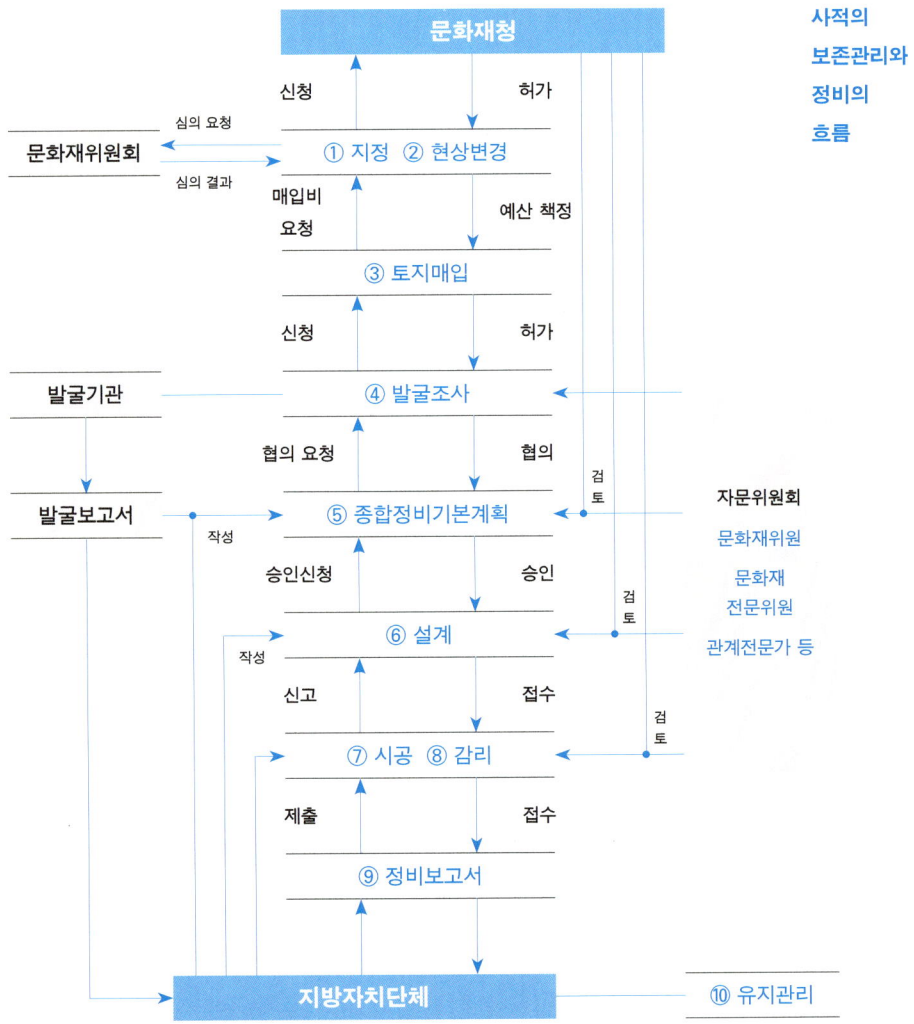

사적의 보존관리와 정비의 흐름

지정

기존에 잔존하던 유적이 새롭게 조명받거나 자료조사와 시·발굴조사를 통해 노출된 유적이 역사적·예술적·학술적으로 높은 가치를 인정받는다면 문화재로 지정하여 보존을 도모하며, 중요도에 따라 국가지정사적과 시·도지정기념물로 나누게 된다.

지정은 〈문화재보호법〉 제25조사적, 명승, 천연기념물의 지정, 〈문화재보호법 시행령〉 제11조국가지정문화재의 지정기준 및 절차에 따라 진행된다. 뒤에 나오는 〈문화재보호법 시행령 및 시행규칙〉 별표, 별지 서식의 별표1 국가지정문화재의 지정기준제11조 제1항 관련을 참고하길 바란다.

토지매입

지정 이후 사적이 가진 가치를 보존하고 활용하기 위해 정비가 결정되면 토지매입을 완료한 후에 시작한다.

대상 사적이 사유지라면 소유자의 동의를 얻어 정비할 수도 있지만 일반적인 경우는 그렇지 못하며, 통상적으로 토지매입을 완료한 후에 정비하게 된다.

토지매입은 지방자치단체의 자체 예산에 의하거나 국비를 보조받아서 이루어진다. 국비를 보조받아 토지를 매입하는 경우에는 소유자의 매매 의사나 〈공익사업을 위한 토지 등의 취득 및 보상에 관한 법률〉에 의거하여 진행된다.

발굴조사

정비를 위한 발굴조사에는 학술발굴을 통한 성과를 적용하여 정비하는 경우와 정비를 위해 주변을 일부 발굴하는 경우, 발굴터를 재발굴하여 정비하는 경우가 있다.

다양한 발굴조사에서 정비를 염두에 두고 사적의 가치를 나타내기 위한 기본구상과 목표를 사전에 설정해놓으면 사적의 훼손을 방지하는 효과가 있다.

그러나 사적의 정비에서 항상 발굴이 동반되는 것은 아니며, 이미 이루어진 발굴의 성과가 정비를 하기에 충분하다면 발굴조사보고서를 근간으로 설계 및 시공이 이루어지는 경우도 많다.

정비를 위한 발굴조사는 〈매장문화재 보호 및 조사에 관한 법률〉 제11조매장문화재의 발굴허가의 '유적의 정비사업을 목적으로 하는 경우'에 속하여 발굴이 가능하다.

종합정비 기본계획

종합정비기본계획은 정비를 위한 조사의 성과에 기초하여 사업 전체의 방향과 범위 및 내용을 정하는 작업이다. 따라서 기본계획에서는 종합적인 관점에서 검토하여 해당 사적의 현황과 문제점을 분석하고, 각종 정비기법의 선택 및 적용에 관해 전체적으로 조화롭게 구성하는 것이 중요하다. 보존을 위한 활용·관리·운영에 관해 검토하고, 정비의 기본적인 방침과 필요한 시설의 배치·규모 등도 살펴본다.

그리고 각 정비의 공정을 검토하고 필요에 따른 조사를 계획한다. 이때 계획에 나타나는 정비구역 및 기간의 설정이 적절한지 확인하는 것이 중요하다. 종합정비기본계획은 정비 전에 수립하여 이를 근거로 시행하는 것이 바람직하다.

종합정비기본계획은 〈문화재보호법〉 제6조문화재기본계획의 수립, 〈문화재보호법 시행령〉 제20조문화재별 종합정비계획의 수립의 〈사적 종합정비계획의 수립 및 시행에 관한 지침〉에 내용을 정해놓고 있다.

설계

설계는 발굴조사 등의 성과와 종합정비기본계획에 기초하여 보존과 활용을 위해 적용되는 정비기법의 구체적인 내용을 검토하고 각 내용을 일체감 있게 설계도서로 나타내는 작업이라 할 수 있다.

또한 공사 순서 등을 나타낸 공정표를 작성하여 공정 내용이 적절한지 확인한다. 공정표에는 조사 및 정비공사의 구체적 항목을 나타내며, 각각의 기간을 정리해둘 필요가 있다.

공정표를 작성할 때는 연차계획표 및 기본설계의 내용에 기초하여 실시설계에 필요한 발굴조사 및 공법시험 등의 각종 조사, 필요한 정비 재료의 확보, 정비 개소의 각 부분에 사용하는 재료 등과 적절한 공사기간 및 순서에 유의하여 검토한다.

시공   시공은 종합정비기본계획에서 검토한 해당 사적의 정비 목표와 방향성을 고려하여 설계에서 정한 구조·의장·재료·공법 등을 토대로 대상지에 적절히 구현해가는 작업이다. 공사현장의 안전 확보와 공정관리 외에도 계획에서 정한 정비방침 및 설계에서 상정한 구체적인 효과가 현지에서 실현되도록 시공 내용을 감리하는 것이 중요하다.

그리고 현장의 상황을 상세하게 관찰하고 판단하면서 필요에 따라 조사를 실시하고 그 성과에 기초하여 재료와 공법 등을 수정한다. 이때 유적 및 유구 취급에 관해 특히 주의를 기울여야 하며, 전통기술 및 새로운 기술을 적절히 사용함으로써 사적의 진정성을 확보하고 안전성을 만족시키는 시공이 되어야 한다.

사적정비에 관해서는 〈문화재수리 등에 관한 법률〉 제2조정의에서 수리의 정의에 정비까지 포함하고 있으며, 〈문화재수리 등에 관한 법률 시행령〉 제2조문화재수리의 범위에서 당해 문화재의 지정구역은 물론 지정문화재의 보존 및 활용을 위해 필요한 시설물 또는 조경까지 범위에 넣고 있다. 또한 제15조국가지정문화재 등의 현상변경 등의 행위에 의거하여 사적정비는 현상변경으로 취급되므로 현상변경 허가를 얻어야 한다.

감리   감리는 설계에 기초하여 적절한 공사를 실시함과 동시에 공사와 병행하여 실시하는 조사연구의 새로운 성과 등에 기초하여 설계 내용의 추가 및 수정 등을 검수하고 협의하여 시행한다. 또한 시공 과정에서 시행한 발굴조사 등으로 새로운 사실이 명확해진 경우에는 신속히 실시설계 내용과 공사공정을 수정할 필요가 있다.

그리고 공사의 시공에서는 해당 사적의 정비 방향과 설계의도를 충분히 반영한 감리가 이루어지도록 한다. 감리에 관한 범위 및 내용은 〈문화재수리 등에 관한 법률〉 제4절에 근거하여 시행할 필요가 있다.

사적정비 보고서   사적정비에서는 정비 성과와 공사에 관계되는 기법뿐만 아니라 정비 과정의 기록에 관해서도 정리할 필요가 있다. 또한 정비공사가 완료된 후에는 향상된 보존과 활용방법을 검토하는 데 유효한 정보자료로 삼기 위해 정비사업보고서로 정리하여 발간함으로써 기록을 남기는 것이 중요하다.

사적정비보고서는 해당 사적정비의 방향, 정비의 기초가 된 조사의 내용 및 성과, 공사 내용 및 시공방법, 관리 및 운영 등으로 구성한다. 이를 통해 내용을 공유하고 사적의 가치를 알리는 데 노력해야 한다.

보고서의 작성에 관해서는 〈문화재수리 등에 관한 법률〉 제36조 문화재수리보고서의 작성에서 다루고 있다.

유지관리

정비가 완료된 사적에는 사업계획을 추진하면서 검토해온 유지관리의 내용 및 방법을 적용한다. 특히 사적정비의 성과를 충분히 발휘하기 위해서는 일상적인 점검 및 청소, 제초와 보존시설 활용 및 편의시설 등의 보수 같은 관리조치가 필요하다. 점검과 경과 관찰의 결과에 따라 경미한 수리도 진행한다.

1.2 사적 관련 정책

**1
사적 관련
법·제도적인
정책**

문화재와 관련된 정책은 문화재청의 비전Vision이나 목표를 구현하기 위한 장기적인 방향 제시와 지원을 동반하는 것으로, 문화재청의 기본 역할 가운데 하나라고 할 수 있다.

또한 지자체에서 문화재 관련 사업을 진행할 때도 문화재청의 정책 방향과 제도를 살핌으로써 지자체 관련 사업과 연계하여 추진하거나 지자체가 가진 문화재를 문화재청의 정책에 포함시키기 위해 노력할 필요가 있다. 지자체는 문화재사업을 진행하면서 문화재청의 정책을 고려하여 일말의 방향을 설정하고, 상호 협력하여 문화재 행정을 실현하는 것이 바람직하다.

문화재 정책의 궁극적인 목표는 '문화재의 보존'이라 할 수 있으며, 이를 전제로 활용에 관한 부분까지 다양한 정책을 수립한다. 이렇게 수립된 정책은 세부 과제와 시행계획으로 나뉘어 예산이 정해진다.

사적의 특성상 유적 또는 유구를 중심으로 하는 당해 문화재는 물론 주변을 구성하는 역사문화환경까지도 다루어야 한다. 이러한 이해를 바탕으로 문화재청의 사적 관련 정책을 정리해보면, 크게 ① 법·제도적인 정책, ② 당해 사적 관련 정책, ③ 사적 주변 관련 정책, ④ 비지정문화재 관련 정책으로 나누어 살펴볼 수 있다.

문화재청의 문화재 정책은 다양한 분야에 걸쳐 다양한 항목이 있으나, 여기에서는 사적을 중심으로 기술하기로 한다. 이를 정리하면 다음과 같다.

〈문화재 보호법〉의 주요 내용

〈문화재보호법〉은 2010년에 전부 개정되었다. 우리나라 모든 문화재의 보호 및 관리를 총괄하는 이 법은 1982년에 전부 개정된 이후 여러 차례에 걸쳐 필요한 조항을 보완하여 개정해왔기 때문에 입법체계가 복잡하다. 관련 법 제도 간 관계가 명확하지 않아 상호 모순과 저촉이 발생하고 국민이 문화재 보호에 대해 이해하기도 어렵게 만들었다.

따라서 문화재 보존·관리환경의 변화에 따른 입법 수요에 부응하고 체계적인 문화재수리제도 마련과 매장문화재의 보존 및 관리 등에 만전을 기할 필요성이 대두되었다. 그 결과로 해당 내용 중 '문화재수리'와 '매장문화재'에 관한 부분을 분리하여 별도의 법률로 제정하기 위해 관련 조항을 정비 및 보완하는 한편, 우리 민족의 정체성 회복과 인류문화의 보호를 위해 국외에 소재하는 우리 문화재의 보호·환수 및 활용을 위한 정책 추진의 근거를 마련하고, 그 밖에 다양한 유형의 문화재 보존관리 및 활용에 따른 실효성을 확보하기 위해 현행 제도의 운영상 나타난 일부 미비점을 보완하려는 취지로 〈문화재보호법〉이 개정되었다.

전부 개정된 주요 내용은 다음과 같다.

1) 문화재 보존·관리 및 활용에 관한 기본계획 및 시행계획 수립·시행
   법 제6조 및 제7조
2) 문화재위원회 위원의 자격기준을 법률에 명시 법 제8조
3) 지정되지 않은 문화재의 멸실 방지 등을 위한 문화재 기초조사 도입
   법 제10조
4) 화재 및 재난예방 등을 위한 시책 수립·시행 등 법 제14조, 제85조
5) 역사문화환경 보존지역에서 허가를 받아야 하는 대상의 구체화 및 구체적인 행위기준 고시 법 제13조
6) 문화재의 현상변경 허가기준 및 허가사항 취소에 관한 사항 구체화
   법 제36조 및 제37조
7) 국가지정문화재 공개제한 시 의견 수렴 등 법 제48조
8) 등록문화재 현상변경 허가 대상 확대 법 제56조
9) 국가의 국외소재문화재 보호 및 환수 정책 추진 법 제67조부터 제69조까지

〈매장문화재 보호 및 조사에 관한 법률〉

〈매장문화재 보호 및 조사에 관한 법률〉은 현행 〈문화재보호법〉에 규정된 매장문화재의 보호 및 조사에 관한 사항에 수중문화재의 정의와 매장문화재 조사기관의 등록 등에 관한 내용을 추가·보완하여 따로 법률로 규정함으로써 전문성과 효율성을 확보하기 위해 제정되었다.

또한 매장문화재의 조사 및 발굴은 공신력 있는 전문기관만이 실시할 수 있도록 하는 등 매장문화재의 보호·조사 및 관리와 관련된 행정적·제도적 기반을 마련하려는 시도로서, 주요 내용은 다음과 같다.

1. **매장문화재의 보호원칙** 법 제4조 및 제5조
2. **매장문화재의 지표조사** 법 제6조부터 제10조까지
3. **매장문화재의 발굴 및 조사** 법 제11조부터 제16조까지
4. **발견 또는 발굴된 매장문화재의 처리** 법 제17조부터 제23조까지
5. **매장문화재 조사기관** 법 제24조 및 제25조
6. **문화재 보존조치에 따른 토지의 매입** 법 제26조

〈문화재 수리 등에 관한 법률〉

문화재의 수리에 관한 사항은 〈문화재보호법〉에서 통합하여 규정하고 있으나, 여기에 필요한 관련 규정이 세부적으로 제시되어 있지는 않기 때문에 〈건설산업기본법〉을 원용해왔다. 그러나 〈건설산업기본법〉에서는 문화재수리공사에 관한 사항이 배제되어 수행하는 과정에서 혼선이 발생하거나 이해관계자 간에 분쟁이 발생하고 있는 실정이다.

따라서 문화재수리 등에 관한 사항을 별도 법률로 규정하여 전문성을 확보하고 문화재수리의 품질을 높일 수 있도록 하는 한편, 의무감리제도를 도입하고 과도한 하도급을 제한할 수 있도록 하는 등 현행 제도의 운영 과정에서 나타난 미비점을 개선·보완하여 문화재수리 분야의 행정적·제도적 기반을 마련하기 위해 제정되었다. 주요 내용은 다음과 같다.

1. **문화재수리의 기본원칙 등** 법 제3조부터 제7조까지
2. **문화재수리기술자 및 문화재수리기능자의 자격 등** 법 제8조부터 제13조까지 및 제53조

3) 문화재수리업자 등의 등록 등 법 제14조부터 제23조까지
4) 문화재수리업의 도급·하도급제도의 정비 법 제24조부터 제32조까지
5) 문화재수리의 품질 확보 법 제33조부터 제37조까지 및 제54조
6) 문화재수리 의무감리제도의 도입 법 제38조

문화재 수리제도의 합리적 개선 및 품질 제고

2010년에 〈문화재수리 등에 관한 법률〉을 제정함에 따라 2011년에는 시행령과 시행규칙을 제정하고 실시하였다. 이와 더불어 〈문화재수리 등에 관한 법률〉에서 정하는 문화재수리의 기본원칙 등을 제시하기 위해 2011년에는 〈문화재수리 감리대가기준〉, 〈문화재수리업 등에 관한 관리지침〉, 〈민간문화재수리 표준도급계약서〉 제·개정을 보급했다.

또한 문화재 품셈을 실사와 실연을 통하여 현실에 부합하도록 개정하고 문화재수리의 객관성 제고 등을 위해 제정한 〈문화재수리 표준품셈〉에서 1차적으로 개정품셈 13개 공종, 100개 항목을 고시하여 다양한 기준을 정함으로써 투명성과 공정성을 높이고 있다.

사적 관련 지침 마련

성곽문화재의 효율적인 보존·관리 및 활용을 도모할 목적으로 2009년에 〈성곽의 보존과 관리에 관한 일반지침〉이 수립되었다. 그동안 기준 없이 시행되던 사적의 보존과 관리, 정비에 대한 근거를 마련하고 관련 내용 및 범위를 정함으로써 체계적인 정비가 되도록 했다.

또한 문화재청에서는 2009년에 〈사적 종합정비계획의 수립 및 시행에 관한 지침〉을 마련함으로써 본격적인 정비가 시행되기 전에 전반적이고 종합적인 관점에서 살펴보아야 할 기본적인 내용을 정하여 체계를 갖추고 주변 경관까지 영역을 확대함으로써 명실상부한 종합정비기본계획을 수립할 수 있는 근거를 마련하였다.

2010년에 제정된 〈역사적 건축물과 유적의 수리·복원 및 관리에 관한 일반원칙〉은 유네스코 **UNESCO**와 국제기념물유적협의회 **ICOMOS** 같은 국제기구에서 기념물이나 고고학적 유산 등 다양한 유형의 문화유산에 대한 체계적인 보존과 관리를 위해 제정한 국제헌장과 권고안을 채택하여 국제적 기준과 원칙을 존중하면서 우리나

라의 실정과 현실에 맞게 마련한 최초의 기준이라고 할 수 있다.

2 사적 관련 정책

사적 보수정비 사업

사적의 보수정비사업은 문화재청 보존정책과의 고유 업무로서, 국가지정문화재의 원형을 보존하고 훼손 및 멸실을 사전에 예방하여 소중한 문화재를 후대에 길이 전승하고 국민에게 활용하고 향유할 기회를 제공하고자 지속적으로 시행하고 있다.

주된 내용으로는 ① 사적의 원형보존 및 훼손 문화재 시설 보수복원, ② 사적 문화재 지역 내 사유지 및 지장물 매입·정비, ③ 사적지 발굴 및 원형복원 정비, ④ 사적 내 기반시설 및 관람편의시설의 정비와 전시관 건립 등이 있다. 이러한 내용을 바탕으로 문화재청에 대한 지자체의 예산신청, 사적의 보존관리에 대한 적정성과 시급성, 훼손도 등을 고려한 예산을 책정하여 집행하고 있다.

보존관리 실태 정기조사

국가지정문화재 보존관리실태 정기조사는 문화재청 보존정책과의 고유 업무로, 문화재의 현상·관리·수리·전승의 실태 및 그 밖의 환경보전 등에 대한 정기조사를 통해 현황을 파악하여 정책 기초자료로 활용하고 적극적인 문화재 보존·관리 체계를 확립하고자 실시한다. 〈문화재보호법〉 제44조정기조사, 〈문화재보호법 시행규칙〉 제28조정기조사의 주기 및 조사기록에서 명시한 정기조사는 5년마다 실시한다.

사적의 유형별 특성화에 따른 보존·정비 관리방안 마련

사적에는 다양한 유형이 있다. 이를 관리하기 위해서는 각 사적의 역사적·학술적 가치를 재조명하고 유형별로 보존관리 및 정비, 활용방안을 도출하여 효율적으로 추진할 필요가 있다.

문화재청 보존정책과에서는 매년 문화재 종류별·특성별 보존관리 지침 및 매뉴얼을 지속적으로 제·개정하고 있으며, 이를 통해 단위사업별로 종합계획을 세워서 체계적 사업 추진 및 효과성 제고·보수정비사업의 국고 지원 가이드라인 정립 및 객관화 작업 등을 도모하고 있다.

이러한 사업의 성과로 2008년에 《성곽 용어집》, 《성곽 정비 및 보존관리활용방안 지침마련 연구》가 발간되었고, 2009년에는 〈성곽 보존과 관리에 관한 일반지침〉이 마련되었다. 이어서 2010년에는 《사지 보존·정비 관리방안 연구보고서》,《사지 보존·정비 관리방안 매뉴얼》,《서원 보존 정비 관리방안 연구보고서》,《서원의 보존관리 매뉴얼》이 발간되었고, 2011년에는 《고분 보존·정비 관리방안 연구보고서》와 《고분 보존·정비 관리 매뉴얼》이 발간되었다. 연구보고서와 매뉴얼 작업은 사적의 유형에 맞춰 앞으로도 지속할 계획이다.

2011년 12월에는 사적정비 전반에 걸쳐 해설을 수록해놓은 《사적정비편람》을 발간하여 지자체의 문화재 담당자·설계자·시공자 등 다양한 분야의 업무 담당자가 체계적으로 이해하도록 했다.

문화권 유적정비

다양한 사적 중에서 역사적·학술적으로 공통된 특징을 가진 문화권별로 유적을 종합정비하여 역사문화교육 및 관광자원으로 개발하고자 실시하는 사업이다.

또한 백제나 신라 등 기존 문화권의 유적정비사업을 내실화하면서 상대적으로 소외되거나 역사적으로 크게 조명받지 않은 문화권의 유적을 발굴하여 체계적인 정비를 추진하겠다는 의미도 담고 있다.

이 중에서도 3차 문화권 유적정비 2003~2006년 미완료사업 중에서 지속적으로 정비가 필요한 사업과 새롭게 추진할 사업을 선정하여 체계적으로 보존·정비하고자 했다. 구체적으로는 백제문화권, 신라문화권, 가야문화권, 중원문화권, 고구려·고려문화권, 영산강·다도해문화권, 강화문화권을 대상으로 하고 있다.

사업기간은 2008년에서 2012년 5개년까지로, 각 문화권별로 내용을 살펴보면 다음과 같다.

백제문화권

금강유역을 중심으로 형성된 백제시대의 성곽·사지 등에서 역사성·활용성·접근성 등이 큰 대표 유적을 집중 정비하고, 성격과 규모가 밝혀지지 않은 유적은 학술조사를 실시하여 결과에 따라 복원정비를 추진한다. 유적지 내 경관 보호를 위한 구역을 확대 지정하고 사유지를 매입하여 정비한다.

대상지는 충남 공주·부여와 전북 익산 지역의 유적으로 한다. 성곽유적은 공산성, 부소산성, 미륵산성 등이고 불교유적은 능산리 사지, 제석자지 등이며 왕궁 관련 유적은 관북리 백제유적, 궁남지·화지산 일원, 왕궁리 유적 등이다.

신라문화권 신라시대의 고분을 비롯하여 경주 지역을 중심으로 형성된 대표 유적을 집중 정비하고, 실체 규명이 미흡한 왕경유적 왕궁터, 관청 등은 발굴조사를 통해 가능한 유적의 정비를 추진한다. 세계문화유산인 〈경주역사유적지구〉 내 유적 경주 남산 등도 보수·정비하여 문화관광자원화를 도모한다.

대상지는 경북 경주 일원으로 한다. 왕경 및 성곽유적은 상동 전랑지, 경주읍성 등이고 고분유적은 황남·황오리 고분군, 노동·노서리 고분군 등이며 불교유적 및 기타 유적은 경주 남산 일원과 동부사적지대 등이다.

가야문화권 대규모 고분유적으로 남아 있는 가야유적은 주요 고분군의 사유지를 연차적으로 매입하여 집중적으로 정비한다. 고분군은 매장유적으로서의 역사적 가치와 의미를 효과적으로 전달할 수 있도록 전시관 등 시설 확보를 병행 추진한다.

대상지는 경남 및 경북을 대표하는 가야유적 중에서 선정한다. 고분유적은 고령 지산동 고분군, 합천 옥전 고분군, 함안 도항리·말산리 고분군, 창녕 교동·송현동 고분군, 상주 성산동 고분군 등이며 성곽유적은 고령 주산성 등이다.

중원문화권 삼국의 각축이 치열했던 현장으로서 우리나라의 대표적 산성이 밀집 분포해 있으므로, 산성유적의 종합정비 및 관광자원화에 중점을 둔다. 산성은 추정복원을 지양하고 추가 붕괴를 예방하는 데 중점을 두되, 산성 내 관련 유적의 정비 및 탐방 순환코스 개발을 병행 추진한다.

대상지는 충북 보은·청주·단양·진천, 강원 원주의 유적 중에서 선정한다. 성곽유적은 삼년산성, 적성산성, 정북동 토성 등이고 불교

유적은 법천사지, 중원 미륵사지 등이며 선사유적 및 기타는 단양 수양개 선사유적, 김유신 탄생지 및 태실 등이다.

고구려·고려 문화권

경기와 강원 북부에 비교적 잘 남아 있는 고구려와 고려유적을 체계적으로 정비하기 위한 문화권역을 설정하고, 임진강유역의 지형 및 지세를 이용한 특색 있는 고구려 국방유적에 대해서는 토지매입·성벽 보수·접근성 제고 등 종합정비를 추진한다.

대상지는 경기 북부 및 강원 북부 일원 유적 중에서 선정한다. 성곽유적은 포천 반월성지, 연천 호로고루, 연천 당포성 등이고 불교유적 및 기타는 양주 회암사지, 철원 후고구려유적 등이다.

영산강·다도해 문화권

전남 영산강유역에 남아 있는 고대의 유적과 세계문화유산인 지석묘군을 집중 정비하고 호국 국방유적 등 국난 극복의 역사현장을 보수·복원한다. 원형보존에 입각하여 철저한 고증을 거쳐 토지매입, 발굴조사, 건물정비를 추진하고 전시관과 선사문화체험시설을 만든다.

대상지는 전남의 영산강 및 다도해 주변 주요 유적 중에서 선정한다. 성곽유적은 전라병영성지, 남도석성, 나주읍성 등이고 선사유적은 효산리·대신리 지석묘군, 고창 지석묘군, 광주 신창동 유적 등이며 고분유적은 나주 반남 고분군 등이다.

강화 문화권

선사시대부터 근세까지 형성된 유적 중 역사성·활용성·접근성 등이 큰 대표 유적을 집중 정비하고, 세계문화유산으로 등재된 지석묘와 유적의 보호구역 내 사유지를 매입·정비하여 유적의 보존 및 관광자원화를 도모한다. 성곽이나 진·보·돈 등 국방유적의 지속적인 정비를 통해 호국 역사교육장을 조성하여 문화관광자원으로 개발한다.

대상지는 인천광역시 강화군 일원 유적 중에서 선정한다. 선사유적 및 고분유적은 강화 지석묘, 고려왕릉 등이고 성곽유적은 강화산성, 삼랑성, 국방유적 등이다.

**사적 실측
DB 구축**

사적은 특성상 토지에 기반을 두고 있으므로 범위가 광대하여 사적의 문화재 보호구역 내에 유물, 유구, 유적이 포함되는 경우가 많다.

따라서 사적 내의 문화재 및 시설물 등에 대한 체계적인 파악과 건조물 및 구조물에 대한 기록 보존을 위해 문화재 훼손 시 원형복원 근거자료를 확보하고 사적 문화재를 효율적이고 체계적으로 관리한다는 목표로, 2010년부터 2020년까지 81건을 대상으로 실측 데이터베이스를 구축하고 있다. 이러한 성과는 향후 매년 초에 보고서로 발간할 예정이다.

**종합정비
기본계획
수립**

사적의 보존관리와 활용은 중장기적 관점에서 체계적이고 합리적으로 시행되어야 한다. 사전에 계획을 수립하고 순서대로 보존관리와 활용을 시행하는 것이 중요하며, 예산 낭비 및 과잉 복원을 지양하는 계기로 삼을 수 있다.

문화재청에서는 〈사적 종합정비계획의 수립 및 시행에 관한 지침〉을 제정하여 기준을 제시한 뒤로 매년 10~20여 건의 종합정비기본계획을 수립하고 있다. 2012년을 기준으로 483건 중 180여 건의 종합정비기본계획이 수립되어 있다.

**세계유산 등재
기반을 마련
하기 위한
원형복원사업**

문화재청에서는 우리나라뿐만 아니라 세계적으로도 손색이 없다고 판단되는 사적을 세계유산으로 등재하기 위해 노력하면서, 이와 관련하여 학술대회·세미나·종합정비기본계획의 수립 등을 지원 및 권장하고 있다. 2010년에는 서원과 관련된 각종 세미나와 종합정비계획 수립 지원을 계획하였으며, 현재는 남한산성의 훼손 구간 수리 및 복원을 지원하고 있다.

3 사적 주변 관련 정책

역사문화환경 보존지역의 합리적 관리제도는 문화재 주변 지역의 개발 수요에 대한 효율적인 통제방안을 마련하여 해당 지역의 체계적인 보존관리를 도모한다는 데 의미가 있다. 문화재 주변 지역의 토지이용 규제를 도시계획과 연계한 통합적 역사문화환경 관리방안

| 역사문화 환경 보존지역의 관리제도 개선 | 을 모색함으로써 행정의 효율성과 투명성을 제고하려는 목적이다.

관련 내용은 ① 도시계획 규제와 문화재 보호 규제의 연계를 위한 관계법령 개정, ② 〈시·도문화재보호조례〉 도시계획 관련 지침 등 가이드라인 마련, ③ 문화재별 역사문화환경 보존지역의 행위 제한 등 문화재 보존관리계획도시계획 수립 및 시행, ④ 역사문화환경 보존지역의 사유재산권 제한에 따른 인센티브를 부여하는 방안 강구, ⑤ 토지매수청구권 도입·검토이다. 이를 위해 문화재청에서는 역사문화환경 보존지역의 체계적 관리방안 연구를 위한 용역을 시행하고 있다. |

| 현상변경 허용기준 마련 | 개별 문화재의 특성을 고려하여 허용기준을 마련함으로써 문화재 주변의 역사문화환경을 계획적으로 보존·관리·회복하고 행정의 투명성 및 예측 가능성을 제고하고자 2006년부터 시작하였다. 최근에는 문화재보호법령을 개정하여 문화재 지정 이후 6개월 이내에 현상변경 허용기준을 마련하도록 했다.

문화재청에서는 2006년 〈국가지정문화재 현상변경 허용기준 마련 지침〉을 갖추고 2009년 개정을 거쳐 현재에 이르고 있다. 2009년에는 《문화재 현상변경 업무편람》을 발간하여 현상변경 허용기준의 전반에 대해 알기 쉽게 설명하고 있다. |

| 서원·향교 문화 관광자원화 추진 | 문화재청에서는 광역지역특별회계법에 따라 지역문화유산 균형 발전과 보존 및 활용을 통한 문화유산 관광자원화를 지원하고 있다.

유교문화 관광자원화와 백제역사재현단지 조성사업이 2000년부터 시작되어 2010년에 종료되었고, 남해안관광벨트 개발사업도 2000년에 시작되어 2011년에 종료되었다.

남은 사업에는 통제영 복원·회암사지·전곡리 유적·부여 나성 정비, 홍산현 관아 복원, 성산산성 정비, 고려 금속활자 복원, 채미정 정비, 남해 물건리 방조어부림 정비, 정부수반유적 정비 등이 있다. |

구분		사업 내용	
문화유산관광자원개발	남해안 관광 벨트	고산 윤선도 유적 정비	유적 보수, 주변 정비
		청해진 유적 정비	발굴, 토지매입, 주변 정비
		웅천읍성 복원	성벽 복원, 토지보상
		통제영 복원	지역문화유산개발로 편성
	지역 문화 유산 개발	회암사지 종합정비	전시관, 주차장, 주변 정비
		전곡리 선사체험벨트	토지매입
		통제영 복원	관아 복원, 주차장 조성
		함안 성산산성 정비	보수정비, 주차장 등
		부여 나성 정비	나성 복원, 주변 정비
		부여 홍산현 관아 복원	관아 복원, 발굴조사
		돈암서원 정비	보수정비, 주차장 등
		선농단 역사공원 조성	경계구역, 전시수장시설

문화유산 관광자원 개별 대상 사업

4 비지정 문화재 관련 정책

비지정 문화재 기초조사

문화재청에서는 그동안 방치되어온 비지정문화재에 대한 지자체의 관심을 유도하고 제도권 밖의 조사·연구를 제도권 안으로 끌어들임으로써 비지정문화재에 대한 조사·연구의 활성화 기반을 마련해왔다. 또한 문화재의 문헌·학술조사, 현장조사 및 표본조사 등을 통해 비지정문화재의 역사적·학술적 가치를 규명하여 체계적인 보존관리 및 활용방안을 강구하고자 2012년부터 〈비지정문화재 기초조사사업〉을 시행하고 있다.

비지정문화재 중에서 서원·성터·정자 등의 사적지를 중심으로 지자체의 신청을 받아 기초조사 대상지를 선정하며, 향후 지정을 위한 기초자료로 활용하게 된다.

전국 폐사지 종합 학술조사

문화재청에서는 그동안 방치되어왔던 전국의 폐사지 등 비지정문화재에 대한 종합적인 학술조사 및 훼손·멸실 방지대책을 수립하고자 2009년부터 문화재보호기금을 설립하여 각종 개발 및 경작 등으로 훼손·멸실의 위험에 처해 있는 사지 등을 대상으로 '전국 폐사지 학술조사'를 실시하고 있다. 2010년에서 2014년까지 전국의 사지를 대상으로 지역별로 나누어 연차조사를 실시하며, 2010년 《한국의 사지》 발간을 시작으로 매년 지역별로 현황조사보고서를 발간하고 있다.

1.3 사적 지정

**1
사적
지정의
이해**

문화재란 〈문화재보호법〉 제2조에 나타나는 정의로 살펴보면 "인위적이거나 자연적으로 형성된 국가적·민족적 또는 세계적 유산으로서 역사적·예술적·학술적 또는 경관적 가치가 큰 다음 각 호의 것"을 말하며, 유형문화재·무형문화재·기념물·민속자료로 나뉜다. 사적은 기념물에 속하며, 다음과 같은 항목을 대상으로 한다.

기념물

가. 절터, 옛 무덤, 조개 무덤, 성터, 궁터, 가마터, 유물포함층 등의 사적지 史蹟地와 특별히 기념이 될 만한 시설물로서 역사적·학술적 가치가 큰 것
나. 경치 좋은 곳으로서 예술적 가치가 크고 경관이 뛰어난 것
다. 동물그 서식지, 번식지, 도래지를 포함한다, 식물그 자생지를 포함한다, 지형, 지질, 광물, 동굴, 생물학적 생성물 또는 특별한 자연현상으로서 역사적·경관적 또는 학술적 가치가 큰 것

이렇게 정의된 문화재의 범주 안에서 지정 주체에 의해 국가지정문화재, 시·도지정문화재, 문화재자료로 구분된다. 국가지정문화재, 시·도지정문화재로 나누어 살펴보면 내용은 다음과 같다.

**국가지정
문화재**

문화재청장이 제23조부터 제26조까지의 규정에 따라 지정한 문화재
제25조 사적, 명승, 천연기념물의 지정

① 문화재청장은 문화재위원회의 심의를 거쳐 기념물 중 중요한 것을 사적, 명승 또는 천연기념물로 지정할 수 있다.
② 제1항에 따른 사적, 명승, 천연기념물의 지정기준과 절차 등에 필요한 사항은 대통령령으로 정한다.

시·도
지정문화재

특별시장·광역시장·도지사 또는 특별자치도지사(이하 "시·도지사"라 한다)가 제70조 제1항에 따라 지정한 문화재

제70조 시·도지정문화재의 지정 등

① 시·도지사는 그 관할구역에 있는 문화재로서 국가지정문화재로 지정되지 아니한 문화재 중 보존가치가 있다고 인정되는 것을 시·도지정문화재로 지정할 수 있다.

③ 문화재청장은 문화재위원회의 심의를 거쳐 필요하다고 인정되는 문화재에 대하여 시·도지사에게 시·도지정문화재나 문화재자료(보호물이나 보호구역을 포함한다. 이하 같다)로 지정·보존할 것을 권고할 수 있다. 이 경우 시·도지사는 특별한 사유가 있는 경우를 제외하고는 문화재 지정 절차를 이행하고 그 결과를 문화재청장에게 보고하여야 한다.

④ 제1항부터 제3항까지의 규정에 따라 시·도 지정문화재와 문화재자료를 지정할 때에는 해당 특별시·광역시·도 또는 특별자치도가 지정하였다는 것을 알 수 있도록 "지정" 앞에 해당 특별시·광역시·도 또는 특별자치도의 명칭을 표시하여야 한다.

⑤ 시·도지정문화재와 문화재자료의 지정 및 해제 절차, 관리, 보호·육성, 공개 등에 필요한 사항은 해당 지방자치단체의 조례로 정한다.

이 중에서 〈문화재보호법〉 제2조 제3항에 명시된 기념물은 사적·명승·천연기념물로 대표되며, 사적에 관해서는 새로 발견된 곳을 포함해 다양한 유적을 중심으로 지정하고 있다.

2 지정 요건

사적은 토지를 근간으로 하기 때문에 장소와 관련된 역사성이 지정 요건의 중심이 된다. 사건·인물·구체적인 현상 등의 조건이 필요하며, 발굴조사를 통해 가치가 크다고 밝혀진 유구나 시·도지정기념물로 지정되어 있던 문화재를 국가지정문화재인 사적으로 지정하기 위해서는 엄격한 요건을 갖추어야 한다.

자격 요건을 살펴보면, 우선 역사적인 문헌을 통해 해당 문화재가 예로부터 중요하게 다루어져왔고 대상 문화재의 현상을 고문서를 통해 파악할 수 있다는 것이 확인되어야 한다. 또한 역사적인 인물이나 사건과 관계된 중요한 장소임이 인정되어야 한다.

학술대회나 심포지엄 등을 통해 해당 문화재가 국가사적이라는 위상에 맞는 가치를 가지고 있다는 것을 나타내고, 앞으로의 활용방안과 보존관리 등 대상 문화재 전반에 대해 다룰 필요가 있다.

또한 시·발굴조사를 통해 유적 및 유구의 구체적인 형태와 범위를 파악할 수 있어야 하며, 학술적으로 해당 문화재가 가진 가치가 드러나야 하는 등 다양한 요건이 갖추어져야 국가사적으로 지정될 수 있다.

그 밖에도 지자체의 노력에 의한 토지매입과 사적정비, 보존관리에 대한 장·단기적인 계획, 종합정비기본계획에 의한 보존 및 활용방안 구축, 무엇보다도 지자체와 주민의 관심과 애정이 중요하다.

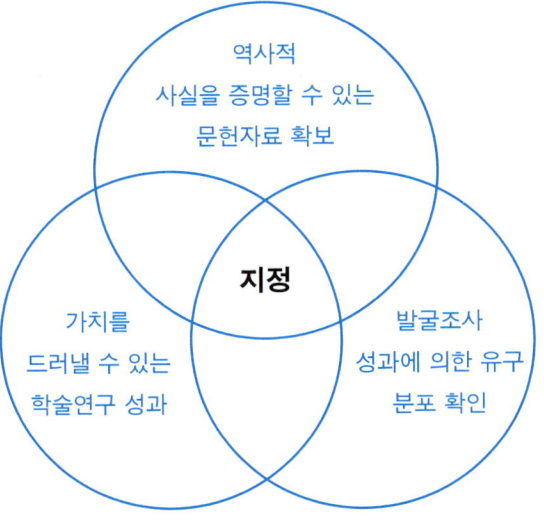

사적 지정 요건 개념도

3 지정기준 및 절차

유적 및 유구 또는 시·도기념물이 자리 잡은 지자체의 조사 및 연혁에 대한 준비작업을 시작으로, 발굴조사 내용 및 학술대회에서 밝혀진 대상 기념물의 의의와 가치 등을 지정보고서로 만든다. 대상 유적 및 유구 또는 시·도기념물의 보존관리계획, 종합정비기본계획, 현상변경 허용기준 작성 등에 따라 국가지정사적으로 고려할 만한 서류가 갖춰져야만 문화재청의 본격적인 지정 검토가 시작된다.

이렇게 사적 지정 신청이 접수되면 해당 분과 문화재위원 또는 전문위원 등 관계전문가 3인이 현지조사를 거쳐 '국가지정문화재 등의 지정조사보고서'별지 제4호 서식를 작성하며, 문화재위원회의 심의를 통해 국가지정문화재인 사적으로서의 가치를 판단하게 된다.

가치가 있다고 판단되면 관보에 고시하여 마을 주민과 토지소유자 등 이해당사자의 의견을 청취하고, 문화재위원회에서 최종심의를 거쳐 기념물 지정 안건에 대한 가부를 결정한다. 통과된 안은 관보에 고시하여 관리대장에 기재함으로써 국가지정문화재가 된다.

통상 지정되기까지는 지자체의 지정보고서와 관련 서류 구비기간을 제외하더라도 최소 3개월 이상이 걸린다. 많은 시간과 인력이 소요되는 만큼 지자체에서 국가지정기념물로 검토할 때는 신중할 필요가 있다.

지정된 문화재는 보존관리를 위하여 주변 500미터 범위 내에서 행해지는 건설 등 다양한 행위에 관해 제한을 받기 때문에 지역 주민과의 의견 조율에도 힘써야 한다.

문화재 지정기준 및 절차는 〈문화재보호법 시행령〉 제 11조에서 내용을 명시하고 있으며, 별표1에서 사적의 지정기준과 대상을 명확히 나타내고 있다.

〈문화재보호법 시행령〉

제11조 국가지정문화재의 지정기준 및 절차

① 법 제23조에 따른 국보와 보물, 법 제24조 제1항에 따른 중요 무형문화재, 법 제25조에 따른 사적, 명승 또는 천연기념물 및 법 제26조에 따른 중요 민속문화재의 지정기준은 별표1과 같다.

② 문화재청장은 제1항에 따라 해당 문화재를 국가지정문화재로 지정하려면 법 제8조에 따른 문화재위원회 이하 "문화재위원회"라 한다의 해당 분야 문화재위원이나 전문위원 등 관계전문가 3명 이상에게 해당 문화재에 대한 조사를 요청하여야 한다.

③ 제2항에 따라 조사 요청을 받은 사람은 조사를 한 후 조사보고서를 작성하여 문화재청장에게 제출하여야 한다.

④ 문화재청장은 제3항에 따른 조사보고서를 검토하여 해당 문화재가 국가지정문화재로 지정될 만한 가치가 있다고 판단되면 문화재위원회의 심의 전에 그 심의할 내용을 관보에 30일 이상 예고하여야 한다.

⑤ 문화재청장은 제4항에 따른 예고가 끝난 날부터 6개월 안에 문화재위원

회의 심의를 거쳐 국가지정문화재 지정 여부를 결정하여야 한다.

⑥ 문화재청장은 이해관계자의 이의제기 등 부득이한 사유로 6개월 안에 제5항에 따라 지정 여부를 결정하지 못한 경우에 그 지정 여부를 다시 결정할 필요가 있으면 제4항에 따른 예고 및 제5항에 따른 지정 절차를 다시 거쳐야 한다.

별표1
〈국가지정문화재의 지정기준〉
제11조 제1항 관련

문화재의 종류	지정기준
사적	1. 제2호 각 목의 어느 하나에 해당하는 문화재로서 해당 문화재가 역사적·학술적 가치가 크고 다음 각 목의 어느 하나 이상을 충족하는 것 가. 선사시대 또는 역사시대의 사회·문화생활을 이해하는 데 중요한 정보를 가질 것 나. 정치·경제·사회·문화·종교·생활 등 각 분야에서 그 시대를 대표하거나 희소성과 상징성이 뛰어날 것 다. 국가의 중대한 역사적 사건과 깊은 연관성을 가지고 있을 것 라. 국가에 역사적·문화적으로 큰 영향을 미친 저명한 인물의 삶과 깊은 연관성이 있을 것 2. 해당 문화재의 유형별 분류기준 가. 조개무덤, 주거지, 취락지 등의 선사시대 유적 나. 궁터, 관아, 성터, 성터시설물, 병영, 전적지戰蹟地 등의 정치·국방에 관한 유적 다. 역사驛舍·교량·제방·가마터·원지園池·우물·수중유적 등의 산업·교통·주거생활에 관한 유적 라. 서원, 향교, 학교, 병원, 절터, 교회, 성당 등의 교육·의료·종교에 관한 유적 마. 제단, 지석묘, 옛 무덤(군), 사당 등의 제사·장례에 관한 유적 바. 인물유적, 사건유적 등 역사적 사건이나 인물의 기념과 관련된 유적

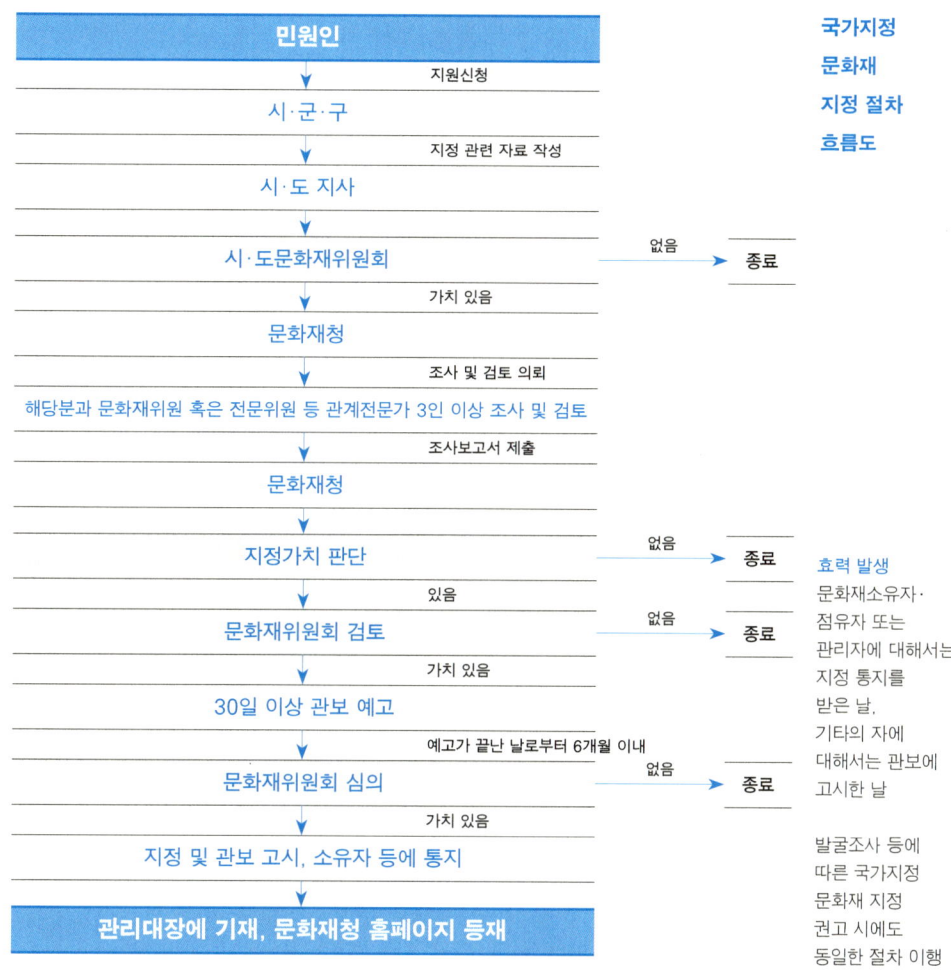

4 지정을 위한 구비 서류

사적의 지정을 위해서는 지정하려는 대상 구역 전반에 걸친 다양한 서류 또는 보고서가 필요하다.

제17조 지정에 관한 자료의 제출
시·도지사는 법 제23조부터 제27조까지의 규정에 따라 지정하여야 할 문화재가 있거나, 인정하여야 할 중요 무형문화재 보유자 또는 보유단체가 있으면 지체 없이 문화체육관광부령으로 정하는 바에 따라 사진, 도면 및 녹음물 등 지정 또는 인정에 필요한 자료를 갖추어 그 취지를 문화재청장에게 보고하여야 한다.

〈문화재보호법 시행령〉

사적으로 지정하기 위해서는 신청서를 작성하여야 한다. 역사적·예술적·학술적·경관적인 관점에서 대상 문화재가 국가사적으로 지정될 만한 충분한 위상을 갖고 있다는 것을 내용으로 증명해야 한다. 이를 위해 사적지정보고서와 함께 학술대회 논고, 발굴조사보고서, 각종 역사적인 문헌, 고지도 등 다양한 자료와 함께 문화재청에서 지정한 별지 제5호 서식 '국가지정문화재 등의 지정·인정 자료보고서'가 사적지정신청서가 된다. 사적지정보고서에 수록될 내용은 다음과 같다.

1. 특별자치도지사 또는 시장·군수·구청장의 검토의견서
2. 관계전문가 조사의견 및 시·도 문화재위원회의 심의 관계자료
3. 문화재의 연혁·특징, 지정가치 및 근거기준에 관한 세부 설명 자료
4. 문화재 도면자료 배치도, 평면도, 입면도, 단면도, 그 밖의 필요도면 등
5. 학술·고증자료 연구보고서, 조사보고서, 실측자료, 문헌자료, 옛 사진자료, 탁본자료 등
6. 사진자료 항공 또는 위성사진, 원경, 근경, 전경, 세부 현황, 2,000×1,500픽셀 이상의 디지털파일 포함
7. 문화재 보호물·보호구역 포함의 위치도, 지적도 1:500~1:1,500, 수치도 1:5,000, 지형도 1:500~1:1,500, 이미지파일 및 캐드 또는 쉐이프SHP파일
8. 역사문화환경 보존지역의 문화재 보존 영향 행위기준(안)
9. 문화재 보존정비·활용계획(안)
10. 해당 지역의 토지이용계획 및 개발계획 현황
11. 건축물대장 등본, 건물등기부 등본, 토지임야대장 등본, 토지등기부 등본 등
12. 〈문화재보호법 시행규칙〉 제9조 제2항 각 호의 사항에 관한 자료 등

이러한 구비 서류는 보고서로 간략히 정리하여 책자컬러 인쇄, 15부 및 CD1장로 제출하고, 그 밖의 학술대회 및 발굴조사 책자 등의 참고자료를 첨부한다. 사적지정신청서는 기본적인 행정 서류, 문헌, 발굴에 의한 유적 및 유구, 학술대회의 내용을 중심으로 해당 문화재가 국가사적으로서 가치가 있다는 점을 알기 쉽게 작성한다.

사적으로 지정되려면 국가의 지원 없이 지자체가 학술대회나 발굴조사를 진행해야 하는 경우가 대부분이기 때문에 성과가 다소 부족한 것이 사실이다. 결국 문화재에 대한 지자체의 의지가 가장 중요하다는 뜻이며, 시간을 두고 충실한 조사연구가 이루어져야 국가지정문화재로서 가치를 인정받을 수 있다는 뜻이기도 하다.

지정과 관련된 행정 서류의 양식을 설명하면 다음과 같다.

[별지 제5호 서식] (앞쪽)

국가지정문화재 등의 지정·인정 자료보고서

문화재 구분	① 지정 종류		사적		
	② 유형/종목		제사·신앙에 관한 유적 등/사지 등		
대상 문화재 현황	③ 명칭	한글	○○사지	한자	○○寺址
		영문	site of ○○○ temple		
	④ 시대/연대		고려시대		
	⑤ 소재지		충남○○시○○면 ○○리 ○○번지		
	⑥ 구조/형식/형태		유적지(사지)		
	⑦ 재료/품질		사지		
	⑧ 수량/규모/크기	해당 문화재	유적지(토지) ○○○㎡		
		보호구역	유적지(토지) ○○○㎡		
		보호물	-		
	⑨ 현재 용도/기능		대지, 전답/주거 및 농업용 등		
	⑩ 소유자 (단체)	성명(명칭)	공유(○○시)	전화번호	○○○-○○○-○○○○
		주소	충남○○시○○면 ○○리 ○○번지		
	⑪ 연혁/유래/특징		○○사지는 고려시대 사찰로 ○○에 의해 초창되었으며, ○○의 특징이 있다 등		
⑫ 관리 단체(안)	단체명		○○시	대표자	○○시장
	지정신청사유		역사적, 학술적으로 중요한 의미를 지니는 ○○사지에 대하여 사적으로 지정하여 보존관리코자 함		
⑬ 지정가치 및 근거기준			○○사지는 그 조영시기가 분명하고 ○○의 창건에 의해 그 위상이 높았던 사찰이며, 고려의 건축양식과 문화상을 이해하는데 매우 중요한 사지임.		

위와 같이 「문화재보호법 시행령」 제17조 및 같은 법 시행규칙 제9조에 따라 국가지정문화재 등의 지정에 관한 자료를 제출합니다.

20○○년 ○○월 ○○일

○○○시·도지사 [직인]

문화재청장 귀하

구비 서류	1. 특별자치도지사 또는 시장·군수·구청장의 검토의견서 2. 관계전문가 조사의견 및 시·도 문화재위원회의 심의 관계자료 3. 문화재의 연혁·특징, 지정 가치 및 근거기준에 관한 세부 설명자료 4. 문화재 도면자료(배치도, 평면도, 입면도, 단면도, 그 밖의 필요도면 등) 5. 학술·고증자료(연구보고서, 조사보고서, 실측자료, 문헌자료, 옛 사진자료, 탁본자료 등) 6. 사진자료(항공 또는 위성사진, 원경, 근경, 전경, 세부 현황, 2,000×1,500픽셀 이상의 디지털파일 포함) 7. 문화재(보호물·보호구역 포함)의 위치도, 지적도(1:500~1:1,500), 수치도(1:5,000), 지형도 (1:500~1:1,500), 이미지파일 및 캐드 또는 쉐이프(SHP)파일 8. 역사문화환경 보존지역의 문화재 보존 영향 행위기준(안) 9. 문화재 보존 정비·활용계획(안) 10. 해당 지역의 토지이용계획 및 개발계획 현황 11. 건축물대장 등본, 건물등기부 등본, 토지(임야)대장 등본, 토지등기부 등본 등 12. 「문화재보호법 시행규칙」 제9조제2항 각 호의 사항에 관한 자료 ※ 구비서류는 책자(컬러인쇄, 15부) 및 CD(1장)로 제출

(뒤쪽)

국가지정문화재 등의 지정·인정 자료보고서 작성요령

① 지정 종류: 「문화재보호법」 제23조부터 제26조에 따른 해당 국가지정문화재의 종류을 적습니다.

② 유형/종목: 「문화재보호법 시행령」 별표 1의 국가지정문화재의 지정기준에 따라 적습니다.
  (예) 목조건축물류/궁전, 석조건축물류/석탑)

③ 명칭
  - 문화재의 성격·유형·시대 등 그 대표성·상징성을 나타내거나 일반에 널리 알려진 명칭을 부여합니다.
  - 순수한 고유 명칭만으로는 일반인이 해당 문화재나 소재 지역을 알기 어렵다고 판단되는 경우에는 고유 명칭 앞에 행정구역명 또는 고유한 지명을 병기합니다.
  - 다만, 문화재 지정 명칭의 부여기준 등에 관한 규정이 따로 있는 경우에는 이에 따릅니다.

④ 시대/연대
  - 석기시대, 청동기시대, 철기시대, 삼한시대, 삼국시대, 고구려, 백제, 신라, 가야, 발해, 통일신라, 고려, 조선, 대한제국기, 일제강점기 등을 적습니다.
  - 다만, 건립·제작·조성 기간 및 연대가 정확히 밝혀진 경우에는 이를 적습니다.

⑤ 소재지
  - 행정구역상의 소재지와 지번(地番)을 적습니다.
  - 여러 필지인 경우에는 숫자가 앞선 지번이나 가장 핵심구역으로 판단되는 지번을 대표 지번으로 적고 그 뒤에 '외' 또는 '등'을 붙입니다.

⑥ 구조/형식/형태: 학문적으로 정의된 구조나 형식·형태 등을 적습니다.

⑦ 재료/재질: 문화재를 이루는 주된 재료 및 재질을 적습니다.

⑧ 수량/규모/크기: 해당 문화재(지정구역), 보호구역 및 보호물을 건축물, 구조물 등으로 구분하여 그 성격에 맞게 수량(동수, 기수 등), 규모(층수, 높이, 필지 수 등) 및 크기(면적 등)를 적습니다.

⑨ 현재의 용도/기능: 현재 쓰이고 있는 용도, 기능 및 역할 등을 적습니다.

⑩ 소유자: 해당 문화재(지정구역)의 소유자(단체)의 성명 및 주소를 적습니다.

⑪ 연혁/유래/특징
  - 문화재의 연혁, 유래 및 특징에 대하여 중요 내용을 중심으로, 개조식(個條式)으로 간결하게 적습니다.
  - 상세한 내용은 구비서류(3. 문화재의 연혁·특징, 지정 가치 및 근거기준에 관한 세부 설명자료)로 첨부합니다.

⑫ 관리단체(안): 「문화재보호법」 제34조에 따른 문화재의 관리단체 지정에 대한 의견을 적습니다.

⑬ 지정 가치 및 근거기준
  - 「문화재보호법」 제2조 제1항, 제23조부터 제27조 및 「문화재보호법 시행령」 별표 1 또는 별표 2에 따른 문화재 지정 가치 및 특징 등에 대하여 다음 사항을 반영하여 간결하게 적고, 반드시 지정기준상의 근거 항목을 적시하여야 합니다.
    · 역사적·학술적·예술적·경관적·민속적·기술적 가치(중요한 시대정보, 대표성, 희소성, 상징성, 역사적 사건 및 저명 인물 연관성, 예술적·민속적·기술적 가치 등)
    · 진정성·완전성 구비 여부 및 다른 유사 문화재와의 차별적 특징 등
  - 상세한 내용은 구비서류(3. 문화재의 연혁·특징, 지정 가치 및 근거기준에 관한 세부 설명자료)로 첨부합니다.

210㎜×297㎜[일반용지 60g/㎡(재활용품)]

5 지정에 의한 조치

〈문화재보호법〉상의 조치

사적으로 지정된 토지에 대해서는 현상변경 등에 관한 엄격한 제약이 가해진다.

〈문화재보호법〉

제42조 행정명령

① 문화재청장이나 지방자치단체의 장은 국가지정문화재 보호물과 보호구역을 포함한다. 이하 이 조에서 같다 와 그 역사문화환경 보존지역의 관리·보호를 위하여 필요하다고 인정하면 다음 각 호의 사항을 명할 수 있다.
1. 국가지정문화재의 관리 상황이 그 문화재의 보존상 적당하지 아니하거나 특히 필요하다고 인정되는 경우 그 소유자, 관리자 또는 관리단체에 대한 일정한 행위의 금지나 제한
2. 국가지정문화재의 소유자, 관리자 또는 관리단체에 대한 수리, 그 밖에 필요한 시설의 설치나 장애물의 제거
3. 국가지정문화재의 소유자, 보유자, 관리자 또는 관리단체에 대한 문화재 보존에 필요한 긴급한 조치
4. 제35조 제1항 각 호에 따른 허가를 받지 아니하고 국가지정문화재의 현상을 변경하거나 보존에 영향을 미칠 우려가 있는 행위 등을 한 자에 대한 행위의 중지 또는 원상회복 조치

② 문화재청장 또는 지방자치단체의 장은 국가지정문화재의 소유자, 보유자, 관리자 또는 관리단체가 제1항 제1호부터 제3호까지의 규정에 따른 명령을 이행하지 아니하거나 그 소유자, 보유자, 관리자, 관리단체에 제1항 제1호부터 제3호까지의 조치를 하게 하는 것이 적당하지 아니하다고 인정되면 국가의 부담으로 직접 제1항 제1호부터 제3호까지의 조치를 할 수 있다.

③ 문화재청장 또는 지방자치단체의 장은 제1항 제4호에 따른 명령을 받은 자가 명령을 이행하지 아니하는 경우 〈행정대집행법〉에서 정하는 바에 따라 대집행하고, 그 비용을 명령 위반자로부터 징수할 수 있다.

④ 지방자치단체의 장은 제1항에 따른 명령을 하면 문화재청장에게 보고하여야 한다.

이는 사적의 보호를 위해 필요한 조치지만, 지정지의 소유자 또는 권리를 가진 자는 재산권에 손실을 입는 경우가 생길 수 있다. 따라서 지정지의 소유자 또는 권리를 가진 자에게 혜택을 주거나 조례에 의해 보조금을 지급하거나 지자체가 토지 등을 매입하는 것으로 실질적인 손실을 보상하고 있다.

〈문화재보호법〉

제46조 손실의 보상 국가는 다음 각 호의 어느 하나에 해당하는 자에 대하여는 그 손실을 보상하여야 한다.
1. 제42조 제1항 제1호부터 제3호까지의 규정에 따른 명령을 이행하여 손실을 받은 자
2. 제42조 제2항에 따른 조치로 인하여 손실을 받은 자
3. 제44조 제4항제45조 제2항에 따라 준용되는 경우를 포함한다에 따른 조사행위로 인하여 손실을 받은 자

제29조 손실 보상의 신청 법 제46조에 따라 손실을 보상받으려는 자는 국가지정문화재의 종류, 지정번호, 명칭, 수량, 소재지 또는 보관 장소와 그 사유를 적은 신청서에 증명서류를 첨부하여 문화재청장에게 신청하여야 한다.

제83조 토지의 수용 또는 사용
① 문화재청장이나 지방자치단체의 장은 문화재의 보존·관리를 위하여 필요하면 지정문화재나 그 보호구역에 있는 토지, 건물, 입목立木, 죽竹, 그 밖의 공작물을 〈공익사업을 위한 토지 등의 취득 및 보상에 관한 법률〉에 따라 수용收用하거나 사용할 수 있다.
② 제23조, 제25조부터 제27조까지 및 제70조에 따른 지정이 있는 때는 〈공익사업을 위한 토지 등의 취득 및 보상에 관한 법률〉 제20조 및 제22조에 따른 사업인정 및 사업인정의 고시가 있는 것으로 본다. 이 경우 같은 법 제23조에 따른 사업 인정 효력기간은 적용하지 아니한다.

세제상의 조치
토지의 소유자 또는 권리를 가진 자에게 실질적인 보상을 해주는 방법 외에도 세제상의 혜택을 줌으로써 재산의 손실을 보완해주는 방법의 하나로, 각종 세제와 관련된 법에서 관련 내용을 정하고 있다.

〈고도보존에 관한 특별법〉 제21조 조세의 감면
국가나 지방자치단체는 지정지구 안의 토지 등을 양도하거나 취득함에 따라 발생하는 소득이나 대통령령으로 정하는 사업을 경영함에 따라 발생하는 소득 등에 대하여는 〈조세특례제한법〉 및 〈지방세법〉으로 정하는 바에 따라 조세를 감면할 수 있다. [전문개정 2007.12.21]

〈법인세법 시행규칙〉 제26조업무과 관련이 없는 부동산 등의 범위 제5항
〈문화재보호법〉에 의하여 지정된 보호구역안의 부동산지정된 기간에 한함은 비업무용 부동산에서 제외

〈부가가치세법 시행령〉 제37조종교 · 자선 · 학술 · 구호단체 등이 공급하는 재화 등의 범위 제2호
〈문화재보호법〉의 규정에 의한 지정문화재지방문화재 포함를 소유 또는 관리하고 있는 종교단체주무 관청에 등록된 종교 단체에 한함의 경내지 및 경내지 내의 건물과 공작물의 임대 용역 시 부가가치세 면제

〈상속세 및 증여세법〉
제12조비과세되는 상속재산 제2호
〈문화재보호법〉의 규정에 의한 국가지정문화재 및 시 · 도지정문화재는 상속세 및 증여세 비과세
제74조문화재자료의 징수유예 문화재자료는 상속세 및 증여세액 징수 유예

〈소득세법〉 제12조 제4의 2호비과세소득
문화재로 지정된 서화 골동품은 양도소득에서 제외

〈지방세법〉 제194의 7조비과세 대상 토지의 범위
〈문화재보호법〉에 의하여 사적지로 지정된 토지사용자가 사용·수익하는 토지 제외는 비과세 대상 토지에 속함

〈서울특별시세 감면조례〉
제9조지정문화재에 대한 감면 －도시계획세 면제
1. 〈문화재보호법〉과 〈서울특별시문화재보호조례〉에 의하여 문화재로 지정된 부동산
2. 〈문화재보호법〉 및 〈서울특별시문화재보호조례〉에 의하여 지정된 보호구역 안의 부동산

〈자치구세 감면조례〉 －재산세 면제
1. 〈문화재보호법〉과 〈서울특별시문화재보호조례〉에 의하여 문화재로 지정된 부동산
2. 〈문화재보호법〉 및 〈서울특별시문화재보호조례〉에 의하여 지정된 보호구역 안의 부동산

6 사적 지정과 타 법률과의 관계

문화재의 지정은 문화재가 위치하는 지역이나 각 기관의 관할에 의해 다른 법률과 관계를 가지며, 이에 따라 관할 기관과의 협의가 필요한 경우가 있다. 〈문화재보호법〉에서 정한 타 법률과의 관계는 다음과 같다.

〈문화재보호법〉

제5조 다른 법률과의 관계
① 문화재의 보존·관리 및 활용에 관하여 다른 법률에 특별한 규정이 있는 경우를 제외하고는 이 법에서 정하는 바에 따른다.
② 지정문화재(제32조에 따른 가지정문화재를 포함한다)의 수리·실측·설계·감리와 매장문화재의 보호 및 조사에 관하여는 따로 법률로 정한다.

제87조 다른 법률과의 관계
① 문화재청장이 〈자연공원법〉에 따른 공원구역에서 대통령령으로 정하는 면적 이상의 지역을 대상으로 다음 각 호의 어느 하나에 해당하는 행위를 하려면 해당 공원관리청과 협의하여야 한다.
1. 제25조에 따라 일정한 지역을 사적, 명승, 천연기념물로 지정하는 경우
2. 제27조에 따라 보호구역을 지정하는 경우
3. 제35조 제1항에 따라 허가나 변경허가를 하는 경우
② 제35조 제1항 제74조 제2항에 따라 준용되는 경우를 포함한다에 따라 허가를 받은 때에는 다음 각 호의 허가를 받은 것으로 본다.
1. 〈자연공원법〉 제23조에 따른 공원구역에서의 행위 허가
2. 〈도시공원 및 녹지 등에 관한 법률〉 제24조·제27조 및 제38조에 따른 도시공원·도시자연공원구역·녹지의 점용 및 사용 허가
③ 제23조, 제25조부터 제27조까지 또는 제70조 제1항에 따라 국가지정문화재 또는 시·도지정문화재로 지정되거나 그의 보호물 또는 보호구역으로 지정·고시된 지역이 〈국토의 계획 및 이용에 관한 법률〉 제6조 제1호에 따른 도시지역에 속하는 경우에는 같은 법 제37조 제1항 제6호에 따른 보존지구로 지정·고시된 것으로 본다.
④ 다음 각 호의 어느 하나에 해당하는 문화재의 매매 등 거래행위에 관하여는 〈민법〉 제249조의 선의취득에 관한 규정을 적용하지 아니한다. 다만, 양수인이 경매나 문화재매매업자 등으로부터 선의로 이를 매수한 경우에는 피해자 또는 유실자 遺失者는 양수인이 지급한 대가를 변상하고 반환을 청구할 수 있다.
1. 문화재청장이나 시·도지사가 지정한 문화재
2. 도난물품 또는 유실물 遺失物인 사실이 공고된 문화재
3. 그 출처를 알 수 있는 중요한 부분이나 기록을 인위적으로 훼손한 문화재
⑤ 제4항 제2호에 따른 공고에 필요한 사항은 문화체육관광부령으로 정한다.

제47조 자연공원구역 안에서의 사적의 지정 등   〈문화재
① 법 제87조 제1항에 따라 해당 공원관리청과 협의하여야 할 경우는 다음   보호법
과 같다.   시행령〉
1. 법 제87조 제1항 제1호 및 제2호의 경우: 〈자연공원법〉에 따른 공원구역
에서 면적 3만 제곱미터 이상의 지역 또는 구역을 지정하는 경우
2. 법 제87조 제1항 제3호의 경우: 〈자연공원법〉에 따른 공원구역에서 법
제35조 제1항에 따라 허가나 변경허가를 하는 경우〈자연공원법〉제23조 제1항 각
호의 경우로 한정하되, 국가지정문화재, 시·도지정문화재, 문화재자료 또는 그 보호물의 증축, 개
축, 재축再築, 이축移築과 외부를 도색하는 행위는 제외한다
② 문화재청장은 〈자연공원법〉에 따른 공원구역 안에서 법 제87조 제1항 제
1호 및 제2호에 해당하는 행위를 하는 경우로서 3만 제곱미터 미만의 지역
또는 구역을 지정하는 경우에는 해당 공원관리청에 그 내용을 알려야 한다.

7 관리단체의 지정

〈문화재보호법〉 제33조 소유자관리의 원칙에는 원칙적으로 문화재는 소유자가 관리하는 것으로 명시되어 있다. 특히 미술품 등을 비롯한 유형문화재의 경우에 문화재로서의 보존관리는 소유자가 개인적으로 관리하는 것의 연장선에서 취급되므로, 소유자에 의한 관리가 적당하다고 판단되고 있다.

사적 등에서도 소유자에 의한 관리가 바람직하다고 생각되지만, 대부분의 사적은 지정 대상이 된 토지 등의 관리 및 이용에 상당한 제한이 가해지고 다수의 소유자가 존재하는 경우가 많아 관리를 소유자로 한정하기에는 적당하지 않다.

따라서 〈문화재보호법〉 제34조 관리단체에 의한 관리에서는 사적의 소유자 또는 관리책임자에 의한 관리가 현저히 곤란하거나 부적당하다고 인정되는 경우에 문화재청장이 적당한 지자체와 그 외의 적당한 법인을 관리단체로 지정할 수 있다고 규정하고 있다. 이로 인해 사적이 소재하는 지자체나 그 외의 법인이 사적 등의 관리단체로 지정되어 보존관리를 담당하는 경우가 많다.

또한 지자체에서 행하는 사적정비나 학술적인 발굴조사는 토지매입에 의해 실시되는 경우가 대부분이기 때문에 관리단체는 자연스럽게 지자체의 몫이 되는 경우가 많다.

관리단체가 될 지자체 등의 동의를 얻은 후에 지정하는 취지를 관보에 고시하고, 관리 등의 대상이 되는 사적의 소유자 및 점유자와 지정되는 지자체 등에 통지가 행해진다. 지정의 효력은 관보 고시 및 통지의 도달 시에 발휘되도록 규정하고 있다.

〈문화재보호법 시행령〉

제13조 관리단체의 지정서
① 문화재청장은 법 제34조 제1항에 따른 국가지정문화재의 관리단체(이하 "관리단체"라 한다)를 지정하는 경우에는 별지 제17호 서식의 국가지정문화재 관리단체 지정서를 발급하여야 하며, 별지 제18호 서식의 국가지정문화재 관리단체 지정서 발급대장에 그 내용을 적고 이를 관리하여야 한다.
② 제1항에 따라 관리단체 지정서를 발급받은 관리단체는 그 지정기간이 만료되거나 지정이 해제되면 10일 안에 그 지정서를 반환하여야 한다.

8 관리단체에 의한 관리

소유자가 없거나 판명되지 않은 경우 또는 소유자나 관리책임자에 의한 관리가 현저히 곤란하거나 부적당하다고 명확하게 인정되는 경우에는, 문화재청장이 적당한 지자체나 그 외의 법인을 지정하여 사적의 보존을 위해 필요한 관리 및 수리와 시설 및 설비 그리고 그 외의 물건에서 사적의 소유자에게 속하는 것을 관리 및 복구시키는 것이 가능하다.

또한 사적으로 지정된 후의 적절한 관리나 수리에 관한 행정적인 대응을 위해서도, 사적의 지정과 동시에 해당 사적이 소재하는 지자체가 관리단체로 지정되는 것이 바람직하다고 볼 수 있다.

〈문화재보호법〉

제34조 관리단체에 의한 관리
① 문화재청장은 국가지정문화재의 소유자가 분명하지 아니하거나 그 소유자 또는 관리자에 의한 관리가 곤란 또는 적당하지 아니하다고 인정하면 해당 국가지정문화재 관리를 위하여 지방자치단체나 그 문화재를 관리하기에 적당한 법인 또는 단체를 관리단체로 지정할 수 있다. 이 경우 국유에 속하는 국가지정문화재 중 국가가 직접 관리하지 아니하는 문화재의 관리단체는 관할 특별자치도 또는 시·군·구(자치구를 말한다. 이하 같다)가 된다. 다만, 문화재가 2개 이상의 시·군·구에 걸쳐 있는 경우에는 관할 특별시·광역시·도(특별자

치도를 제외한다가 관리단체가 된다.

② 관리단체로 지정된 지방자치단체는 문화재청장과 협의하여 그 문화재를 관리하기에 적당한 법인 또는 단체에 해당 문화재의 관리 업무를 위탁할 수 있다.

③ 문화재청장은 제1항 전단에 따라 관리단체를 지정할 경우에 그 문화재의 소유자나 지정하려는 지방자치단체, 법인 또는 단체의 의견을 들어야 한다.

④ 문화재청장이 제1항에 따라 관리단체를 지정하면 지체 없이 그 취지를 관보에 고시하고, 국가지정문화재의 소유자 또는 관리자와 해당 관리단체에 이를 알려야 한다.

⑤ 누구나 제1항에 따라 지정된 관리단체의 관리행위를 방해하여서는 아니 된다.

⑥ 관리단체가 국가지정문화재를 관리할 때 필요한 경비는 이 법에 특별한 규정이 없으면 해당 관리단체의 부담으로 하되, 관리단체가 부담능력이 없으면 국가나 지방자치단체가 이를 부담할 수 있다.

⑦ 제1항에 따른 관리단체 지정의 효력 발생 시기에 관하여는 제30조를 준용한다.

제21조 비상시의 문화재 보호

〈문화재 보호법〉

① 문화재청장은 전시·사변 또는 이에 준하는 비상사태 시 문화재의 보호에 필요하다고 인정하면 국유문화재와 국유 외의 지정문화재 및 제32조에 따른 가지정문화재를 안전한 지역으로 이동·매몰 또는 그 밖에 필요한 조치를 하거나 해당 문화재의 소유자, 보유자, 점유자, 관리자 또는 관리단체에 대하여 그 문화재를 안전한 지역으로 이동·매몰 또는 그 밖에 필요한 조치를 하도록 명할 수 있다.

제13조 관리단체의 지정서

〈문화재 보호법 시행령〉

① 문화재청장은 법 제34조 제1항에 따른 국가지정문화재의 관리단체(이하 "관리단체"라 한다)를 지정하는 경우에는 별지 제17호서식의 국가지정문화재 관리단체 지정서를 발급하여야 하며, 별지 제18호서식의 국가지정문화재 관리단체 지정서 발급대장에 그 내용을 적고 이를 관리하여야 한다.

② 제1항에 따라 관리단체 지정서를 발급받은 관리단체는 그 지정기간이 만료되거나 지정이 해제되면 10일 안에 그 지정서를 반환하여야 한다.

〈문화재 보호법〉

제40조 신고사항

① 국가지정문화재 보호물과 보호구역을 포함한다. 이하 이 조에서 같다의 소유자, 보유자, 관리자 또는 관리단체는 해당 문화재에 다음 각 호의 어느 하나에 해당하는 사유가 발생하면 대통령령으로 정하는 바에 따라 그 사실과 경위를 문화재청장에게 신고하여야 한다. 다만, 제1호의 경우에는 소유자와 관리자가, 제2호의 경우에는 신·구 소유자가 각각 연서連署로 하여야 한다.

1. 관리자를 선임하거나 해임한 경우
2. 국가지정문화재의 소유자가 변경된 경우
3. 소유자, 보유자 또는 관리자의 성명이나 주소가 변경된 경우
4. 국가지정문화재의 소재지의 지명, 지번, 지목地目, 면적 등이 변경된 경우
5. 보관 장소가 변경된 경우
6. 국가지정문화재의 전부 또는 일부가 멸실, 유실, 도난 또는 훼손된 경우
7. 제35조 제1항 제1호에 따라 허가 변경허가를 포함한다를 받고 그 문화재의 현상변경을 착수하거나 완료한 경우
8. 제35조 제1항 제4호 또는 제39조 제1항에 따라 허가받은 문화재를 반출한 후 이를 다시 반입한 경우
9. 동식물의 종種이 천연기념물로 지정되는 경우 그 지정일 이전에 표본이나 박제를 소유하고 있는 경우

② 역사문화환경 보존지역에서 건설공사를 시행하는 자는 해당 역사문화환경 보존지역에서 제35조 제1항 제2호에 따라 허가 변경허가를 포함한다를 받고 허가받은 사항을 착수 또는 완료한 경우에는 대통령령으로 정하는 바에 따라 그 사실과 경위를 문화재청장에게 신고하여야 한다.

[별지 제17호 서식]

제   호

국가지정문화재 관리단체 지정서

지정문화재
   지 정 종 류: 사적
   문화재 명칭: ○○사지
   지 정 수 량: ○○사 일원 (○○㎡)
   지 정 일: 20○○년 ○○월 ○○일

지정받는 자
   단 체 명: ○○시
   소 재 지: 충남 ○○시 ○○면 ○○리 ○○번지
   대 표 자: ○○시 시장

위 단체를 「문화재보호법」 제34조 및 같은 법 시행규칙 제13조에 따라 국가지정문화재 관리단체로 지정합니다.

20○○년 ○○월 ○○일

문 화 재 청 장 [직인]

210mm×297mm[보존용지(1종)120g/㎡]

9 관리단체의 관리에 따른 보조금

〈문화재보호법〉 제51조 보조금에는 관리단체가 관리에 드는 비용을 직접 부담하게 되어 있다. 단, 경비가 많이 필요하여 관리단체가 부담할 수 없거나 그 외의 특별한 사정이 있는 경우에는 국가가 보조금을 교부하는 것이 가능하다. 따라서 관리단체가 행하는 관리를 위한 시책에서는 사업자가 소유자 또는 관리단체로 지정된 지자체나 그 외의 법인인 경우에 다음과 같은 국고보조제도가 정해져 있다.

〈문화재보호법〉

제51조 보조금
① 국가는 다음 각 호의 경비의 전부나 일부를 보조할 수 있다.
1. 제34조 제1항에 따른 관리단체가 그 문화재를 관리할 때 필요한 경비
2. 제42조 제1항 제1호부터 제3호까지에 따른 조치에 필요한 경비
3. 제1호와 제2호의 경우 외에 국가지정문화재의 관리·보호·수리·활용 또는 기록 작성을 위하여 필요한 경비
4. 중요 무형문화재의 보호·육성에 필요한 경비
② 문화재청장은 제1항에 따른 보조를 하는 경우 그 문화재의 수리나 그 밖의 공사를 감독할 수 있다.
③ 제1항 제2호부터 제4호까지의 경비에 대한 보조금은 시·도지사를 통하여 교부하고, 그 지시에 따라 관리·사용하게 한다. 다만, 문화재청장이 필요하다고 인정하면 소유자, 보유자, 관리자, 관리단체에게 직접 교부하고, 그 지시에 따라 관리·사용하게 할 수 있다.

〈문화재보호법 시행규칙〉

제33조 보조금
① 법 제51조 제1항에 따른 국가의 보조를 받으려는 자는 별지 제66호 서식의 단위사업별 예산신청서를 문화재청장에게 제출하여야 한다.
② 문화재청장은 법 제51조에 따라 보조금 교부를 결정하면 보조금 교부를 신청한 자에게 별지 제67호 서식의 국고보조금 교부결정 통지서에 따라 보조금 교부 결정 사실을 지체 없이 알려야 한다.
③ 법 제51조에 따른 보조금을 교부받은 자는 문화재청장이 정하는 바에 따라 보조금 집행을 완료하거나 회계연도가 종료되면 별지 제68호 서식의 국고보조사업 실적보고서를 문화재청장에게 제출하여야 한다.
④ 문화재청장은 법 제51조 제2항에 따라 문화재의 수리나 그 밖의 공사를 감독하는 경우에는 그 소속 직원 중에서 감독관을 지정할 수 있다.

1.4 사적 관련 예산

1 사적 관련 예산의 이해

문화재와 관련된 예산은 크게 기획재정부, 문화관광체육부, 문화재청의 예산으로 나눌 수 있다. 문화재보수정비 국고보조사업은 〈문화재보호법〉과 〈보조금의 예산 및 관리에 관한 법률〉에 근거하며, 각 지자체에서 신청하면 기획재정부·문화관광체육부·문화재청이 검토하고 교부한다.

매년 기획재정부에서 발행하는 《예산 및 기금운용계획 집행지침》

특히 사적과 관련된 토지매입, 종합정비기본계획, 정비 등은 〈문화재보호법〉 제39조, 〈문화재보호법 시행규칙〉 제26조 등에 명시된 보조금에 관한 항목에 따라 교부된다.

보조금은 100퍼센트 지원되는 것이 아니라 국비와 지방비의 비율이 7:3, 5:5, 3:7 등으로 정해져 있으므로, 지자체의 재정 자립도에 따라 국비를 지원받고도 예산을 사용하지 못하는 경우를 대비하여 확보 가능한 지방비를 확인해둘 필요가 있다.

또한 당해 문화재에 한정하지 않고 문화재 주변의 정비 또는 문화 활동에 필요한 시설을 지원하는 사업 등은 〈보조금의 예산 및 관리에 관한 법률〉 제9조, 제10조, 제12조, 제16조 등에서 정하는 관련 내용을 근거로 보조금이 교부된다. 이때도 위에서 설명한 바와 같이 국비와 지방비의 비율이 정해져 있다.

예산의 출처는 크게 재정기획부·문화관광체육부·문화재청으로 구분되며, 이는 보조금의 성격에 따라 다시 네 가지로 나눌 수 있다.

통상적으로 토지매입과 지정지 내 정비를 위해 교부되는 문화재청의 보조금, 지자체의 중점사업을 시행하기 위해 문화재청이 보조금을 교부하는 광역지역특별회계이하 '광특'이라 함 부처직접편성사업, 당해 문화재의 정비를 포함한 관광 인프라 구축과 관광 프로그램 개발 등의 관광적인 측면이 강한 사업에 기획재정부가 교부하는 광특 시·도자율편성사업, 지자체가 아닌 단체나 기관 등이 문화재의 보수 및 정비를 시행하기 위해 문화재청에서 교부받는 민간자본보조에 의한 예산 등이 있다. 교부받은 예산은 〈지방재정법〉에 의해 지방예산으로 편입되며, 관련 지침 이외에 문화재청의 허가가 필요하지는 않지만 문화재보수정비사업의 특성상 계속비를 편성할 때는 문화재청과 사전에 협의해야 한다.

그 밖에 문화관광체육부에서 전시관이나 기타 부대시설의 정비 등에 교부하는 별도의 광특사업, 관광진흥개발기금이나 〈전통사찰보존법〉에 의한 보조금 등이 있다. 행정안전부에서 시행하는 특별교부세 등도 지자체의 의지와 활용도에 따라 사적정비 예산으로 쓸 수 있다.

〈국고보조금
(광특회계)
집행지침〉

1. 보조금은 교부 목적 이외의 용도로 사용할 수 없음.
2. 국고보조금에 따른 지방비 부담을 반드시 준수하여야 함.
3. 보조금 사업의 예산집행 과정에서 지원 대상 지자체를 변경하지 않아야 함.
4. 사업지침에 따라 사업을 추진하고 사업비를 집행하되, 사업지침 변경이 필요한 경우에는 문화재청의 승인을 받도록 함.
5. 문화재청장이 정하는 바에 따라 보조사업의 수행상황 및 회계연도별 결산 내용 등을 보고토록 함.
6. 국고보조사업을 완료한 때에는 그때로부터 1개월 이내에 그 보조사업의 실적을 기재한 보조사업 실적보고서를 우리 청에 제출하여야 함.
7. 법령의 규정에 위반하여 보조금을 사용한 때, 허위의 신청이나 기타 부정한 방법으로 보조금을 교부받은 때, 다음 연도로 이월한 예산을 다음 다음 연도까지 집행하지 못한 때에는 〈보조금 관리에 관한 법률〉에 따라 국고보조금을 반환해야 함.
8. 상기사항 이외 기타사항에 대하여는 〈보조금 관리에 관한 법률〉 및 〈국가균형발전특별법〉, 기타 회계 관계 법령에 따르도록 함.

2 사적 관련 예산의 해설

문화재청 보조금에 의한 예산, 광역지역 특별회계 부처직접편성 사업 예산

문화재 보수·정비에서 가장 일반적이고 기본적인 예산이라고 할 수 있다. 문화재청 보조금에 의한 예산은 당해 문화재의 보수는 물론 종합정비기본계획, 토지매입, 지정구역 내의 정비를 위한 발굴조사, 설계, 시공 등에 사용된다. 광특 부처직접편성사업의 경우에는 지자체의 중점사업을 중심으로 교부되는 예산이다.

통상 지자체에서 예산을 확보하기 위해서는 교부 과정과 시기를 확실히 알아두는 것이 중요한데, 이를 설명하면 다음과 같다.

기획재정부는 예산을 교부받기 위한 예산작성지침을 당해 연도 4월 중으로 문화재청에 시달한다. 이를 근간으로 문화재청은 5월 초에 지자체로 예산신청지침을 시달하게 된다. 시·군·구에 예산신청지침을 시달할 때는 해당 지자체에 총액으로 예를 들어 어느 시·군·구에 100억 등 시달한다.

예산신청지침을 시달받은 지자체는 문화재보수정비 예산신청서를 작성하여 10개의 사업을 시행할 경우 각 사업마다 가령 5억, 15억 등의 개별 사업 액수를 나타낸 예산신청서 작성 시·도에 제출하고, 시·도는 이를 검토하여 5월 31일까지 문화재청에 접수하게 된다. 예산신청서가 접수되면 문화재청의 당해 사업부서, 기획재정담당관실 등에서 필요성과 당위성 등을 검토하여 반영 금액을 조정한다.

문화재청은 검토된 내용을 기획재정부에 6월 30일까지 제출하고 총액으로 제출, 예를 들어 문화재보수정비 예산 4,000억 등 시·도에는 10월 15일 이전까지 통보해준다.

이때 검토된 예산을 기획재정부에 6월 30일까지 제출하고 시·도에는 10월 15일까지 통보하는 동안 문화재청의 지속적인 검토가 이루어진다. 시·도에 10월 15일까지 통보하는 이유는, 국비와 지방비의 비율이 정해져 있으므로 이를 지자체에서 검토하여 12월 지방의회에서 지방비를 확보하기 위해서는 개략적으로나마 국비의 교부 금액을 사전에 인지하고 있어야 하기 때문이다.

6월 30일에 총액을 접수받은 기획재정부가 11월에서 12월에 열리는 국회예산심의에 제출하여 심의를 받고, 확정된 예산이 문화재청에 통보된다. 12월에서 1월 사이에 문화재청과 기획재정부가 세부 사업에 대해 협의하고, 이때 개별 사업에 대한 금액이 일부 조정되기도 한다.

세부 사업에 대한 예산이 확정되면 당해 연도 1월에 시·도로 세부 사업 확정 통지를 하고, 시·도에서는 문화재청에 확정사업 교부신청을 하게 된다. 문화재청은 2월 중에 총액예산 월별 자금배정 계획을 수립하여 통지하며, 사업부서에서 작성한 단위사업별 지침을 시달하고 시·도에 예산을 교부한다.

시·도로 교부된 예산을 국비와 지방비의 비율에 따라 정해진 총액으로 시·군·구에 교부하면, 시·군·구가 문화재보수정비사업에 착수하게 된다. 보조금을 교부받고 사업을 시행하는 동안 사업의 관리 및 감독 책임은 지자체가 맡으며, 개개의 사업에 대해 문화재청은 지자체와 상호 신뢰를 가지고 진행하게 된다.

사업이 완료된 후에는 문화재청의 사업 담당 부서에 준공을 알리고, 정산보고를 하여 보조금 금액이 확정 통지되면 집행 잔액을 반납하는 것으로 마무리한다.

이렇게 문화재보수정비 예산에 관해서는 1년간 지속적인 신청과 작성, 검토 등이 반복적으로 이루어진다. 앞에서도 언급한 것과 같이 문화재청 보조금에 의한 예산이나 광특 부처직접편성사업 예산은 국비와 지방비의 비율이 정해져 있으므로, 재정 자립도가 낮은 지자체의 경우에는 지방비의 확보에도 힘을 쏟아야 한다.

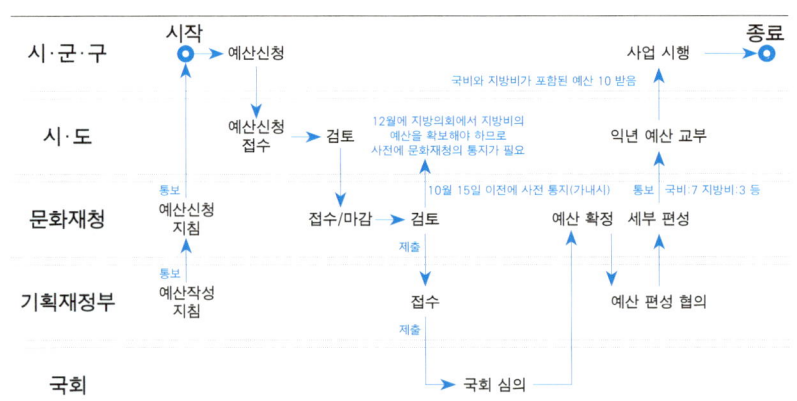

문화재청 보조금에 의한 예산, 광역지역 특별회계 부처직접 편성사업 예산 편성 절차

| 사적 관련 예산 | 사적 관련 예산의 해설 |

**광역지역
특별회계
시·도
자율편성사업
예산**

당해 문화재의 정비를 포함한 관광 인프라 구축이나 관광 프로그램 개발 등 관광적인 측면이 강한 사업에 대해 기획재정부에서 문화재청을 거치지 않고 시·도에 직접 보조금을 교부하는 사업이다.

기본적으로 문화재청 보조금에 의한 예산이나 광특 부처직접편성사업 예산과 비교하여 과정이나 시기가 다르지 않으나, 문화재청에서 예산을 배정하지 않고 시·도에서 시행하려는 사업이 적정한지 검토하는 역할만 담당한다는 점이 다르다.

보조금 예산의 경우에도 기획재정부에서 시·도로 직접 예산 배분 결정을 통보하며, 시·도의 예산신청서에 대해 문화재청은 사업의 적정성만을 검토하여 기획재정부에 접수한다. 확정된 보조금 예산 국비 50퍼센트 : 지방비 50퍼센트은 문화재청을 거치지 않고 기획재정부에서 시·도에 직접 교부하며, 여기에 지방비를 더하여 다시 시·군·구에 교부한다.

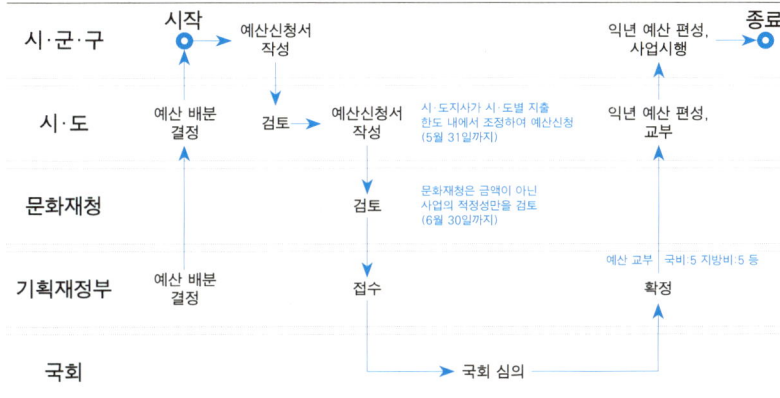

**광역지역
특별회계
시·도
자율편성사업
예산 편성
절차**

**민간자본
보조에 의한
정비 예산**

기본적인 과정과 시기에서 문화재청 보조금에 의한 예산이나 광특 부처직접편성사업 예산과 다르지는 않다. 다만 최종 사업에서 통상 시·군·구가 담당하던 역할을 단체나 기관이 시행한다는 점에서 차이가 있다.

단체나 기관이 사업을 맡게 되므로 공정성을 위해 기본설계 및 실시설계는 시·군·구가 시행하고, 보수정비공사와 발굴조사 대행사업은 보조금을 교부받은 단체나 기관이 시행한다. 사업의 시행과 관련해서 국비와 지방비의 비율은 70퍼센트 : 30퍼센트로 정해져 있다.

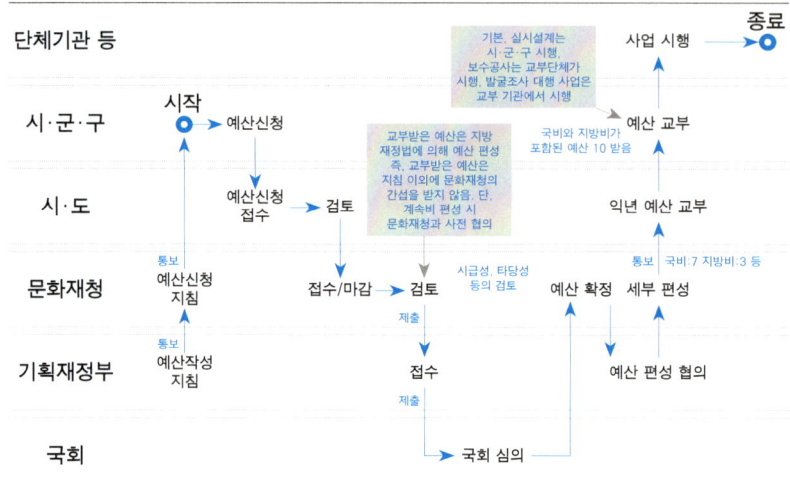

민간보조에 의한 예산 편성 절차

전시관 건립에 따른 예산

문화재청에서 시행하는 전시관 건립사업은 문화재의 효율적인 보존관리 및 활용과 한정된 예산의 효율적인 사용을 위해 국보, 보물, 사적 등 국가지정문화재로 대상을 한정하고 있다. 그중에서도 보존관리가 시급하고 전시가치 및 교육·홍보 등 활용가치가 높은 문화재를 선별하여 추진하고 있다.

그러나 지자체별로 시행되는 각종 전시성 사업 및 획일화된 보조지원율 등으로 문화재보수정비에 대한 사업비 지원 요구가 매년 급증하면서, 문화재청은 전시관 건립에 신중을 기하고 있다. 문화재보수정비사업의 지원 효율 제고 및 내실화를 위해 국고 지원 비율을 합리적인 수준으로 재조정하고 성격이 유사한 지자체 도서관이나 박물관 건설 지원 비율과 형평성을 유지한다는 의미에서 전시관 사업의 국고보조금 비율을 50퍼센트에서 30퍼센트로 조정하였다. 따라서 지자체의 부담을 고려해서 신중하게 진행해야 한다.

전시관 관련 사업을 진행할 때는 지자체의 예산신청자료를 토대로 검토하되, 필요한 경우에는 관계전문가가 현지조사 등을 실시하여 사업 대상을 선정한다. 문화재의 희소가치, 중요도, 활용가치, 국가지정문화재에 대한 보수정비 우선 지원, 계속사업, 지정문화재

보수·정비 및 보호시설 설치, 문화재 보호구역 내 사유지의 매입 등 다수의 민원 관련 사업을 중점 지원하는 것을 방침으로 삼고 있다.

전시관 건립에는 선정과 관련된 절차가 있으며, 예산신청 과정도 복잡하므로 지자체 담당자의 이해가 중요하다. 전시관과 관련된 예산 확보를 위한 과정은 기본적으로 보조금에 의한 예산과 크게 다르지 않으며, 자세한 과정을 살펴보면 다음과 같다.

전시관 관련 예산을 교부받기 위해서는 전년도 5월 초에 16개 시·도234개 시·군·구를 대상으로 기획재정부가 문화재청에 예산신청지침을 시달한다. 이를 근간으로 문화재청은 5월 초에 지자체로 예산신청지침을 시달하게 된다.

예산신청지침을 시달받은 지자체는 문화재보수정비 예산신청서에 사업의 목적, 내용, 소요경비, 기타 필요한 사항을 기재한 신청서와 첨부 서류 등을 갖추어 시·도에 제출한다. 시·도는 이를 검토하여 5월 31일까지 문화재청에 접수하게 된다. 문화재청의 당해 사업부서와 기획재정담당관실 등에서는 시급성, 필요성, 당위성 등을 검토하여 반영 금액을 조정한다. 문화재청은 검토한 내용을 기획재정부에 6월 30일까지 제출하고, 시·도에는 10월 15일 이전까지 통보해준다.

이때 검토된 예산을 기획재정부에 6월 30일까지 제출하고 시·도에는 10월 15일까지 통보하는 동안 문화재청의 지속적인 검토가 이루어진다. 시·도에 10월 15일까지 통보하는 이유는, 국비와 지방비의 비율이 정해져 있으므로 이를 지자체에서 검토하여 12월의 지방의회에서 지방비를 확보하기 위해서는 개략적으로나마 국비의 교부 금액을 사전에 인지하고 있어야 하기 때문이다특히 전시관의 경우 국비와 지방비의 비율이 3:7로 정해져 있어 지자체에 상당한 부담이 되므로 신중히 검토해야 한다.

6월 30일에 총액을 접수받은 기획재정부는 11월에서 12월에 열리는 국회예산심의에 제출하여 심의를 받고, 확정된 예산을 문화재청에 통보한다. 이를 가지고 12월에서 1월 사이에 문화재청과 기획재정부가 세부 사업에 대해 협의하고, 이때 전시관 관련 사업에 대한 금액이 일부 조정되기도 한다. 세부 사업에 대한 예산이 확정되면 당해 연도 1월에 시·도로 세부 사업 확정 통지를 하고, 시·도에서는 문화재청에 확정사업 교부신청을 하게 된다.

확정사업 교부신청을 받은 문화재청은 2월 중에 총액예산 월별 자금배정계획을 수립하여 통지하며, 사업부서에서 작성한 단위사업별 지침을 시달하고 시·도에 예산을 교부한다. 시·도에서 교부된 예산을 국비와 지방비의 비율에 따라 정해진 총액으로 시·군·구에 교부하면, 시·군·구가 문화재보수정비사업에 착수하게 된다.

전시관 관련 사업의 추진 중에는 상황에 따라 설계변경 승인신청이 시·도→문화재청 필요한 경우가 있다. 설계검토 승인은 문화재청이, 공사계약 및 시공은 지자체가, 공사기술지도 및 감독은 문화재청이 담당한다. 또한 공사에 따른 착·준공 보고와 공사 완료 시 수리보고서 및 준공도면, 사진 등 관련 자료는 지자체에서 문화재청에 보고하거나 제출해야 한다.

사업이 완료된 후에는 문화재청의 사업 담당 부서에 알리고, 정산보고를 한다. 다음 해 1월에 기획재정담당관실이 정산지침을 시달하면 시·도는 2월 중에 정산서를 제출하고, 문화재청의 사업부서가 다음 해 2~3월 중에 정산서를 검토하여 5월경에 기획재정부로 정산 확정 통지를 한다, 이후 5월경에 보조금 금액이 확정 통지되면 집행 잔액을 반납하는 것으로 마무리한다.

2009년을 기준으로 문화재청 보존정책과에서 지원했거나 지원 중인 예산은 140억 원 정도이며, 대상은 10군데의 사적 전시관이다. 건립 진행 중인 전시관에는 나주 복암리 고분군 전시관, 사천 늑도 유적 전시관, 소가야유물 전시관, 정다산 유적 기념관, 의창 다호리 고분군 전시관, 양산 북정리 유물 전시관 등이 있으며, 2010년에 건립 완료된 전시관은 해남 윤선도 유적 전시관, 연천 전곡리 선사유적 박물관, 부안청자 전시관, 경기전 전시관 등이 있다. 또한 전시관 건립과 관련해서는 ① 〈문화재보호법〉, ② 〈보조금의 예산 및 관리에 관한 법률〉, ③ 〈보조금의 예산 및 관리에 관한 법률 시행령〉, ④ 〈박물관 및 미술관 진흥법〉, ⑤ 〈박물관 및 미술관 진흥법 시행령〉, ⑥ 〈박물관 및 미술관 진흥법 시행규칙〉 등을 검토할 필요가 있다.

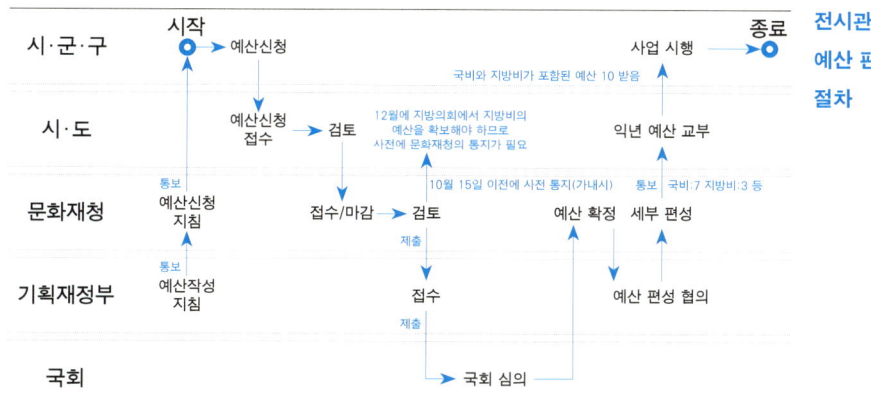

전시관 예산 편성 절차

3 사적정비 예산 관련법

사적정비의 예산에 관한 보조금의 지급 기준은 다음과 같다.

〈문화재보호법〉

제51조 보조금

① 국가는 다음 각 호의 경비의 전부나 일부를 보조할 수 있다.
1. 제34조 제1항에 따른 관리단체가 그 문화재를 관리할 때 필요한 경비
2. 제42조 제1항 제1호부터 제3호까지에 따른 조치에 필요한 경비
3. 제1호와 제2호의 경우 외에 국가지정문화재의 관리, 보호, 수리 또는 기록 작성을 위하여 필요한 경비
4. 중요무형문화재의 보호, 육성에 필요한 경비

② 문화재청장은 제1항에 따른 보조를 하는 경우 그 문화재의 수리나 그 밖의 공사에 관하여 감독할 수 있다.

③ 제1항 제2호부터 제4호까지의 규정의 보조금은 시·도지사를 통하여 교부하고, 그 지시에 따라 관리·사용하게 한다. 다만, 문화재청장이 필요하다고 인정하면 그러하지 아니하다.

제52조 지방자치단체의 경비 부담

지방자치단체는 그 관할구역에 있는 국가지정문화재로서 지방자치단체가 소유하거나 관리하지 아니하는 문화재에 대한 관리, 보호 또는 수리 등에 필요한 경비를 부담하거나 보조할 수 있다.

〈문화재보호법 시행규칙〉

제33조 보조금

① 법 제51조 제1항의 규정에 의한 국가의 보조를 받고자 하는 자는 별지 제66호 서식의 단위사업별 예산신청서를 문화재청장에게 제출하여야 한다.

② 문화재청장은 법 제51조의 규정에 따라 보조금의 교부를 결정한 때에는 보조금의 교부를 신청한 자에게 별지 제67호 서식의 국고보조금 교부결정 통지서에 의하여 보조금 교부 결정 사실을 지체 없이 통보하여야 한다.
③ 법 제51조에 따라 보조금을 교부받은 자는 문화재청장이 정하는 바에 따라 보조금의 집행을 완료하거나 회계연도가 종료되면 별지 제68호 서식의 국고보조사업 실적보고서를 문화재청장에게 제출하여야 한다.
④ 문화재청장은 법 제51조 제2항에 따라 문화재의 수리나 그 밖의 공사를 감독하는 경우에는 그 소속 직원 중에서 감독관을 지정할 수 있다.

〈보조금 관리에 관한 법률〉

제9조 보조금의 대상 사업·기준보조율 등
보조금이 지급되는 대상 사업·경비의 종목·국고보조율 및 금액은 매년 예산으로 정한다. 다만, 지방자치단체에 대한 보조금의 경우 다음 각 호에 해당하는 사항은 대통령령으로 정한다.
1. 보조금이 지급되는 대상 사업의 범위
2. 보조금의 예산계상신청 및 예산편성에 있어서 보조사업별로 적용하는 기준이 되는 국고보조율 이하 "기준보조율"이라 한다

제12조 보조금 예산의 통지
① 중앙관서의 장은 특별한 사유가 없는 한 보조금 예산안을 사업별로 해당 보조사업을 수행하고자 하는 자에게 당해 회계연도의 전년도 10월 15일까지 통지하여야 하며 국회에서 예산이 심의·확정된 후에는 그 확정된 금액 및 내역을 사업별로 즉시 해당 보조사업을 수행하고자 하는 자에게 통지하여야 한다.
② 중앙관서의 장은 제1항에 따른 통지를 할 때 지방자치단체에 대한 보조금의 경우에는 기획재정부장관과 행정안전부장관에게 통보하여야 한다.
③ 제1항의 통지를 할 때 보조사업을 수행하고자 하는 자가 시장·군수인 경우에는 당해 시·군을 관할하는 도지사에게 일괄하여 통지할 수 있다.

제16조 보조금의 교부신청
보조금의 교부를 받으려는 자는 대통령령이 정하는 바에 따라 보조사업의 목적과 내용, 보조사업에 드는 경비, 그 밖에 필요한 사항을 적은 신청서에 중앙관서의 장이 정하는 서류를 첨부하여 중앙관서의 장이 지정한 기일 내에 중앙관서의 장에게 제출하여야 한다.

제17조 보조금의 교부 결정
① 중앙관서의 장은 제16조에 따른 보조금의 교부신청서가 제출된 경우에는 다

음 각 호의 사항을 조사하여 지체 없이 보조금의 교부여부를 결정하여야 한다.
1. 법령 및 예산의 목적에의 적합 여부
2. 보조사업 내용의 적정 여부
3. 금액 산정의 착오 유무
4. 자기자금의 부담능력 유무 자금의 일부를 보조사업자가 부담하는 경우만 해당한다.

제19조 보조금 교부 결정의 통지

① 중앙관서의 장은 보조금의 교부를 결정하였을 때에는 그 교부 결정의 내용을 지체 없이 보조금의 교부를 신청한 자에게 통지하여야 한다.

② 중앙관서의 장은 제1항에 따라 보조금의 교부 결정을 통지하였을 때에는 지방자치단체에 대한 보조금의 경우 단위사업별, 보조사업자별로 작성한 교부결정 내용을 즉시 기획재정부장관과 행정안전부장관에게 통보하여야 한다.

제22조 용도 외 사용 금지

① 보조사업자는 법령, 보조금 교부 결정의 내용 또는 법령에 따른 중앙관서의 장의 처분에 따라 선량한 관리자의 주의로 성실히 그 보조사업을 수행하여야 하며 그 보조금을 다른 용도에 사용하여서는 아니된다.

제23조 보조사업의 내용 변경 등

보조사업자는 사정의 변경으로 보조사업의 내용을 변경하거나 보조사업에 드는 경비의 배분을 변경하려면 중앙관서의 장의 승인을 받아야 한다. 다만, 중앙관서의 장이 정하는 경미한 사항은 그러하지 아니하다.

제27조 보조사업의 실적 보고

① 보조사업자 또는 간접보조사업자는 중앙관서의 장이 정하는 바에 따라 보조사업 또는 간접보조사업을 완료하였을 때, 폐지의 승인을 받았을 때 또는 회계연도가 끝났을 때에는 대통령령으로 정하는 기한까지 그 보조사업 또는 간접보조사업의 실적을 적은 보조사업 실적보고서 또는 간접보조사업 실적보고서를 작성하여 중앙관서의 장 또는 보조사업자에게 제출하여야 한다.

제28조 보조금의 금액 확정

① 중앙관서의 장은 제27조에 따라 보조사업자로부터 보조사업 실적보고서를 받으면 그 보조사업의 실적이 법령, 보조금 교부결정의 내용 또는 법령에 따른 중앙관서의 장의 처분에 적합한 것인지를 심사하여야 한다. 이 경우 필요하다고 인정되면 현지조사를 하여야 한다.

1.5 토지매입

1
토지매입의 이해

문화재로 지정된 구역의 토지 등에 관한 매입은 목적 및 원인에 따라 두 종류로 구분할 수 있다. 첫 번째로는 현상변경 등의 규제로 인해 이용하는 데 현저한 지장이 생기는 토지에 대한 보상적 조치로 행해진다. 두 번째는 사적의 적절한 보존관리와 적극적인 공개 및 활용을 목적으로 정비하는 경우이다.

사적의 보존과 관리를 도모하고 일반인에게 공개 및 활용할 목적으로 사적의 소유자, 보유자 또는 관리단체통상 지방자치단체에서 관리를 맡는다가 지정지를 정비하려고 할 때 지정지가 사유지라면 토지를 매입하여 국·공유지로 확보할 필요가 있다.

관리단체가 지정지를 관리하는 것은 가능하지만, 사적을 공개 및 활용할 목적으로 본격적인 정비사업을 실시하고자 할 경우에는 정비 후의 유지관리에도 충분히 대응하기 위해 대상지를 매입하는 것이 필수다. 이를 위해 관리단체로 지정된 지자체나 그 외의 법인은 지정지의 토지를 매입하는 수순을 밟게 된다.

토지의 매입에는 그에 따른 계획이 필요하다. 토지이용의 현황, 유구의 중요성, 사적정비에 따른 상징적 공간, 훼손에 대한 우려, 편의시설의 설치 공간 등 정비의 우선순위에 따라 계획적으로 진행할 필요가 있다.

토지매입계획은 지자체의 일방적인 의견에 따라 진행되는 게 아니므로, 사전에 토지소유자의 매매 요청을 파악하고 교섭을 원활하게 진행하기 위해 항상 충분한 의사소통이 이루어지도록 노력해야 한다.

현실적으로 지정지의 매입에 필요한 기간은 몇 년에 걸치는 경우가 많다. 지정지 전체의 면적 및 매입에 필요한 경비의 차이도 원인이지만, 소유자의 매매 요청에 기초하여 순차적으로 실시할 필요가 있는 경우나 보조금 예산의 한계도 이유로 들 수 있다.

이를 위해 토지매입에 필요한 기간을 미리 예측하고, 동시에 매입한 토지의 유지관리에도 노력해야 한다. 사적의 보존에 악영향이 생길 수 있으므로 적절한 보존관리를 충분히 배려하는 조치가 필요하다.

2 토지매입의 흐름

토지매입에 필요한 예산은 앞에서 설명한 문화재청 보조금에 의한 예산으로 확보하는 것이 일반적이다.

보조금을 교부받는 절차는 앞에 나온 '사적 관련 예산'을 참조하길 바란다. 예산을 교부받은 이후에는 토지매입을 위해 대상 토지의 감정평가를 실시한다. 이는 이후 토지소유자와 협의할 때 기초자료로 활용하며, 협의가 이루어지지 않을 경우 〈공익사업을 위한 토지 및 취득에 관한 법률〉에 의거하여 토지를 매입할 때도 기초자료로 사용한다.

이렇게 토지소유자와의 협의나 〈공익사업을 위한 토지 및 취득에 관한 법률〉에 의거하여 매입한 토지는 지자체로 등기를 이전하고 문화재청에 토지매입 완료보고를 하게 된다. 그 후에 지자체와 문화재청 사이에서 정상적으로 정산이 완료되면 남은 금액은 반납하고 토지매입을 마무리한다.

토지매입 절차

3 관련법

토지매입은 〈공익사업을 위한 토지 등의 취득 및 보상에 관한 법률〉에 의거하여 시행하나 토지소유자와의 협의를 전제로 한다.

〈공익사업을 위한 토지 등의 취득 및 보상에 관한 법률〉

제4조 공익사업
이 법에 의하여 토지 등을 취득 또는 사용할 수 있는 사업은 다음 각 호의 1에 해당하는 사업이어야 한다.
3. 국가 또는 지방자치단체가 설치하는 청사·공장·연구소·시험소·보건 또는 문화시설·공원·수목원·광장·운동장·시장·묘지·화장장·도축장 그 밖의 공공용 시설에 관한 사업
7. 그 밖에 다른 법률에 의하여 토지 등을 수용 또는 사용할 수 있는 사업

Chapter 2.

발굴조사와 현상변경

2.1 발굴조사

1
발굴조사의 이해

〈매장문화재 보호 및 조사에 관한 법률〉 제2조 정의에 따르면, 매장문화재란 "토지 또는 수중에 매장되거나 분포되어 있는 유형의 문화재, 건조물 등에 포장되어 있는 유형의 문화재, 지표·지중·수중 바다·호수·하천을 포함한다 등에 생성·퇴적되어 있는 천연동굴·화석, 그 밖에 대통령령으로 정하는 지질학적인 가치가 큰 것"을 말한다.

매장문화재 중에서 중요한 것은 사적으로, 출토 유물은 고고학적인 자료로, 특히 중요한 것은 동산문화재로 각각 지정하여 보호하고 있다. 그러려면 지정 전 단계에 있는 것은 물론 매장된 상태에 있는 문화재까지 넓게 보호할 필요가 있기 때문에, 멸실이나 파괴를 미리 방지하기 위해 〈매장문화재 보호 및 조사에 관한 법률〉을 제정하고 있다.

기본적으로 매장문화재는 발굴할 수 없게 되어 있지만, 〈매장문화재 보호 및 조사에 관한 법률〉 제11조에서 정하는 바에 따라 문화재청장의 허가를 받으면 발굴할 수 있다. 관련 내용으로는 다음 네 가지 경우가 해당된다. ① 연구 목적으로 발굴하는 경우, ② 유적의 정비사업을 목적으로 발굴하는 경우, ③ 토목공사, 토지의 형질변경 또는 그 밖에 건설공사를 위하여 대통령령으로 정하는 바에 따라 부득이 발굴할 필요가 있는 경우 ④ 멸실·훼손 등의 우려가 있는 유적을 긴급하게 발굴할 필요가 있는 경우이다.

또한 〈매장문화재 보호 및 조사에 관한 법률 시행규칙〉에서는 발굴조사의 개념을 다음과 같이 구분하고 있다.

① 정밀발굴조사: 건설공사사업 면적 중 매장문화재 유존지역

면적 전체에 대하여 매장문화재를 발굴하여 조사하는 것

　② 시굴試掘조사: 건설공사사업 면적 중 매장문화재 유존지역 면적의 10퍼센트 이하의 범위에서 매장문화재를 발굴하여 조사하는 것

　③ 매장문화재 표본조사: 건설공사사업 면적 중 매장문화재 유존지역 면적의 2퍼센트 이하의 범위에서 ① 및 ②에 따른 발굴조사 조치 여부를 결정하기 위하여 법 제11조에 따른 발굴허가를 받지 아니하고 매장문화재의 종류 및 분포 등을 표본적으로 조사하는 것

　이렇게 발굴조사의 개념을 정하고 있으므로 숙지할 필요가 있다.

매장문화재 발굴조사 현장

　사적정비에 따른 발굴조사에서 두 번째에 해당하는 '유적의 정비사업을 목적으로 발굴하는 경우'는 대부분 사적의 성격을 명확히 밝히고 개별 유구의 보존을 도모하며 정비기법 및 표현 등의 구체적 수법을 결정하는 데 필요한 정보를 얻는 것을 목적으로 실시하는 경우이다. 따라서 정비기법의 장·단점이나 각 사적의 특성은 물론 매장문화재와 발굴조사에 대한 기본적인 이해가 필요하다.

　사적정비는 사전에 정비를 염두를 두고 가치를 나타내기 위한 것이므로, 정비의 목표·방향·기준여러 시기나 시대의 유구가 겹쳐 있는 경우에 정비의 기준이 되는 시기나 시대를 정해놓는다 등을 미리 설정하고 나서 실시하여야 유적 및 유구의 파괴와 훼손을 방지하고 필요한 자료를 확보할

수 있다. 따라서 정비를 위한 발굴조사에는 시대별로 유구에 대해 작성한 정확한 실측조사 도면이 필수라고 할 수 있다도면에는 유구의 위치와 형태, 높낮이를 알 수 있는 지형 단면도가 표기되어 있어야 사적정비에 활용할 수 있다.

이렇게 정비에 따른 발굴조사를 실시할 때는 최소한으로 필요한 정보를 얻기 위해 조사 범위를 극히 한정하고, 발굴조사로 인해 유적이 받는 영향을 충분히 감안하여 가장 적절한 방법을 선택한다. 또한 지반탐사 등의 비파괴조사법을 병용하는 것으로 정비에 필요한 정보를 확보할 수 있다는 점도 고려할 만하다.

지반탐사
비파괴조사

발굴조사는 사적 등의 중요한 구성요소인 유적의 해체를 동반하고 어떤 의미에서는 유적을 파괴하는 행위를 포함하고 있기 때문에, 정비를 위한 발굴조사도 사적의 중대한 현상변경 등의 행위에 해당하는 것으로 취급되어 문화재청의 발굴허가를 받아야 한다.

발굴조사보고서는 발굴이 완료된 시점에서 2년 내에 제출하도록 되어 있다. 다만 유적의 정비 또는 복원을 목적으로 하는 발굴조사의 경우에는 향후 정비·복원사업의 기초자료로 활용할 수 있도록 ① 발굴조사 개요유적의 성격, 발굴조사 성과, 조사 범위 등, ② 실측자료전체 유구 배치도, 정비 또는 복원 대상 주요 유구 도면 및 사진자료 등, ③ 위치 기준점좌표, GPS상의 절대좌표, 좌표점 등, ④ 정비 또는 복원에 대한 조사기관의 의견 등을 포함한 중간보고서를 발간할 수 있다. 결과물은 사적정비에 대한 설계도서 작성 시 귀중한 자료로 활용되므로, 정비 시점을 감안하여 설계 전에 발굴조사 관련 자료사진, 실측도면 등를 제출받아서 계획에 반영할 필요가 있다.

2 발굴조사

앞에 서술한 대로 발굴조사는 유구의 해체를 전제로 하여 일종의 파괴를 동반하는 것으로, 지자체 담당자가 이를 어느 정도 이해하여야 원활한 사적정비를 할 수 있다.

발굴조사계획을 수립할 때는 아래에 나타나는 각 단계에 따라 검토 또는 조사해야 할 사항을 적절히 구성할 필요가 있으며, 사적의 특성에 따라 별도의 공정으로 진행되는 경우도 있다는 데 충분히 유의해야 한다.

발굴계획의 수립

발굴조사에서는 우선 대상 문화재의 주변을 잘 살피고 어디에서 어떻게 조사해야 하며 범위는 어느 정도일지 결정해두어야 한다. 그런 다음에 발굴계획의 작성과 더불어 〈문화재보호법〉, 〈매장문화재 보호 및 조사에 관한 법률〉에 따른 법적 검토를 거쳐야 한다. 발굴계획은 소요경비, 발굴방법, 발굴 인원 등을 충분히 고려하여 수립해야 한다. 발굴조사의 목적 및 준비 단계에서 실시한 작업의 결과를 근거로 미리 전 과정을 예측하여 면밀한 계획을 수립할 필요가 있다.

조사계획은 다음과 같은 발굴계획서의 항목을 근간으로 작성하며, 통상 매장문화재 발굴(현상변경) 허가신청서와 같이 제출한다. 기본적인 구비 서류로 〈매장문화재 보호 및 조사에 관한 법률 시행규칙〉 서식에서 정하는 [별지 제5호 서식]인 매장문화재 발굴(현상변경) 허가신청서, [별지 제6호 서식]발굴조사(현상변경) 계획서, [별지 제7호 서식]매장문화재 발굴(현상변경) 예정 지역의 토지임야 조서, 조사 대상지 위치도, 대상 문화재 전경위성, 항공사진, 조사구간 전경위성, 항공사진, 조사구간 근경대상 문화재의 상황에 따라 컷 수 조정, 발굴조사에 관한 설계서조사방법을 기술하고 도면을 통해 지형 및 당해 문화재의 구역과 발굴조사할 구역을 표시(방위, 스케일은 필수), 예정공정표를 첨부하여 문화재청 발굴제도과에 제출하고 검토를 받아 허가를 얻는다.

이렇게 매장문화재 발굴(현상변경) 허가를 얻고 나면, 발굴조사 착수신고서를 작성하여 신고를 한 다음 본격적인 발굴조사에 들어가게 된다.

발굴조사 중 경우에 따라 발굴조사를 위한 현상을 다시 변경해야 할 때는 [별지 제1호의 3서식]에서 정하는 매장문화재 발굴 변경 허가신청서, 발굴기간의 연장은 [별지 제2호 서식]발굴조사 기간 연장신청서, 연차조사에 의해 당해 연도 발굴이 부분 완료되었을 때는 [별지 제3호 서식]발굴조사 부분완료보고서를 문화재청 발굴제도과에 제출하고 허가를 받아 발굴을 시행한다.

조사 전 현황 기록과 기준점 설정

발굴조사에 착수하면서 가장 먼저 해야 할 일은 조사 전에 현황을 기록해놓는 일이다. 기록에는 사진과 현황도 작성이 수반된다. 사진은 발굴 전 상태인 전경과 세부를 각 방향에서 필름 종류별로 다 찍어야 하는데, 발굴조사 진행 후에는 다시 기록으로 남길 수 없기 때문이다. 현황도는 조사 대상 구역보다 조금 넓게 정해서 조사구역을 포함하여 주위가 한눈에 들어올 수 있게 작성해야 한다. 이때 반드시 종과 횡의 단면도를 함께 작성해야 하며, 필요에 따라서는 등고선 등의 레벨도 측량해야 한다. 현황도에 필수적으로 기록해야 하는 사항은 위치 기준점T.B.M과 방위표시, 축척, 조사지역의 면적 등이다.

발굴조사는 전 지역을 한꺼번에 제토하는 것이 아니기 때문에 우선 조사의 기준점을 잡고 이를 중심으로 지역을 세분해야 한다. 기준점 설정방법은 크게 두 가지로 구분할 수 있는데, 먼저 지상에 유적의 일부가 노출되어 있거나 문헌 및 기록을 통해 규모나 방향을 알 수 있을 때는 유적의 중심을 지날 수 있도록 설정한다. 지상에 전혀 흔적이 없는 경우에는 보통 부지의 중심을 지나는 자북선을 기준으로 잡는 것이 원칙이다.

왼쪽
발굴 기준점 설정
발굴 기준점은 발굴조사가 끝난 이후에 복토하게 되며, 이후 정비할 때 정비도면의 기준이 되어 재발굴을 하지 않아도 유구 등의 위치를 파악할 수 있다. 발굴좌표는 훼손되지 않는 곳에 설치하여 보존에 힘쓰고, 발굴조사보고서에 반드시 기재한다.

오른쪽
GPS 좌표점

연차계획과 연간계획

조사계획은 연차계획과 연간계획으로 나눌 수 있다. 연차계획이란 발굴조사가 몇 년에 걸쳐 진행되는 경우에 연차마다 조사의 목적과 범위, 과제 등에 관해 정리하는 것을 말한다. 발굴조사의 방향성은 유적의 성격 등 여러 요인에 의해 예측하기 곤란한 부분도 있기 때문에 축적된 조사 성과에 따라 수정한다.

연간계획이란 단위 연도마다 해당하는 조사의 목적 및 범위, 기간 등을 정리하는 것이다. 예산, 기후 조건, 작업 인원의 확보 상황 등에 관해 고려하고 조사의 범위, 기간, 이행 과정 등을 충분히 검토할 필요가 있다.

연차계획과 연간계획을 잘 조합하여 무리 없이 조화된 발굴조사계획을 만들도록 노력해야 한다.

조사방법

발굴조사는 대체로 방안方眼구획에 조사구역 등을 일정한 간격으로 설정하여 시행한다. 발굴조사를 효과적으로 시행할수록 소요되는 기간 및 경비 등을 절약할 수 있을 뿐 아니라 조사하지 않고 보존하는 구역이 결과적으로 증가되어 유구의 보존이라는 측면에서도 큰 효과를 기대할 수 있다.

[별지 제5호 서식] (앞쪽)

매장문화재 발굴(현상변경) 허가신청서

① 신청인	명칭	○○군청	사업자등록번호	○○-○○○-○○○○
	성명	○○군수	주민등록번호	
	주소	○○도 ○○군 ○○면 ○○번지	연락처	○○○-○○○-○○○
② 대상 매장문화재	매장문화재명	사적 제○○호 ○○산성		
	매장문화재의 종류	발굴조사	발굴(현상변경) 면적	○○㎡
	매장문화재의 현재 상태	산(임야)		
	매장문화재 소재지 (발굴 장소)	○○도 ○○군 ○○면 ○○번지 (○○지 부근 ○○ 일부구간)		
③ 신청 사유		성곽 복원·정비	④ 건설공사 면적	○○㎡
⑤ 발굴조사 기관	기관명	○○문화재 연구원	대표자	○○○
	주소	○○도 ○○군 ○○면 ○○번지	전화번호	○○○-○○○-○○○
	조사단장	○○○		
	책임조사원	○○○		
⑥ 발굴조사기간		착수일부터 ○○일간(* 현장 실조사일수를 말함)		
⑦ 발굴비용	금액	○,○○○원	⑧ 발굴비용 부담자	○○군	⑨ 발굴비용 지원대상	
⑩ 지표조사 협의	협의일		협의 내용	

「매장문화재 보호 및 조사에 관한 법률」 제12조 제1항 및 제16조와 같은 법 시행규칙 제6조에 따라 위와 같이 발굴(현상변경)허가를 신청하니 허가해 주시기 바랍니다.

20○○년 ○○월 ○○일

신청인 ○○군수 (서명 또는 인)

문 화 재 청 장 귀하

구비서류	1. 발굴조사(현상변경) 계획서(발굴 또는 현상변경에 참여하는 인력의 투입 내용, 발굴 또는 현상변경이 필요한 지역에 대한 상세한 위치·범위·사진자료 및 예산 명세서 등을 포함하여야 합니다) 2. 매장문화재 발굴(현상변경) 예정지역의 토지 (임야) 조서 3. 「매장문화재 보호 및 조사에 관한 법률」 제11조 제1항 제3호의 경우에는 건설공사 계획서(건물배치도, 건축도면, 지하굴착계획 및 수목식재계획을 포함합니다)

210㎜×297㎜[일반용지 60g/㎡(재활용품)]

(뒤쪽)

매장문화재 발굴(현상변경) 허가신청서 작성요령

① 신청인
  - 실제 발굴조사 허가 신청인을 적습니다.
  - 연락처에는 발굴조사 허가 신청인의 연락처를 적되, 대리 신청의 경우 대리 신청인 연락처를 함께 적습니다.

② 대상 매장문화재
  - 매장문화재명: 매장문화재의 명칭을 적습니다.
   (예) 00-00 고속도로 건설구간 내 0000매장문화재
   (예) 00시 000학교 건립 예정부지 내 매장문화재
  - 발굴(현상변경) 면적: 실제 발굴(현상변경) 면적을 적습니다.
  - 소 재 지: 발굴(현상변경) 대상 주소를 적습니다.
   (예) 00시 0구 00동 000번지 외 00필지

③ 신청 사유: 해당 건설공사명/시행기관을 적습니다.
   (예) 00-00간 고속도로 건설사업/000000청

④ 건설공사 면적: 해당 건설공사 전체의 면적을 말하며, 발굴(현상변경) 면적과는 다를 수 있습니다.

⑤ 발굴조사기관: 발굴(현상변경)을 수행하는 기관을 말합니다.
  - 대표자: 조사기관의 총책임자를 말합니다(대학 소속 박물관 또는 연구소는 대학의 총장을, 지방자치단체 설립 연구원 소속 조사기관은 연구원장을, 그 밖의 독립된 기관은 기관장을 말합니다).
  - 주소, 전화번호: 조사기관의 소재지 및 연락처를 말합니다.
  - 조사단장: 매장문화재 발굴 업무를 총괄적으로 지휘·감독하는 사람을 말합니다.
  - 책임조사원: 매장문화재 발굴 업무를 실질적으로 지휘·감독하면서 발굴 현장의 운용, 발굴조사보고서 발간, 매장문화재 관리 등에 대한 업무를 수행하는 사람을 말합니다.

⑥ 발굴조사기간: 현장조사일수를 적고, 현장조사일 외에 필요한 기간(계약기간)은 당사자(건설공사의 시행자와 발굴조사기관) 간의 계약에 따릅니다.

⑦ 발굴비용: 「매장문화재 보호 및 조사에 관한 법률」 제27조에 따른 문화재청장이 정하는 매장문화재 조사 용역 대가의 기준에 따라 작성한 발굴비를 적습니다.
  - 발굴비용은 매장문화재의 규모, 발굴기간 등을 고려하여 산정하되, 당사자(건설공사의 시행자와 발굴조사기관) 간의 계약에 따라 확정됩니다.
  - 조사 요원의 등급별 인건비 기준단가는 매년 관보 및 문화재청 홈페이지에 공고합니다.

⑧ 발굴비용 부담자
  - 발굴비용 부담자를 적습니다.
   (예) 0000공사, 발굴허가 신청인 000 등

⑨ 발굴비용 지원 대상: 「매장문화재 보호 및 조사에 관한 법률」 제11조제3항 단서에 해당하는 발굴비 지원 대상 건설공사인 경우 "∨" 표시를 합니다.

⑩ 지표조사 협의: 「매장문화재 보호 및 조사에 관한 법률」 제8조에 따른 지표조사 결과에 따른 협의의 내용을 적습니다.

210㎜×297㎜[일반용지 60g/㎡(재활용품)]

[별지 제6호 서식]

<table>
<tr><td colspan="5" align="center">**발굴조사(현상변경) 계획서**</td></tr>
<tr><td rowspan="6">조 사 기 관</td><td colspan="2">기관명</td><td>○○문화재
연구원</td><td>연락처</td><td>• 전화번호:○○○-○○○-○○○
• 팩스번호:○○○-○○○-○○○
• 전자우편:○○○-○○○-○○○</td></tr>
<tr><td rowspan="5">조사단</td><td>조 사 단 장</td><td colspan="3">○○○</td></tr>
<tr><td>책 임 조 사 원</td><td colspan="3">○○○</td></tr>
<tr><td>조 사 원</td><td colspan="3">○○○</td></tr>
<tr><td>준 조 사 원</td><td colspan="3">○○○</td></tr>
<tr><td>보 조 원</td><td colspan="3">○○○</td></tr>
<tr><td colspan="2">조 사 목 적</td><td>체성부 복원정비를 위한 발굴</td><td>조사
유형</td><td colspan="2">□ 시굴 ✓ 정밀발굴</td></tr>
<tr><td colspan="2">조 사 경 위</td><td colspan="4">○○○군은 연차사업으로 진행해 온 ○○산성 성곽 정비 사업의 20○○년도의 정비복원 사업에 앞서 발굴조사를 계획하고, 본 ○○ 문화재 연구원에 매장문화재 발굴조사를 의뢰해옴에 따라 본 조사를 추진하게 됨.</td></tr>
<tr><td colspan="2">조 사 방 법</td><td colspan="4">○본 사항은 ○○산성의 발굴조사에 관한 사항으로 발굴 대상지는 ○○도 ○○군 ○○면 ○○번지 일대이다.
○○○○산성은 ○○에 위치한 ○○식 산성으로 대상지는 ○○지 북편의 일부 구간으로 조사 길이는 ○○m, 조사면적은 ○○㎡이다.
○본 조사는 정비를 위한 사전 발굴조사로 ○○을 중점적으로 조사하고 ○○의 경우, 단면조사를 실시한다.
○조사는 현장사무소 설치 후 상세 지형 파악을 한다.
○기 조사된 자료를 고려하여 발굴조사를 실시하고, 발굴둑을 남기면서 실시한다.
○일지, 사진, 도면 등을 기록을 정확히 작성한다.
○조사 중 중요 유구나 유물이 확인될 경우, 관련전문가의 자문을 구하고 이를 통해 유적의 성격을 파악한 후, 효과적인 보존활용 방안을 수립할 때 기초자료로 삼는다.</td></tr>
<tr><td rowspan="5">조 사 비 용</td><td rowspan="5">총액</td><td rowspan="5">○○,○○○원</td><td>직접인건비</td><td colspan="2">○,○○○원 (비중 ○○%)</td></tr>
<tr><td>직 접 경 비</td><td colspan="2">○○,○○○원 (비중 ○○%)</td></tr>
<tr><td>각 종 경 비</td><td colspan="2">○○,○○○원 (비중 ○○%)</td></tr>
<tr><td>학 술 료</td><td colspan="2">○○,○○○원 (비중 ○○%)</td></tr>
<tr><td>그 밖의 비용</td><td colspan="2">○○,○○○원 (비중 ○○%)</td></tr>
</table>

「매장문화재 보호 및 조사에 관한 법률 시행규칙」 제6조에 따라 위와 같이 발굴조사(현상변경) 계획서를 제출합니다.

20○○년 ○○월 ○○일

신 청 인 ○○○ (서명 또는 인)

문 화 재 청 장 귀하

※ 구비서류
1. 발굴조사(현상변경) 대상지역의 위치도 및 근경·원경 사진
2. 발굴조사(현상변경) 대상지역의 상세 조사계획[트렌치(trench) 배치도를 포함합니다]
3. 비용 산출 상세 명세서(조사 인력 투입 내용, 직접경비 세부 항목별 산출내용을 포함합니다)

210㎜×297㎜[일반용지 60g/㎡(재활용품)]

[별지 제7호 서식]

매장문화재 발굴(현상변경) 예정지역의 토지(임야) 조서

소 재 지			면 적(㎡)		소유자(점유자, 관리자)		비고
시(도) 시(군·구) 읍(면·동)		번지	토지(임야) 면적	발굴 면적	주 소	성 명	
○○도 ○○군 ○○면 ○○리		○○	○,○○○	○○	○○시 ○○동 ○○번지	○○○	
계		필지	○○㎡	○○㎡			

20○○년 ○○월 ○○일

작성자: 발굴허가 또는 현상변경허가 신청인   ○○군수(서명 또는 인)

확인자(담당 공무원): ○○시·도 ○○시·군·구 ○○과(팀) 성명 ○○○(서명 또는 인)

210mm×297mm[일반용지 60g/㎡(재활용품)]

발굴조사 착수 신고서

건설공사 시행자	기관명 (성명)	○○문화재 연구원	전화번호	○○○-○○○-○○○
	사업목적 (내용)	성곽 정비사업	사업면적	○○㎡
조사 기관	허가번호	○○○○-○○○○	유적명	○○산성
	조사지역 주소	○○도 ○○군 ○○면 ○○리 ○○번지 일원		
	조사유형	☐ 표본 ☐ 시굴 ✓ 정밀발굴	조사비용	○,○○○원
	조사면적 (㎡)	○○㎡	계약기간 (현장조사일)	20○○년○○월○○일 ~20○○년○○월○○일 (○○일)
	착수일	20○○년○○월○○일	완료 예정일	20○○년○○월○○일

발굴조사의 방법 및 절차 등에 관한 규정 제13조 제2항에 따라 발굴조사 착수 신고서를 위와 같이 제출합니다.

20○○년○○월○○일

신 청 인 ○○○ (서명 또는 인)

문 화 재 청 장 귀하

[별지 제1호의 3 서식]

<table>
<tr><td colspan="6" align="center">매장문화재 발굴 변경허가 신청서</td></tr>
<tr><td rowspan="3">① 신청인</td><td>명칭</td><td>○○군청</td><td>사업자등록번호</td><td colspan="2">○○-○○○-○○○○</td></tr>
<tr><td>성명</td><td>○○군수</td><td>생년월일</td><td colspan="2"></td></tr>
<tr><td>주소</td><td>○○도 ○○군 ○○면 ○○번지</td><td>연락처</td><td colspan="2">○○○-○○○-○○○</td></tr>
<tr><td rowspan="4">② 대상 매장문화재</td><td>매장문화재명</td><td colspan="4">사적 제○○호 ○○산성</td></tr>
<tr><td>매장문화재의 종류</td><td>발굴조사</td><td>발굴(현상변경) 면적</td><td colspan="2">○○㎡</td></tr>
<tr><td>매장문화재의 현재 상태</td><td colspan="4">산(임야)</td></tr>
<tr><td>매장문화재 소재지
(발굴 장소)</td><td colspan="4">○○도 ○○군 ○○면 ○○번지
(○○지 부근 ○○ 일부구간)</td></tr>
<tr><td colspan="2">③ 신청 사유</td><td>성곽 복원·정비</td><td>④ 건설공사 면적</td><td colspan="2">○○㎡</td></tr>
<tr><td rowspan="6">⑤ 허가 사항</td><td>허가번호</td><td colspan="4">○○○-○○○번</td></tr>
<tr><td>발굴면적</td><td>○○㎡</td><td>발굴비용</td><td colspan="2">○○○,○○○원</td></tr>
<tr><td>발굴조사기간</td><td colspan="4">착수일부터 ○○일간(* 현장 실조사일수를 말함)</td></tr>
<tr><td rowspan="3">조사기관</td><td>기관명</td><td>○○문화재 연구원</td><td>대표자</td><td>○○○</td></tr>
<tr><td>주소</td><td colspan="3">○○도 ○○군 ○○면 ○○번지
(전화번호)○○○-○○○-○○○</td></tr>
<tr><td>조사단장</td><td>○○○</td><td>책임조사원</td><td>○○○</td></tr>
<tr><td colspan="2">⑥ 변경사유</td><td colspan="4"></td></tr>
<tr><td rowspan="5">⑦ 변경 사항</td><td>변경 발굴면적</td><td>○○○㎡</td><td>추가 발굴비용</td><td colspan="2">○,○○○원</td></tr>
<tr><td>변경 발굴기간</td><td colspan="4">재착수일부터 ○○일간(* 현장 실조사일수를 말함)</td></tr>
<tr><td>조사기관</td><td colspan="4">○○도 ○○군 ○○면 ○○번지
(전화번호)○○○-○○○-○○○</td></tr>
<tr><td rowspan="2">발굴조사단</td><td>단 장</td><td colspan="3">○○○</td></tr>
<tr><td>책임조사원</td><td colspan="3">○○○</td></tr>
</table>

발굴조사의 방법 및 절차 등에 관한 규정 제16조에 따라 매장문화재 발굴 변경허가를 위와 같이 신청합니다.

20○○년 ○○월 ○○일

신청인 ○○○(서명 또는 인)

문화재청장 귀하

구비서류	1. 변경 발굴조사 계획서(조사목적, 조사사유, 유적현황 및 사진, 도면, 조사방법, 조사단의 구성 및 예산내역서 포함) 2. 조사기관 의견서 및 현재까지의 발굴 현황 사진

210㎜×297㎜[일반용지 60g/㎡(재활용품)]

[별지 제2호 서식]

<table>
<tr><td colspan="5" align="center">발굴조사 기간 연장 신청서</td></tr>
<tr><td rowspan="2">건설공사
시행자</td><td>성명(기관명)</td><td>○○○건설</td><td>사업자등록번호</td><td>○○○-○○</td></tr>
<tr><td>주 소</td><td>○○도 ○○군 ○○면
○○번지</td><td>연 락 처</td><td>○○○-○○</td></tr>
<tr><td rowspan="3">유적정보</td><td>유 적 명</td><td colspan="3">사적 제○○호 ○○산성(허가번호 : ○○○-○○)</td></tr>
<tr><td>발굴기간</td><td colspan="3">20○○.○○.○○~20○○.○○.○○/○○일
(착수일로부터 일간/현장조사일수)</td></tr>
<tr><td>조사기관</td><td colspan="3">○○문화재 연구원</td></tr>
<tr><td>연장기간</td><td colspan="4">재착수일로부터 ○○일간(현장조사일수 30일 이내)</td></tr>
<tr><td rowspan="2">연장사유</td><td>연장구분</td><td colspan="3">☐ 유구가 중첩된 경우 ☐ 유물이 다량으로 출토된 경우</td></tr>
<tr><td>구체적 사유</td><td colspan="3">-연차 조사에 의한 기 발굴지 북측 계속 발굴
-발굴에 의한 유구의 분포 지역 확대발굴에 따른 기간 연장
등</td></tr>
<tr><td colspan="5">발굴조사의 방법 및 절차 등에 관한 규정 제16조제2항에 따라 발굴조사 기간 연장 신청서를 위와 같이 신청합니다.

 20○○년 ○○월 ○○일
건설공사 시행자 ○○건설(서명 또는 인)
문 화 재 청 장 귀 하</td></tr>
<tr><td colspan="5">※구비서류
1. 변경 발굴조사계획서(조사목적, 조사사유, 유적 현황 및 사진, 도면, 조사방법, 조사단의 구성 및 예산내역서 포함)
2. 조사기관 의견서 및 현재까지의 발굴 현황사진</td></tr>
</table>

210㎜×297㎜[일반용지 60g/㎡(재활용품)]

[별지 제3호 서식]

발굴조사 부분 완료 보고서

허가 번호	제0000-000호	유적명	사적 제○○호 ○○산성		
발굴 유형	☐표본 ☐시굴 ☐정밀발굴		발굴 사유	-연차 조사에 의한 당해 년도 발굴지역 완료 등	
매장문화재 소재지	○○도 ○○군 ○○면 ○○번지 (○○지 부근 ○○ 일부구간)		매장문화재 산포지 면적	○○㎡	
발굴 기관명	○○문화재 연구원	조사단	조사단장	○○○	
발굴 기간	○○.○○.○○~○○.○○.○○		책임조사원	○○○	
			조 사 원	○○○	
발굴 비용	○,○○○ 원		준조사원	○○○	
			보 조 원	○○○	
전체 발굴면적	○○㎡	부분 발굴완료 면적	○○㎡		
전체 현장조사일	○○일	진행된 현장조사일	○○일		

발굴조사의 방법 및 절차 등에 관한 규정 제17조에 따라 발굴조사 부분 완료 보고서를 위와 같이 제출합니다.

20○○년 ○○월 ○○일

건설공사의 사업시행자 ○○건설(서명 또는 인)

문 화 재 청 장 귀하

첨부서류
1. 약식 보고서(조사구역, 트렌치별 유구 현황을 포함합니다)
2. 출토된 매장문화재 현황 및 관련 사진

210㎜×297㎜[일반용지 60g/㎡(재활용품)]

조사갱
설치작업

해남
군곡리 패총
구획법(방격법)
발굴

　어떤 식으로 발굴 조사갱을 설치할 것인가에 대해서는 유적의 성격에 따라 달라지는데 크게는 구획법, 2.4분법, 전면하강법(수평제토법) 등으로 나눌 수 있다. 가장 널리 쓰이는 방법은 구획법으로, '방격법'이라고도 한다. 절터나 궁터, 도시유적 등 대체로 평지가 있는 넓은 지역의 건물터 조사에서 많이 사용되고 있다.

　구획법은 현장 실정에 맞추어 일정한 구획을 정해서 조사하는 방법으로, 유적의 크기에 따라 다르지만 5~10미터 크기의 방형 조사갱으로 하는 것이 일반적이다. 조사갱 사이에는 0.5~2미터 이내의 폭으로 둑을 둔다. 이것을 조사 중에 통로로 이용하여 조사갱 안으로 들어가서 유구를 밟는 등의 훼손을 막을 뿐만 아니라 토층 관찰 및 조사 후 복원에서 원 지표를 확인하는 자료로 활용한다.

　전체적인 모양은 바둑판 형태이다. 구획조사방법의 장점은 장기발굴이나 연차적 발굴조사에서 구획에 의한 계획발굴이 용이하다는 점이다. 또 현장을 관리하기가 편하고 조사 면적이 넓어 조사갱이 수십 개 혹은 수백 개가 필요하더라도 하나하나마다 명칭을 쉽게 부여할 수 있다. 그래서 장기발굴이나 연차적 발굴조사에서는 구획에 의한 계획발굴방법이 많이 사용된다.

　2.4분법은 주로 고분조사에 쓰이는 방법으로, 봉분을 2등분 혹

은 4등분하여 조사하는 것을 말한다. 특히 4분법으로 나누어 조사할 때는 방위를 동서남북으로 정확히 나누어야 노출되는 유구 방향과의 비교가 쉬울 뿐만 아니라 여러 가지로 이로운 점이 많다. 2분법이나 4분법에서도 0.5~1미터 정도의 폭으로 둑을 남겨두어 토층 상태를 관찰하고 부수적으로 통로로 이용할 수 있어야 한다.

나누어진 부분을 동시에 조사하는 것은 좋지 않다. 1군데 혹은 2군데를 시간차를 두어가면서 조사해야 설사 순간적인 판단 착오가 생기더라도 미조사분에서 확인할 수 있다. 다만 토층에서 유구를 판단해야 하는 널무덤 같은 경우에는 이 방법이 적합하지 않다. 따라서 어느 정도 조사가 진행된 후에 토층이나 구조를 파악하여 널무덤으로 판단되면 다시 검토하여 적절한 조사방법으로 전환해야 한다.

송현동 6, 7호분
2.4분법으로 봉분을 발굴하고 있는 현장의 전경
왼쪽: 계단식 제토+트렌치법,
오른쪽: 2.4분법

또 한 가지 방법은 전면하강법 또는 수평제토법이라고도 불리며, 한 지역에 여러 층의 시대가 겹쳐 있거나 여러 유구가 층위를 이루어 복합적으로 자리하고 있을 때 선후를 판단하기에 유리하다. 표토 전체를 걷어내고 유구의 상황에 따라 다양한 방법으로 발굴을 진행한다. 전면하강법에서도 토층 상태를 관찰할 수 있는 최소한의 둑은 남겨두어야 한다.

왼쪽
송현동 7호분
계단식 제토법의 의한 북서쪽 봉분 발굴조사

오른쪽
영산 1호 수혈식 석곽분
수평제토법에 의한 발굴조사

유구조사　확정된 조사갱에 따라 흙을 제거하는 작업을 실시한다. 이 역시 유적의 성격에 따라 방법이 다르지만, 보통 한 번에 두께 10~20센티미터로 제토하여 평탄하게 개토한다. 발굴조사의 가장 기본전제는 토층 변화를 구별할 수 있어야 한다는 것이다. 토층의 색깔과 그 안에 들어 있는 혼합물 또는 토층의 강도 등을 구별하는 방법이 있는데, 어떤 경우에는 유구의 축조 과정을 거꾸로 생각해서 판단하기도 한다. 그러나 이는 가장 기본이 되는 방법일 뿐이며, 조사자의 많은 경험에서 나온 판단과 오랫동안 조사해온 손끝의 감각도 매우 중요하게 작용한다.

평면조사가 끝나면 구조조사를 해야 한다. 유구의 성격에 따라 구조조사를 생략할 수도 있으나, 학술발굴조사 시에는 반드시 진행하여 학술적인 자료를 확보해야 한다. 가능한 한 조사갱은 유구를 적게 파손하면서 소기의 성과를 얻을 수 있고 유구의 구조를 이해기에 가장 적합한 위치에 설정해야 한다. 또한 유구조사 시에 출토되는 유물은 연대 파악에 매우 중요한 자료가 되므로 반드시 층위별로 수습하고 기록해두어야 한다.

흙을 제거하는 작업이 끝나면 제거된 흙을 처리하는 데 어려움이 많다. 제거한 흙을 쌓아놓을 장소가 너무 멀면 조사의 진척이 느려지고 가까이에 쌓아두면 유구 확장조사 때 다시 치워야 하기 때문이다. 따라서 발굴조사 전에 토량을 쌓아놓을 장소를 미리 선정해두는 것이 좋다.

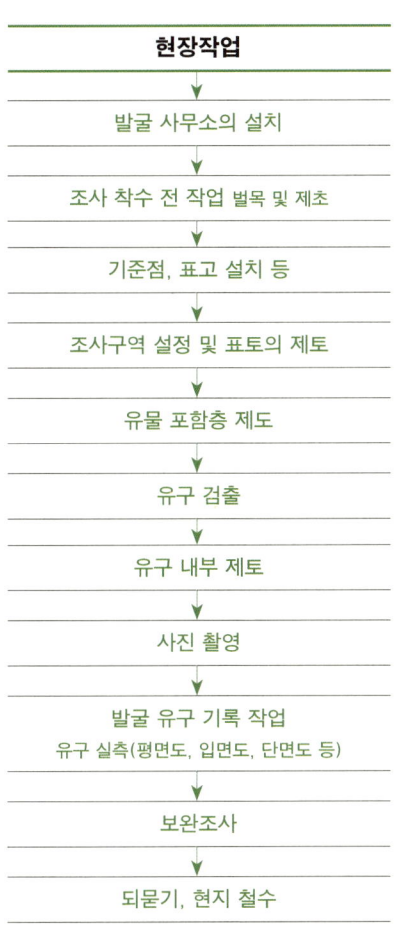
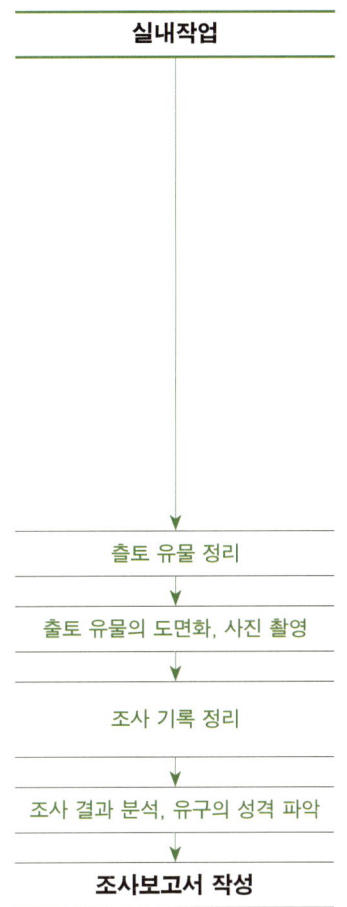

발굴조사의 표준 과정

발굴조사 시의 유의사항

앞에서 제시한 발굴조사계획에 근거하여 조사를 실시한다. 발굴을 시작하게 되면 발굴조사기관은 다음 사항을 지침으로 삼아 발굴조사를 시행한다.

발굴조사 시 준수사항

1) 허가사항 및 발굴조사지역임을 알리는 안내문을 게시한다.
2) 발굴 결과 유구·유물에 대한 사진 촬영·실측 등 정밀기록을 보존유지한다.
3) 발굴조사일지를 작성·비치하되, 특히 수습되는 모든 발굴 문화재에 대해서는 명칭·규격·상태 등 상세한 내용을 기록한다.
4) 출토된 유물 중 보존처리가 필요한 유물에 대해서는 발굴현장에서 응급조치 후 보존처리시설에서 과학적 보존처리를 실시한다.
5) 발굴조사지역에 상시 체재하여 발굴기간 중 유적 훼손 및 유물 도난이 발생하지 않도록 하고, 책임조사원은 현장을 책임지고 관리한다.

특히 중요 발굴조사현장의 야간 경비에 유의하여 도난이나 유적 훼손 대비에 만전을 기할 것.

6/ 발굴조사 및 공사 시행 시 중장비의 사용으로 인해 매장문화재 및 주변 문화재가 훼손되지 않도록 특별한 주의와 조치를 취한다.

7/ 발굴 완료 후 발굴지역 주변 정리 및 원상복구를 철저히 이행한다.
관할 지방자치단체는 반드시 이의 이행 여부를 확인한다.

8/ 발굴이 부당하게 지연되지 않도록 당초 발굴 기간 또는 계약기간을 준수한다.
발굴기간의 연장 허가신청은 당초 발굴 허가기간 완료 이전에 문화재청에 접수하도록 한다.

정비에 필요한 정보의 상세한 기록

정비에 필요한 정보를 얻기 위해 발굴조사를 실시할 때는 최소한의 조사를 통해 유구의 정보를 최대한 빠짐없이 기록해야 한다. 이는 건조물 또는 구조물 등의 복원전시를 하는 경우뿐만 아니라 지형의 복원 등을 중심으로 정비하는 경우에도 중요하다. 특히 지형의 복원에서 필요한 지대의 표고에 관한 정보를 빠짐없이 정확히 파악해두는 것이 아주 중요하다.

최소한의 발굴조사

발굴조사에서는 조사구역을 한정하여 유구면을 최소한으로 굴착함으로써 유구 및 출토 유물의 검출 상황이나 수습 상황 등에 관한 정보를 사진 및 실측도 등으로 가능한 한 상세하게 기록하는 것이 중요하다.

또한 최소한의 조사를 통해 확실한 정보를 수집하기 위해서는 목적에 따라 조사의 대상으로 할 유구를 선별할 필요가 있다. 단, 그럴 경우에는 발굴조사의 대상에서 제외된 유구 및 출토 유물에 관해서도 최소한의 기록을 남기는 등의 대안이 필요하다.

출토 유물의 취급

발굴조사 진행 중에 출토되는 유물은 위치, 출토 상태, 층위, 토층, 주변 상황, 동반 유물, 사진기록 등과 함께 보관하여 처리해야 한다. 그리고 발굴 시 출토되는 유물은 완형이 거의 없기 때문에 복원작업을 실시해야 한다. 도자기나 기와 같은 경우는 비슷한 조각끼리 맞추어 추정복원이 가능하도록 노력해야 하며, 금속유물 같은 경우에는 보통 발굴현장에 보존처리시설이 갖추어져 있지 않기 때문에 작업이 가능한 기관으로 이송하여 복원 및 보존처리하도록 한다. 복원된 유물은 실측작업을 토대로 일일이 도면을 그리고 필요한 유물은 탁본을 남겨두어야 한다.

출토 유물은 유적의 성격을 규명하는 중요한 가치를 가진 것부터 크게 의미 없는 것에 이르기까지 아주 다양하다. 역사적·학술적 가치와 출토 상황 그리고 땅속에 있는 유물을 보존환경 등의 관점에서 수습하는 것이 적절한지 아닌지를 신중하게 판단해야 한다. 수습하는 것이 적절하다고 판단되는 경우에는 유구와의 관계를 확실히 파악한 후에 처리할 필요가 있다. 금속제품 및 목제품 등의 연약한 유물은 경우에 따라서 보기에는 보존상태가 좋아도 그대로 두면 파손될 위험이 크기 때문에 원칙적으로 보존처리작업을 실시할 필요가 있다.

또한 출토 유물은 유구와 일체의 가치를 가지므로, 수습한 후의 보존관리에도 충분한 배려가 필요하다. 해당 유적에서 출토된 유물에 대한 상대적인 가치평가의 정도나 종류가 같은 출토 유물의 총량 등을 고려하여 사적의 정비를 위한 재료로 이용하거나 일반 관람객을 대상으로 하는 체험학습의 교재로 사용하는 등 적극적으로 활용하는 방안도 검토할 수 있다.

분석에 필요한 시료의 채취

유구의 성격을 파악하기 위해 유물 내의 부착물 분석, 태토 분석, 토양 분석, 토양의 연대 측정, 수종 및 연륜 연대 측정 등의 작업이 필요한 경우에는 적절히 시료를 채취하여 분석에 포함시키는 방안을 검토한다.

3 발굴조사 이후의 조치

유적의 처리

유적 주변을 포함하여 지정구역 이외의 토지에서 발굴조사 결과로 발견된 유적이 해당 사적과 일체 또는 밀접한 관계가 있고 역사상 또는 학술상으로 높은 가치가 인정되는 경우에는, 〈문화재보호법〉에 기초하여 사적으로 추가 지정하는 방안을 검토할 필요가 있다.

발굴이 완료된 현지의 모습
발굴조사가 완료된 후 바로 복토되지 않고 비닐에 덮여 시간이 경과하면 유구는 계속 훼손된다. 발굴 비용에 복토 비용이 포함되지 않거나(복토비용에는 인건비, 운반비, 토사 비용 등이 포함된다), 발굴 연차계획이나 정비계획의 수립 중에더라도 복토하는 것이 바람직하다. 유구의 특성상 기본적인 배수 검토가 이루어져야 한다.

유구의 처리

발굴 후에는 유구의 보존을 위해 충분히 양생을 한 다음에 신중하게 복토해야 한다. 이때는 미래의 재조사에 대비하여 유구면의 보존과 명시를 겸하여 적당한 두께의 모래를 깔거나 경우에 따라서는 우레탄폼으로 유구면을 안정시키는 등 보존을 위한 기술적 조치를 취해야 한다.

단, 모래를 사용할 때는 모래의 성분이나 유구의 상황 등에 따라 모래를 까는 것 자체가 유구의 보존에 도움이 되지는 않는 경우도 있다는 데 유의해야 한다. 성토를 할 때도 유구의 특성상 기본적인 배수 검토가 이루어져야 한다.

또한 유구면이 연약한 모래질로 구성되거나 유구의 열화 및 풍화와 파손이 조기에 진행될 가능성이 있는 경우에는, 복토하기 전에 강화 또는 안정화를 위한 보존과학적인 처리를 실시하는 것도 필요하다.

다만 약품이나 현대의 다양한 보존기술이 유적의 보존에 최적인지 아닌지에 관하여 검토하고, 유적의 가치가 손상되지 않도록 신중하게 판단해야 한다. 유구에 사용된 약품의 종류 및 사용량, 그 밖의 보존처리에 관한 정보를 기록하여 보존하고 보고서로 남기는 것이 중요하다.

발굴완료 신고

발굴이 완료되면 문화재청에 신고해야 한다. 〈매장문화재 보호 및 조사에 관한 법률 시행규칙 별표〉 [별지 제2호 서식]문화재 보존조치(원형보존·이전복원) 결과보고서, [별지 제3호 서식]문화재 보존조치(입회조사) 결과보고서, [별지 제4호 서식]문화재 보존조치(발굴조사) 결과보고서와 약식보고서 트렌치 trench. 발굴조사를 위해 일정한 영역을 정해서 파내려간 구덩이 별 유구遺構 현황을 포함, 출토된 매장문화재 현황 및 관련 사진을 첨부하여 문화재청 발굴제도과에 제출하여야 한다. 완료 시점을 기준으로 2년 이내에 발굴조사보고서를 제출하는 것으로 되어 있다.

발굴조사 보고서의 발간

발굴기록은 현장의 모든 사항에 대하여 꼼꼼하고 정확하게 남겨두어야 한다. 기록의 방법으로는 글로 적는 야장기록과 사진으로 남기는 사진기록, 출토된 유구의 실측기록 등이 있다.

야장기록은 조사 당시의 상황을 있는 그대로 정확하게 기록하는 것이 원칙이며, 쉽게 이해할 수 있고 정확해야 한다. 사진기록은 한번 훼손되면 다시는 전의 상태로 회복할 수 없는 발굴의 단점을 보완할 중요한 기록수단이다. 따라서 가능하면 다양한 각도에서 많은 장면을 담아놓는 것이 필요하며, 사진을 찍을 때는 기록을 확실하게 남겨서 자료의 정확성을 확보해야 한다. 유적의 전체 모습을 남기기 위해 항공 촬영도 시행한다. 항공 촬영은 주위 지역과의 관계를 용이하게 파악할 수 있다는 장점이 있다. 실측기록은 유구 실측을 의미하는데, 사진자료로 남기지 못하는 세부적인 사항까지 기록되어 이후 조사보고서의 근간을 이룬다. 최근 디지털 사진처럼 유구의 도면도 캐드cad를 이용하여 작성하는 것이 일반화되고 있다.

유구나 유물의 도면은 성격이나 출토 위치에 따라 분류하여 보고서 작성에 들어간다. 역시 유물 하나하나에 대한 원고를 작성하고, 아울러 해당 유적에서 출토된 유물의 성격도 고찰해야 한다. 유물에 대한 조사가 끝나면 예비조사 때 준비한 문헌기록, 유구조사 때 실시한 유구 실측 및 고찰과 함께 보고서로 구성한다.

일반적으로는 발굴조사보고서를 완료 후 2년 이내에 발간하도록 하고 있지만, 정비를 위한 발굴조사에서는 정비에 활용하기 위해 약식보고서를 미리 발간하고 본 보고서를 작성하는 등 발굴 성과에 대한 시기를 앞당길 필요가 있다. 〈매장문화재 보호 및 조사에 관한 법률 시행규칙〉에서 정하는 발굴조사보고서의 구성 내용은 다음과 같다.

발굴조사보고서에 포함되어야 할 사항

목차, 범례를 포함한다
머리글, 조사 경위와 목적, 조사단 구성: 발굴 및 보고서 참여 인력
자연환경 및 고고환경, 자연환경: 유적의 입지와 환경, 고고환경: 주변 유적과 역사적 배경
조사의 범위와 방법, 조사 범위: 조사의 범위와 대상 | 유구遺構의 분포와 배치 | 조사방법, 유적의 층위: 전체 층위
조사 내용, 본문: 유구 내용, 유물 내용, 도면: 유구 및 유물의 실측 | 유구 및 유물의 편집 | 축소비율, 사진: 유적 및 유구의 사진, 유물 사진, 사진의 편집
맺음말, 결론 및 분석: 종합적 분석 | 편년編年 | 요약 | 초록

[별지 제4호 서식]

<table>
<tr><td colspan="7" align="center">문화재 보존 조치(발굴조사) 결과보고서</td></tr>
<tr><td>허가번호</td><td colspan="2">제○○-○○호</td><td>매장문화재명</td><td colspan="3">○○산성 정비를 위한 사전 발굴</td></tr>
<tr><td>발굴유형</td><td colspan="2">☐ 표본 ☐ 시굴
☐ 정밀발굴</td><td>발굴사유</td><td colspan="3">○○산성 정비사업</td></tr>
<tr><td>매장문화재 소재지</td><td colspan="2">○○도 ○○군 ○○면
○○번지</td><td>매장문화재산포지면적</td><td>○○㎡</td><td>발굴면적</td><td>○○㎡</td></tr>
<tr><td>발굴조사기관명</td><td colspan="2">○○문화재 연구원</td><td rowspan="4">조사단</td><td>조사단장</td><td colspan="2">○○○</td></tr>
<tr><td></td><td colspan="2"></td><td>책임조사원</td><td colspan="2">○○○</td></tr>
<tr><td>발굴기간</td><td colspan="2">○○.○○.○○ ~ ○○.○○.○○</td><td>조사원</td><td colspan="2">○○○</td></tr>
<tr><td rowspan="2">현장조사일</td><td rowspan="2">○일</td><td rowspan="2">발굴비용 ○○○원</td><td>준조사원</td><td colspan="2">○○○</td></tr>
<tr><td></td><td>보조원</td><td colspan="2">○○○</td></tr>
<tr><td rowspan="3">출토유구</td><td>종류</td><td>시대</td><td>수량</td><td colspan="2">중요 유물</td><td>비고</td></tr>
<tr><td>성벽</td><td>백제</td><td></td><td colspan="2"></td><td></td></tr>
<tr><td>치</td><td>고려</td><td>○기</td><td colspan="2">기와</td><td></td></tr>
<tr><td rowspan="3">출토유물</td><td>종류</td><td>시대</td><td>수량</td><td colspan="2">중요 유물</td><td>비고</td></tr>
<tr><td>○○류</td><td>백제</td><td>○○점</td><td colspan="2">기와</td><td></td></tr>
<tr><td>○○류</td><td>고려</td><td>○○점</td><td colspan="2"></td><td></td></tr>
<tr><td>보고서 제출 계획</td><td colspan="6">☐ 2년 이내 발간 ☐ 약식 보고서로 대체</td></tr>
<tr><td colspan="7">위와 같이 발굴을 완료하였기에 「매장문화재 보호 및 조사에 관한 법률」 제9조제2항 및 같은 법 시행규칙 제5조 제2항에 따라 발굴조사 결과보고서를 제출합니다.

 20○○년 ○○월 ○○일 건설공사의 시행자 ○○군수(인)
문화재청장 귀하</td></tr>
<tr><td colspan="7">※ 첨부서류
1. 약식 보고서[트렌치(trench)별 유구(遺構) 현황을 포함합니다]
2. 출토된 매장문화재 현황 및 관련 사진</td></tr>
</table>

2.2 현상변경

1 현상변경의 이해

문화재보호물·보호구역 포함, 이하 같음의 보존관리 및 활용은 원형유지를 기본원칙으로 한다. 문화재 원형유지란 문화재를 원래의 모습대로 보존하는 것으로, 문화재의 현상을 변경하지 않는다는 의미를 가지고 있다. 그리고 문화재는 주변 환경과 함께 무분별한 개발로부터 보호되어야 하며, 임의로 파괴되거나 훼손되어서는 안 된다는 의미를 포함한다.

현상변경 행위는 크게 당해 국가지정문화재보호물·보호구역과 천연기념물 중 죽은 것을 포함 자체의 현상변경 행위천연기념물을 표본·박제하는 행위를 포함와 당해 국가지정문화재 보존에 영향을 미칠 우려가 있는 현상변경 행위로 나눌 수 있다. 발굴된 매장문화재에 대한 현상을 변경하는 경우에 발굴을 현상변경으로 본다는 것은 앞에서 설명했다.

문화재에 대한 현상변경 행위란 수리, 정비, 복구, 보존처리, 포획, 채취, 사육하는 행위 등 문화재 보호관리 행위와 공간에서의 지형 및 지세, 식생, 경관과 환경에 변화를 주는 행위를 말한다. 문화재 보존에 영향을 미칠 우려가 있는 현상변경 행위는 다시 당해 문화재 보존에 직접적인 영향을 미칠 우려가 있는 행위와 문화재보호구역 포함 경계로부터 500미터 이내의 역사문화환경〈문화재보호법〉에서 말하는 '역사문화환경'이란 자연경관이나 역사적·문화적 가치가 뛰어나서 문화재와 함께 보호할 필요가 있는 주변 환경을 의미한다과 경관의 보존에 지장을 주어 모양·성질·상태 등을 달라지게 하는 행위로 구분할 수 있다.

〈문화재보호법〉 제36조의 문화재 현상변경 등에 대한 허가기준을 살펴보면, 문화재청장은 제35조 제1항에 따라 허가신청을 받을 때 그 대상의 행위가 다음 각 호의 기준에 맞는 경우에만 허가하여야 한다고 명시되어 있다. 관련 내용은 ① 문화재의 보존과 관리에 영향을 미치지 아니할 것, ② 문화재의 역사문화환경을 훼손하지 아니할 것, ③ 문화재기본계획과 제7조에 따른 연도별 시행계획에 들어맞을 것 등으로 정의되어 있다.

이에 따라 문화재청에서는 사적정비도 문화재에 미치는 영향이 큰 현상변경 행위에 해당한다고 보고 있다.

2 사적정비에 따른 현상변경

사적정비에 따른 현상변경 행위는 당해 국가지정문화재 자체에 대한 정비사업과 국가지정문화재 주변에서 이루어지는 현상변경 행위로 나눌 수 있으며, 발굴과 함께 정비는 중요한 현상변경 행위 중 하나다.

사적을 정비하기 위해서는 종합정비기본계획에 의거하여 계획적으로 시행되는 것을 전제로 기본설계의 단계에서 검토하는 경우가 많다. 사적정비를 위한 기본설계를 할 때는 사전에 문화재청과 협의하고 관계전문가의 자문을 받아 문화재에 미치는 영향, 경관, 디자인 등을 검토하는 것이 중요하다. 지자체의 요청을 정비에 반영하는 것도 필요하지만, 문화재를 보존하고 활용하는 측면에서 과도한 계획이 되지 않도록 주의해야 한다. 본격적인 정비를 위해서는 국가지정문화재 내부에서 가능한 행위나 국가지정문화재 외부에서 이루어지는 행위에 대한 현상변경 허용기준을 이해해야 한다. 그 밖에 시·도 위임사항이나 현상변경 허용기준의 변경신청 등에 관해서도 확실히 파악하고 있어야 무리 없이 정비사업을 진행할 수 있다.

현상변경 허용기준

문화재청에서는 역사문화환경을 체계적·계획적으로 보존관리하기 위한 목적으로 2006년부터 2010년에 걸쳐 문화재 주변에 대한 현상변경 허용기준을 마련했다.

〈문화재보호법〉의 전부 개정 이전에는 관계전문가 3인 이상의 평가를 받아 이 중 1/2 이상의 영향이 있다고 판단될 경우에는 문화재청의 현상변경 허가신청 절차

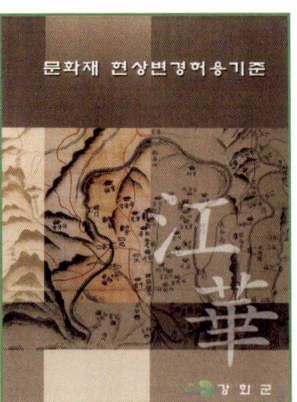

현상변경 허용기준을 마련하기 위한 지자체 검토 책자

를 받아야 했다. 하지만 2011년에 전부 개정된 〈문화재보호법〉 제13조 역사문화환경 보존지역의 보호 제4항 규정에 따라 허용기준이 마련되면서 시·군·구에서 시행하는 관계전문가의 영향 검토를 생략하게 됐으며, 허용기준을 초과할 경우에는 영향 검토 단계를 생략하고 현상변경 허가신청 단계로 진행하게 된다. 문화재 지정구역 내부와 외부로 나누어 현상변경 허가를 진행하며, 이를 살펴보면 다음과 같다.

문화재 지정보호 구역에서의 현상변경

〈문화재보호법〉에서 정하는 문화재 지정보호구역에서의 현상변경은 〈문화재보호법 시행규칙〉 제15조 제1항 제1호의 '국가지정문화재 보호물 및 보호구역 포함의 현상변경 행위'에 나타나며, 다음 각 호의 어느 하나에 해당하는 행위를 말한다.

① 법 제35조 제1항 제1호에 따른 국가지정문화재 등의 현상을 변경하는 행위는 다음 각 호의 어느 하나에 해당하는 행위를 말한다.
1, 국가지정문화재, 보호물 또는 보호구역을 수리, 정비, 복구, 보존처리 또는 철거하는 행위
2, 국가지정문화재천연기념물 중 죽은 것을 포함한다를 포획·채취·사육하거나 표본·박제·매장·소각하는 행위
3, 국가지정문화재, 보호물 또는 보호구역 안에서 하는 다음 각 목의 행위
가. 건축물 또는 도로·관로·전선·공작물·지하구조물 등 각종 시설물을 신축, 증축, 개축改築, 이축移築 또는 용도 변경하는 행위
나. 수목樹木을 심거나 제거하는 행위
다. 토지 및 수면의 매립·간척·굴착·천공穿孔·절토切土·성토盛土 등 지형이나 지질의 변경을 가져오는 행위
라. 수로, 수질 및 수량에 변경을 가져오는 행위
마. 소음·진동 등을 유발하거나 대기오염물질·화학물질·먼지 또는 열 등을 방출하는 행위
바. 오수汚水·분뇨·폐수 등을 살포, 배출, 투기하는 행위
사. 동물을 사육하거나 번식하는 등의 행위
아. 토석, 골재 및 광물과 그 부산물 또는 가공물을 채취, 반입, 반출, 제거하는 행위
자. 광고물 등을 설치, 부착하거나 각종 물건을 야적하는 행위

당해 국가지정문화재보호물·보호구역 포함의 현상을 변경하거나 보존에 영향을 미칠 우려가 있는 행위를 하고자 할 때는 신청인이 허가신청 서류를 작성하여 해당 시·군·구의 문화재 담당과에 제출해야 하며, 다음과 같은 절차에 따라 처리된다.

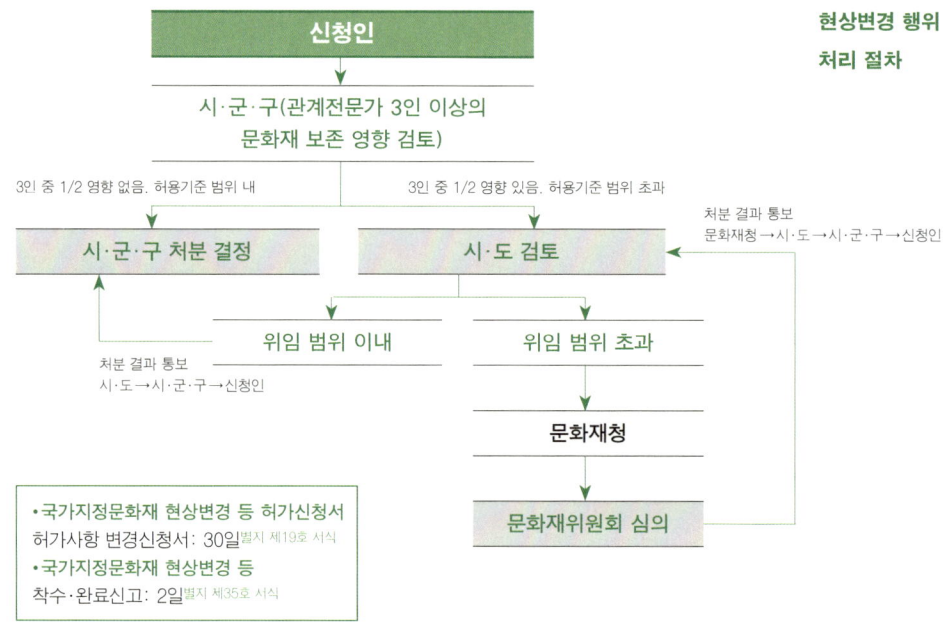

현상변경 행위 처리 절차

문화재 지정보호 구역 외부에서의 현상변경

〈문화재보호법〉에서 정하는 문화재 지정보호구역 외부에서의 현상변경은 〈문화재보호법 시행규칙〉 제15조 제2항의 '국가지정문화재보호물·보호구역 포함의 보존에 영향을 미칠 우려가 있는 행위'에 나타나 있다.

② 법 제35조 제1항 제2호에 따른 국가지정문화재동산에 속하는 문화재는 제외한다. 이하 이 항에서 같다.의 보존에 영향을 미칠 우려가 있는 행위는 다음 각 호의 어느 하나에 해당하는 행위를 말한다.
1. 역사문화환경 보존지역에서 하는 다음 각 목의 행위
가. 해당 국가지정문화재의 경관을 저해할 우려가 있는 건축물 또는 시설물을 설치·증설하는 행위
나. 해당 국가지정문화재의 보존에 영향을 줄 수 있는 소음·진동 등을 유발하거나 대기오염물질·화학물질·먼지 또는 열 등을 방출하는 행위
다. 해당 국가지정문화재의 보존에 영향을 줄 수 있는 지하 50미터 이상의 굴착 행위

라. 해당 국가지정문화재의 보존에 영향을 미칠 수 있는 토지·임야의 형질을 변경하는 행위
2. 국가지정문화재가 소재하는 지역의 수로의 수질과 수량에 영향을 줄 수 있는 수계에서 하는 건설공사 등의 행위
3. 국가지정문화재와 연결된 유적지를 훼손함으로써 국가지정문화재 보존에 영향을 미칠 우려가 있는 행위
4. 천연기념물이 서식·번식하는 지역에서 천연기념물의 둥지나 알에 표시를 하거나, 그 둥지나 알을 채취하거나 손상시키는 행위
5. 그 밖에 국가지정문화재 외곽 경계의 외부 지역에서 하는 행위로서 문화재청장 또는 해당 지방자치단체의 장이 국가지정문화재의 역사적·예술적·학술적·경관적 가치에 영향을 미칠 우려가 있다고 인정하여 고시하는 행위

이는 현상변경 허용기준이 제정되었다고 하더라도 위와 같은 행위에 대해서는 문화재청에 현상변경 허가를 받아야 한다는 것을 의미한다.

또한 현상변경 허용기준은 500미터 범위 내에서 일어나는 행위에 대한 규정을 제시하고 있지만, 〈문화재보호법〉 제13조 제3항의 "문화재의 특성 및 입지 여건 등으로 인하여 지정문화재의 외곽 경계로부터 500미터 밖에서 건설공사를 하게 되는 경우에 해당 공사가 문화재에 영향을 미칠 것이 확실하다고 인정되면 500미터를 초과하여 범위를 정할 수 있다"는 항목에 의거하여 500미터를 넘는 범위에 대해서도 현상변경 허가를 득해야 하는 경우도 있다.

그리고 신규로 지정되거나 지정된 지 6개월이 되지 않은 문화재는 현상변경 허용기준이 제정되지 않은 경우가 있으므로, 〈문화재보호법〉 제13조 역사문화환경 보존지역의 보호 제4항 "문화재청장 또는 시·도지사는 문화재를 지정하면 그 지정 고시가 있는 날부터 6개월 안에 역사문화환경 보존지역에서 지정문화재의 보존에 영향을 미칠 우려가 있는 행위에 관한 구체적인 행위기준을 정하여 고시하여야 한다"는 항목에 의거하여 6개월 이내에 현상변경 허용기준을 제정해야 한다. 그 기간에는 기존의 방식대로 문화재의 영향 여부를 검토하게 된다.

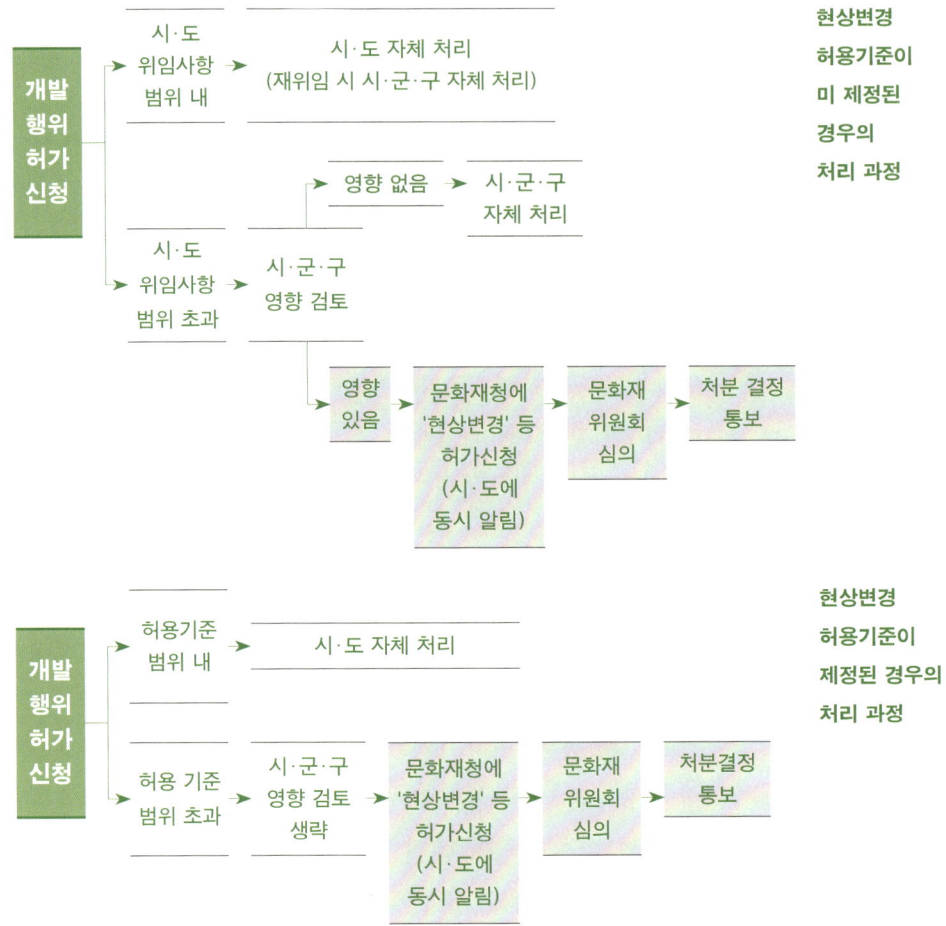

현상변경 허용기준 마련조정

현상변경 허용기준은 한번 제정되면 변하지 않는 것이 아니라, 추가 지정보호구역의 설정에 따른 구역의 변경이나 주변 상황의 변화에 따른 변경 요청 등 다양한 변화에 대응하여 조정이 가능하다.

문화재청의 기본방침에서는 문화재 주변의 역사문화환경 보존과 형평성의 차원에서 현상변경 허용기준의 조정을 쉽게 허용하지 않고 있지만, 합리적인 문화재 행정을 위해 타당성이 인정되는 경우에는 조정을 인정하고 있다.

현상변경 허용기준의 조정에 관해서는 문화재청의 현상변경 허가신청과 같은 과정을 거치며, 순서는 다음과 같다.

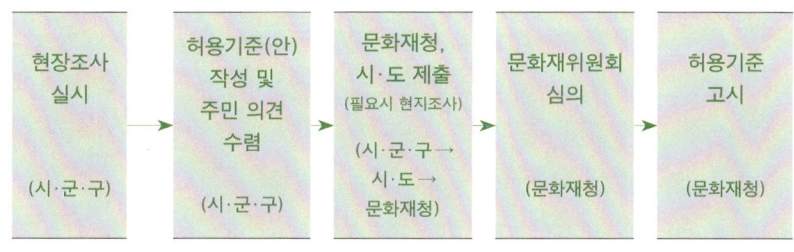

현상변경
허용기준 마련
(조정)의
흐름

지자체에서 현상변경 허용기준이 검토되면 이를 묶어 문화재청에 협의를 요청하며, 문화재청은 관계전문가의 현지조사를 거쳐 지자체와 협의한다. 협의 조정된 내용을 문화재위원회에 상정하여 심의를 받고 최종적으로 문화재청장의 행정 행위에 따라 현상변경 허용기준을 마련하게 된다. 이렇게 마련된 현상변경 허용기준은 관보에 고시하여 시행하며, 관보 고시일이 곧 시행일이 된다.

관보에 고시된 내용은 전자관보 http://gwanbo.korea.go.kr/main.jsp에서 '현상변경 허용기준'으로 검색할 수 있으며, 문화재청 홈페이지 www.cha.go.kr의 '행정정보-법령정보-고시'에서 문화재별 현상변경 허용기준 도면과 허용기준표의 확인이 가능하다. 또한 문화재GIS인트라넷시스템 http://gis.cha.go.kr의 '지도서비스-문화재보존관리지도'에서 주소를 입력하면 문화재 주변의 허용기준을 확인할 수 있다.

현상변경 허가신청 시 구비 서류

현상변경 허가신청에 관한 서류는 앞에서도 언급했듯이 문화재에 미치는 영향이 있을지 없을지를 판단하는 기본적인 자료이기 때문에 현황에 대해 알기 쉽게 작성하는 것이 중요하다.

기본적으로 국가지정등록문화재 현상변경 등 허가신청서를 작성하고, 그 외 문화재와 사업하려고 하는 구역 간의 거리나 경관 등을 알기 쉽게 사진 등으로 보여주며, 도면을 통해 위치·규모·높이·성절토를 판단할 수 있는 자료를 정리한다.

기존에는 이러한 자료들을 우편으로 접수하였지만, 지금은 문화재전자행정을 통해 문화재청에 신청해야 한다. 각 신청 서류를 유형별로 설명하면 다음과 같다.

1, 현상변경 허가신청서

신청인 연락처, 착공, 준공 연월일 기재허가기간 기입에 필요

2, 주변 현황 사진

항공사진에 사업 위치 및 문화재 등 표시자체 확보된 항공사진 등 활용

신청지 현황 사진원경, 근경: 문화재→신청지, 신청지→문화재

기타 신청지 주변 건축물 현황 사진 등

3, 설계도서

위치도도면: 대상 문화재전체 구역도에서 신청지와의 이격 거리 표시, 신청 위치 주변 과거 기 허가, 불허 내용

배치도지적 상에 건물 배치 현황

정면도, 측면도, 배면도, 단면도옥탑, 승강탑 등을 포함한 건축물의 최고 높이로 표시할 것

지형 횡단면도성절토를 수반하는 건축공사일 경우에 첨부

기타 신청 건에 참고자료 일체 등

현상변경 시 타 법률과의 관계

공원구역 안에서 국가지정문화재, 시·도지정문화재 및 문화재 자료와 그 보호물의 증축·개축·재축·이축과 외부를 도색하는 행위를 제외한 다른 현상변경 행위를 할 경우에는 〈자연공원법〉 제18조용도지구와 제26조자연공원의 형상 변경에 관한 협의, 〈자연공원법 시행령〉 제14조의 제2항공원자연보존지구에서의 행위기준에 따라 별도의 허가를 받아야 한다. 기타의 행위에 대해서는 대부분 〈문화재보호법〉의 절차에 의한 허가로 갈음된다.

그 밖에도 〈국토의 계획 및 이용에 관한 법률〉 제6조국토의 용도 구분, 제76조용도지역 및 용도지구에서의 건축물의 건축 제한 등, 제46조제1종 지구단위계획구역 안에서의 건폐율 등의 완화 적용 등 다양한 법률에서 문화재와의 관계를 규정하고 있으며, 통상 〈문화재보호법〉이 상위개념으로 작용한다.

또한 시·도지정문화재는 〈문화재보호법〉 제55조시·도지정문화재의 지정 등의 규정과 각 〈시·도문화재보호조례〉에 따라 각 시·도지사가 지정하고 있으므로, 시·도지정문화재 현상변경 허가권도 각 〈시·도문화재보호조례〉의 규정에 의해 각 시·도지사가 가지고 있다.

[별지 제107호 서식]

문화재보존 영향여부 검토의견서

신 청 인	성 명	○○○		주민등록번호	○○○○○○-○○○○○○
	주 소	○○시 ○○군 ○○면 ○○번지			
대상문화재	종 별	사적		지정번호	제 ○○○호
	명 칭	○○○사지			
사 업 개 요	사업명	○○○사지 주변 정비			
	위 치	○○시 ○○군 ○○면 ○○번지			
	내 용	○○○사지의 주변 정비를 위한 ○○ 건립			

검 토 항 목	해당여부	검토의견
1. 국가지정문화재가 소재하고 있는 지역의 수로의 수질 및 수량에 영향을 줄 수 있는 수계에서 행하여지는 건축, 제방축조 등의 건설공사에 해당하는가?	□ 있음 □ 없음	
2. 국가지정문화재와 연결된 유적지를 훼손함으로써 국가지정문화재의 보존에 영향을 미칠 우려가 있는 행위인가?	□ 있음 □ 없음	
3. 국가지정문화재의 외곽경계로부터 500미터 이내의 지역에서 행하는 행위로서	□ 있음 □ 없음	
가. 해당 국가지정문화재 보존에 영향을 줄 수 있는 지하 50미터 이상의 굴착행위인가?	□ 있음 □ 없음	
나. 해당 국가지정문화재의 보존에 영향을 줄 수 있는 소음·진동 등을 유발하거나 대기오염물질·화학물질·먼지 또는 열 등을 방출하는 행위인가?	□ 있음 □ 없음	
다. 해당 국가지정문화재의 일조권·조망권 등 역사적 문화환경 및 경관에 어울리지 아니할 위험이 있는 건축물 또는 시설물을 설치·증설하는 행위(기존의 지형·지세 변경여부 포함) 또는 토지 및 임야의 형질변경행위인가?	□ 있음 □ 없음	
4. 그 밖에 국가지정문화재의 외곽경계의 외부지역에서 행하여지는 행위로서 문화재청장 및 해당 지방자치단체의 장이 국가지정문화재의 역사적·예술적·경관적 가치와 그 주변 환경에 영향을 미칠 우려가 있다고 인정하여 고시한 행위에 해당하는가?	□ 있음 □ 없음	
5. 건설공사와 관련 상기 이외의 사항으로 「문화재보호법」 제90조 및 「같은 법 시행령」 제52조에 따라 마련된 시·도 조례의 규정에 저촉되는 행위인가?	□ 있음 □ 없음	
6. 현상변경 처리기준 범위를 벗어나는 행위인가?	□ 있음 □ 없음	
7. 매장문화재를 훼손할 우려가 있는 행위인가 ?	□ 있음 □ 없음	
종합검토의견	○○○사지는 ○○문헌에도 기록된 유서깊은 사지로서 현 ○○계획된 곳은 매장문화재의 가능성이 있어 신중한 검토가 필요함. 등등	

「문화재보호법 시행규칙」 제79조제3항에 따라 문화재 인접지역에서 행하여지는 행위가 문화재 보존에 영향을 미치는지의 여부에 대한 검토의견을 위와 같이 개진합니다.

20○○년 ○○월 ○○일

소 속 : ○○○대학   직 위 : 교수   성 명 : ○○○

※ 상기 검토항목 중 한 항목이라도 문화재보존에 영향을 미친다고 검토되었을 경우에는 「문화재보호법」 제34조제3호에 따라 현상변경 허가를 받도록 하여야 함.

[별지 제19호 서식] (앞쪽)

국가지정(등록)문화재 현상변경 등 허가신청서				처리기간
			30일
신 청 인	① 성 명	○○군수	② 생 년 월 일	
	③ 주 소	○○도 ○○군 ○○읍 ○○리 ○○ (전화 : ○○-○○-○○/ 휴대전화 : ○○-○○-○○)		
대 상 문 화 재	④ 명 칭	○○ ○○동 고분군		
	⑤ 종 류	무덤(고분군)	⑥ 지정 (등록)번호	사적 제○○호	⑦ 수 량	○○㎡ 또는 1
	⑧ 소재지(보관 장소)	○○도 ○○군 ○○리 ○○번지 외		
⑨ 보호구역ㆍ보호물	-			
⑩ 신 청 사 유	지역의 문화, 관광 ○○을 위한 사적 주변 정비 사업을 하고자 함.			
⑪ 현상변경 등의 부분	○○읍 ○○리 ○○번지 일원 ○,○○○㎡	⑫ 현상변경 등의 내용	○○조성 사업 -○○ 3층 -○○ 등	
공 사 담 당 자	⑬ 성 명	○○○	⑭ 기 술 자ㆍ기 능 자 수리업자 등록번호	○○○○○- ○○○○○○	
	⑮ 주 소	○○시 ○○면 ○○읍 ○○번지			
착 공 및 준 공 예 정 연 월 일	⑯ 착 공	20○○년 ○○월			
	⑰ 준 공	20○○년 ○○월			
⑱ 소 요 경 비	○○○,○○○○원	⑲ 재 원	국비 : ○○백만 원 도비 : ○○백만 원 군비 : ○○백만 원		
⑳ 그 밖 의 사 항				

「문화재보호법」 제35조ㆍ제56조 제2항, 같은 법 시행령 제21조ㆍ제34조 및 같은 법 시행규칙 제14조ㆍ제39조에 따라 위와 같이 현상변경 등의 허가를 신청합니다.

20○○년   ○○월   ○○일

신청인   ○○군수 (서명 또는 인)

문화재청장   귀하

	수 수 료
※ 구비서류 1. 현상변경 등 행위의 대상이 「건축법」 제11조에 따른 허가대상 건축물일 경우에는 기본설계도서(건축계획서, 배치도, 평면도, 입면도, 단면도), 같은 법 제14조에 따른 신고대상 건축물일 경우에는 건축계획서 2. 현장사진	없 음

210mm×297mm[일반용지 60g/㎡(재활용품)]

[별지 제23호 서식]   (앞쪽)

국가지정(등록)문화재 현상변경 등의 허가서							
허가받는 자	성 명	○○군수					
	주 소	(○○○-○○○)○○시 ○○군 ○○면 ○○○번지					
대상 문화재	종 류	사적	지정(등록) 번호	제○○호	명 칭	○○○사지	
	소재지	○○도 ○○시 ○○면 ○○리 ○○번지 일원 등					
허가 사항	개 요	○○○사지의 주변 정비에 따른 현상변경 신청					
	위 치	○○도 ○○시 ○○면 ○○리 ○○번지 일원 등 (문화재 외곽 경계로부터의 거리 ○○m 이격)					
	내 용	○○○사지의 주변 정비에 따른 현상변경 허가 면적:○○㎡ 높이:○○m 등등					
	기 간	20○○.○○.○○~20○○.○○.○○					
허가 조건	-허가신청 내용과 같이 사업 시행할 것 -관계전문가의 자문을 받고 문화재청의 설계도서 검토를 받아 시행할 것 -터파기시 관계전문가 입회 조치 등등						

「문화재보호법」 제36조·제56조 제2항, 같은 법 시행령 제22조·제34조 제3항, 같은 법 시행규칙 제16조 제1항 및 제39조 제4항에 따라 위와 같이 허가합니다.

20○○년 ○○월 ○○일

문 화 재 청 장   [직인]

210mm×297mm[보존용지(1종) 70g/㎡]

(뒤쪽)

행 정 사 항

1. 이 허가는「문화재보호법」에 따른 허가이므로 다른 법에 따른 허가가 필요한 경우에는 그 법에 따른 허가를 받아야 합니다.

2. 이 허가사항을 변경하려는 경우에는「문화재보호법」제35조·제56조에 따라 문화재청장의 변경허가를 받아야 합니다.

3. 허가를 받고 현상변경 등의 행위에 착수하거나 행위를 완료하였을 때에는「문화재보호법」제40조, 제55조에 따라 15일 이내에 관련 증명서류 및 사진을 첨부하여 관할 지방자치단체의 장을 거쳐 문화재청장에게 착수 및 완료 신고를 하여야 합니다.
(신고기간 경과 시「문화재보호법」제103조에 따라 과태료를 부과합니다.)

4. 다음 각 호의 어느 하나에 해당하는 경우에는 이 허가를 취소할 수 있습니다.
   가. 허가사항이나 허가조건을 위반한 때
   나. 속임수나 그 밖의 부정한 방법으로 허가를 받은 때
   다. 허가사항의 이행이 불가능하거나 현저히 공익을 해할 우려가 있다고
      인정되는 때

5. 착수신고를 하지 않고 허가기간이 지난 때에는 이 허가가 취소된 것으로 봅니다.

6. 공사 중 매장문화재가 발견되면 즉시 공사를 중지하고「매장문화재 보호 및 조사에 관한 법률」제17조에 따라 신고하여야 합니다.

7. 관계 법규와 위의 각 항을 준수하고 관할 지방자치단체의 지도 및 감독에 따라야 합니다.

[별지 제24호 서식]   (앞쪽)

허가사항 변경허가서						
허가받는 자	성 명	○○군수				
	주 소	(○○○-○○○)○○시 ○○군 ○○면 ○○○번지				
대상 문화재	종 류	사적	지정번호	제○○호	명 칭	○○○사지
	소재지	○○도 ○○시 ○○면 ○○리 ○○번지 일원 등				
허가 사항	개 요	○○○사지의 주변 정비에 따른 현상변경 신청				
	위 치	○○도 ○○시 ○○면 ○○리 ○○번지 일원 등 (문화재 외곽 경계로부터의 거리 ○○m 이격)				
	기허가 내용	○○○사지의 주변 정비에 따른 현상변경 허가 면적:○○㎡ 높이:○○m 등등				
	변경 허가 내용	○○○사지의 주변 정비에 따른 현상변경 허가 변경 면적:○○㎡(증가 면적 ○○㎡) 높이:○○m (증가 높이 ○○m)등등				
	기 간	20○○.○○.○○~20○○.○○.○○				
허가 조건	-허가신청 변경 내용과 같이 사업 시행할 것 -관계전문가의 자문을 받고 문화재청의 설계도서 검토를 받아 시행할 것 -터파기시 관계전문가 입회 조치 등등					

「문화재보호법」 제36조·제56조제2항, 같은 법 시행령 제22조·제34조제3항 및 같은 법 시행규칙 제16조제2항·제39조제4항에 따라 위와 같이 허가합니다.

20○○년 ○○월 ○○일

문 화 재 청 장   [직인]

210mm×297mm[보존용지(1종) 70g/㎡]

(뒤쪽)

행 정 사 항

1. 이 허가는 「문화재보호법」에 따른 허가이므로 다른 법에 따른 허가가 필요한 경우에는 그 법에 따른 허가를 받아야 합니다.

2. 이 허가사항을 변경하려는 경우에는 「문화재보호법」 제35조, 제56조에 따라 문화재청장의 변경허가를 받아야 합니다.

3. 허가를 받고 현상변경 등 행위에 착수하거나 행위를 완료한 때에는 「문화재보호법」 제40조 및 제55조에 따라 15일 이내에 관련 증명서류 및 사진을 첨부하여 관할 지방자치단체의 장을 거쳐 문화재청장에게 착수 및 완료 신고를 하여야 합니다.
   (신고기간 경과 시 「문화재보호법」 제103조에 따라 과태료를 부과합니다.)

4. 다음 각 호의 어느 하나에 해당하는 경우에는 이 허가를 취소할 수 있습니다.
   가. 허가사항이나 허가조건을 위반한 때
   나. 속임수나 그 밖의 부정한 방법으로 허가를 받은 때
   다. 허가사항의 이행이 불가능하거나 현저히 공익을 해할 우려가 있다고 인정되는 때

5. 착수신고를 하지 않고 허가기간이 지난 때에는 이 허가가 취소된 것으로 봅니다.

6. 공사 중 매장문화재가 발견되면 즉시 공사를 중지하고 「매장문화재 보호 및 조사에 관한 법률」 제17조에 따라 신고하여야 합니다.

7. 관계 법규와 위의 각 항을 준수하고 관할 지방자치단체의 지도 및 감독에 따라야 합니다.

[별지 제35호 서식]

국가지정(등록) 문화재 현상변경 등 착수신고서					처리기간 2일 시·도 1일	
신 고 인	① 성 명	○○군수		② 생년월일		
	③ 주 소	(○○○-○○○)○○시 ○○군 ○○면 ○○○번지 (전화)○○○-○○○-○○○				
대 상 문 화 재	④ 명 칭	○○○사지	⑤ 종류	사적	⑥ 지정(등록)번호	제○○호
	⑦ 소재지 (보관 장소)	○○도 ○○시 ○○면 ○○리 ○○번지 일원 등				
⑧ 보호구역·보호물	-					
⑨ 공 사 내 용	⑩ 명 칭	○○○사지 주변 정비 사업				
	⑪ 내 용	○○설치(면적:○○㎡, 높이:○○m 등등)				
⑫ 착공 연월일	20○○. ○○. ○○.		⑬ 준공(예정) 연월일		20○○. ○○. ○○.	
⑭ 허가, 명령 연월일	20○○. ○○. ○○.		⑮ 허가, 명령의 내용			
⑯ 공 사 담 당 자	○○시 ○○과 ○○○		⑰ 공 사 금 액		○○○,○○○원	
⑱ 그 밖의 사 항						

위와 같이 「문화재보호법」 제40조 제1항 제7호, 제40조 제2항, 제55조 제7호, 같은 법 시행령 제23조, 제33조 및 같은 법 시행규칙 제21조 제5항, 제38조 제5호에 따라 신고합니다.

20○○년 ○○월 ○○일

신고인   ○○군수 (인)

문 화 재 청 장 귀하

수 수 료
없 음

※ 구비서류 : 완료신고의 경우에만 제출합니다.
 1. 공사실시시방서(16절지)
 2. 공사감독관 실시 상황 보고서
 3. 사진 및 준공도면

210mm×297mm[보존용지(1종) 80g/㎡]

[별지 제35호 서식]

국가지정(등록) 문화재 현상변경 등 완료신고서			처리기간 2일 시·도 1일	
신 고 인	① 성 명	○○군수	② 생년월일	
	③ 주 소	(○○○-○○○)○○시 ○○군 ○○면 ○○○번지 (전화)○○○-○○○-○○○		
대 상 문 화 재	④ 명 칭	○○사지	⑤ 종류 사적	⑥ 지정(등록)번호 제○○호
	⑦ 소재지 (보관 장소)	○○도 ○○시 ○○면 ○○리 ○○번지 일원 등		
⑧ 보호구역·보호물	-			
⑨ 공 사 내 용	⑩ 명 칭	○○○사지 주변 정비 사업		
	⑪ 내 용	○○실치(면적:○○㎡, 높이:○○m 등등)		
⑫ 착 공 연 월 일	20○○. ○○. ○○.	⑬ 준공(예정) 연월일		20○○. ○○. ○○.
⑭ 허가, 명령 연월일	20○○. ○○. ○○.	⑮ 허가, 명령의 내용		
⑯ 공 사 담 당 자	○○시 ○○과 ○○○	⑰ 공 사 금 액		○○○,○○○원
⑱ 그 밖의 사항				

위와 같이 「문화재보호법」 제40조 제1항 제7호, 제40조 제2항, 제55조 제7호, 같은 법 시행령 제23조, 제33조 및 같은 법 시행규칙 제21조 제5항, 제38조 제5호에 따라 신고합니다.

20○○년 ○○월 ○○일

신고인 ○○군수 (인)

문 화 재 청 장 귀하

수 수 료
없 음

※ 구비서류 : 완료신고의 경우에만 제출합니다.
 1. 공사실시시방서(16절지)
 2. 공사감독관 실시 상황 보고서
 3. 사진 및 준공도면

210mm×297mm[보존용지(1종) 80g/㎡]

Chapter 3.

종합정비 기본계획

3 종합정비 기본계획

1 종합정비 기본 계획의 이해

사적의 관리단체 또는 토지의 소유자 및 관리자가 사적을 정비하기 위해서는 사업에 대한 기본적인 계획이 필요하다. 사업을 계획하는 것은 통상 사업 주체가 되는 관리단체 또는 토지의 소재지인 지방자치단체가 맡는다.

종합정비 기본계획 작성 사례집

정비계획을 세우게 되는 계기는 사적이 훼손되어 긴급하게 사업을 개시할 필요가 있거나 주민의 요청이 있거나 각 문화권의 정비사업에 의하거나 보존 및 활용의 필요에 의해서나 관광자원으로서 다양한 요청에 의해 행해지는 경우 등 개별 사적을 둘러싼 조건에 따라 다양하다.

또한 해당 사적을 정비하기 위해서는 관리단체 또는 토지의 소유자 및 관리자가 사업 착수에 관해 결정해야 한다. 종합정비기본계획, 설계도서 기본설계나 현상변경 신청에 의해 문화재청이 협의·승인·허가할 때 비로소 사적정비의 기본적인 준비가 완료된다고 할 수 있다.

종합정비기본계획에는 〈사적 종합정비계획의 수립 및 시행에 관한 지침〉에서 다루고 있는 내용 외에도 사적과 일체화된 경관이 중요한 요소로 취급되기 때문에, 역사문화경관의 현황을 검토하고 문제점을 보완하는 계획을 수립할 필요가 있다. 그리고 현상변경 허용기준에 따라 합리적인 보존과 활용계획을 수립하는 것이 중요하다.

또한 정비 대상이 되는 사적 내의 역사적 건조물 및 구조물의 수리·정비 또는 복원 검토에 관해서는 발굴조사 결과를 토대로 문헌·고지도·그림 등을 통해 철저히 고증한다. 사적 전체의 조화를 고려하여 복원 대상을 선정하고 시기를 정하는 것이 중요하다. 역사적 건조물 및 구조물 복원에 관해서는 향후 활용 방향과 가능성을 염두에 둔 계획을 세울 필요가 있다.

이렇게 다양한 관점에서 검토해야 하는 만큼 문화재청에서도 종합정비기본계획의 중요성을 인식하여 계획을 수립하기 위한 예산 지원을 철저히 검토하고 있는 실정이다.

2012년 3월을 기준으로 사적 483개소에 대해 180여 건의 종합정비기본계획이 수립되어 있다.

2 〈사적 종합정비계획의 수립 및 시행에 관한 지침〉의 해설

종합정비기본계획은 정비 활용의 주제, 방향성, 목표 아래 토지매입과 발굴조사 등의 각종 조사 결과와 현황에 따른 분석이나 문제점을 보존 및 활용의 측면에서 구체적으로 나타내는 것이라 할 수 있다.

문화재청에서는 〈사적 종합정비계획의 수립 및 시행에 관한 지침〉을 근간으로 상당히 상세한 부분의 계획을 요구하고 있다. 연차계획이나 사업 내용에 따른 자금 또한 지자체에서 부담이 가능한 항목인지, 문화재청의 보조금에 의해 지원이 가능한 금액인지를 상세히 검토하기 때문에 무엇보다도 현실적인 정비계획으로 구성해야 한다.

또한 착수보고·중간보고·최종보고회를 개최하도록 하고 있으며, 각 분야의 관계전문가들이 다양한 관점에서 자문하기 때문에 인문·사회·건축·토목·조경 등의 다양한 관점에서 검토를 거쳐야 한다.

종합정비기본계획을 수립할 때 순서에 따라 실시해야 할 조사항목 및 파악해야 할 계획의 내용을 〈사적 종합정비계획의 수립 및 시행에 관한 지침〉의 '문화재별 종합정비계획보고서 작성 예시'에 따라 설명하면 다음과 같다.

계획의 개요

계획의 배경 및 목적과 필요성에 대하여 작성한다

종합정비기본계획과 관련해서 해당 사적정비의 정당성에 대해 설명한다. 예를 들어 정비의 배경에 대해서는 당해 사적의 종합정비계획을 수립하게 된 이유를 중심으로 기술한다. 사적의 가치보존, 훼손방지, 원형회복, 당해 문화권의 상징적 가치 표현, 사회적 관심 유도 등 유형별로 정비를 결정한 배경을 설명한다.

정비의 목적 역시 당해 사적의 역사성 회복, 문화유적 향유, 교육의 장이나 관광자원으로의 활용 등 유형별로 다양하게 나타낸다.

계획의 성격 및 범위에 대하여 작성한다

시간적 범위, 공간적 범위, 내용적 범위에 대해 설명한다. 시간적 범위에서는 해당 사적의 종합정비기본계획 연도와 이후 연차계획 연도를 나타낸다. 공간적 범위에서는 해당 사적의 주소 및 위치 그리고 정비의 범위사적 지정구역 또는 보호구역을 포함한 범위 또는 지정구역+보호구역+그 외 정비에 필요한 범위 등를 나타낸다. 내용적 범위에서는 종합정비기본계획에서 밝힐 큰 주제들을 개략적으로 나타낸다. 예를 들어 현황조사와 기본계획안 마련, 현상변경 허용기준(안) 등의 내용을 설명한다.

계획의 수립체계, 진행방법 및 과정에 대하여 작성한다

종합정비기본계획에서 밝힐 큰 주제들에 대한 세부적인 내용을 개략적으로 나타낸다. 예를 들어 자료조사, 구간별 현황조사, 종합정비기본계획, 사업추진계획, 연구조직 및 추진 경과 등의 내용을 설명한다.

현황조사

종합정비기본계획을 진행하려면 다양한 조사가 필요한데, 조사의 목적과 진행방법을 미리 정해두는 게 좋다. 특히 발굴조사에 관해서는 유구의 분포 및 범위를 확인하기 위한 조사 성과를 포함하여 유적 및 유구의 보존과 수리, 표현을 위해 추가적인 조사계획이 필요한 경우도 있다.

또한 목조건조물 및 석탑·석축 등의 구조에 관한 조사 외에 보링에 의한 지하수 및 지질 등의 조사, 설계에 필요한 상세한 측량조사, 사적의 보존조치에 필요한 특수한 재료 및 공법에 관한 시험조사 등 진행방법에 관해서도 결정해야 한다. 이러한 조사의 필요성은 사적의 규모 및 성질, 입지 조건, 정비의 내용 등에 따라 다르기 때문에 상황에 따라 적절한 판단을 해야 한다.

문화재와 그 주변의 일반 현황입지 및 자연환경, 인문사회환경, 역사문화환경 등, 주변의 토지이용계획 및 개발계획 현황을 작성한다

사적정비의 현황과 주변 이용 현황, 해당 사적뿐만 아니라 주변 지역을 포함하여 정비에 필요한 토지매입 상황과 사적 주변 지역의 토지 이용 상황, 사적과 연계된 교통정비 상황 등에 관해 파악한다. 당해 사적의 위치, 지형, 수계, 기후, 교통망 등 일반환경과 사적 소재지의 역사, 주변 시설, 조망, 식생, 관련법 등 인문사회환경에 관해 파악한다. 당해 사적의 주변 문화재 현황 등 역사문화환경에 관해서도 파악한다.

토지이용계획에서는 지번, 지목별 현황, 소유자별 현황, 용도지역 및 지구 지정 현황 등을 파악한다. 상위계획에 속하는 개발계획 등에 관해서도 파악한다.

종합정비기본계획에는 지역 전체에 소재하는 문화재 및 문화유산과 문화시설 등 전체적인 문화자원을 포함시켜 그 안에서 당해 사적의 위상을 명확히 한다. 사적정비사업을 활성화하기 위해 유기적으로 진행해야 할 관련 문화재 및 문화유산, 문화자원 등도 적극적으로 기본계획에 포함시킨다.

문화재의 지정 현황개요, 주요 연혁, 가치 및 특성 등, **학술조사 및 고증연구 실적을 작성한다**
발굴조사 및 문헌자료 등의 조사로 판명된 사실을 포함하여 구성요소의 분포 및 성질 등에 관한 내용을 파악한다. 또한 해당 사적의 입지 및 성립, 역사적 변천을 파악하기 위해 자연적 환경 및 지리적 환경 등에 따른 사적의 공간 배치 및 각 공간의 기능과 역할 등을 복원적으로 고찰하고 정비기법별 지구地區 구분 및 계획에 반영한다.

문화재의 보수정비 및 관리 실태, 문화재구역·보호구역·보호물 및 시설물 현황에 대하여 작성한다
사적의 보존 상황 및 보존환경을 파악하기 위해 발굴조사의 현황과 연혁, 정비의 현황과 연혁 등을 먼저 살펴본다. 특히 사적 내의 건조물 및 구조물 또는 유구에서 열화 및 풍화와 파손이 진행되는 경우에는 진행 상황을 파악하여 대응조치에 관한 내용까지 기본계획에 포함시킨다.

또한 정비계획 중에 추가 지정이 행해지거나 발굴조사 등의 결과로 추가 지정이 필요하다고 판단되는 경우에는 해당 토지 등에 대한 보존관리방침을 포함하여 관련 내용을 종합정비기본계획에 넣는 것도 필요하다.

현상변경 허용기준에 대하여 작성한다 기준이 제정·고시된 경우
현상변경 허용기준이 고시되거나 관련 검토가 이루어지는 경우에 그 적정성에 대해 나타낸다.

국내외 사례조사 및 비교·분석과 현안 문제점 및 대책에 대하여 작성한다
동일 유형의 정비사례 또는 도입 예정인 정비기법 등에 관해 단순히 사례조사만 나열하는 게 아니라, 사적정비의 문제점을 파악하고 이를 해결하거나 고민했던 사례를 조사할 필요가 있다. 해당 사적정비에서 문제점을 어떻게 해결할 것인지도 나타낸다.

문화재의 활용 현황에 대하여 작성한다
사적 공개 및 활용에 대한 지역 주민의 바람을 포함하여 사업에 대한 사회적 요청에 관해 파악하는 것도 필요하다. 또한 문화·교육, 도시계획, 관광 등의 행정에 관련된 다양한 조건을 파악해야 한다.

계획의 기본구상

정비계획의 기본개념 및 방향에 대하여 작성한다
사적정비를 기획할 때 구상했던 기본방침, 방향, 당위성에 관해 나타낸다.

주요 대상별 정비 유적·유구정비, 주변 정비, 부대시설 정비 등, **관리 및 활용** 프로그램 개발, 주민 참여 등, **인적·물적자원 확보, 소방방재시설 등의 기본구상에 관해 작성한다**
기본구상이란 본격적인 종합정비기본계획을 수립하기 전에 대략적인 방향과 틀을 잡아놓는 단계이다. 당해 사적의 현황을 비롯하여 입지·자연환경·인문사회환경·역사문화환경 분야의 현황 파악, 사

적정비를 위한 체계 정립, 재원 확보, 보존관리의 주체 및 계획, 방재 등에 관한 개략적인 내용을 나타낸다.

지역 주민 및 이해관계자 등의 의견을 수렴한 내용을 작성한다
주민설명회 자료, 공청회 자료, 주민의견서 등에 관해 나타낸다.

종합정비 방안	**정비의 원칙, 보존·정비의 대상 및 범위에 대하여 작성한다** 기본구상에서 작성한 정비의 목적, 방법, 범위 등을 도면 또는 도표, 문장으로 나타낸다. 공간적 범위와 시간적 범위를 설정한다. **관련 법규**현상변경 허용기준, 정비사업 등과 관계되는 타 법령**의 검토사항에 대하여 작성한다** 사적정비를 하기 위해 필요한 상위법, 도시계획법, 공원법, 농지법 등의 관련 법규를 검토하고 현상변경 허용기준 등에서 허용 가능한 법률 행위를 파악하여 나타낸다. **학술조사**발굴조사 등 학술조사가 완료된 경우에는 불필요**의 목적, 대상 범위 및 내용 등에 대하여 작성한다** 정비를 위하여 새로 발굴을 하거나 사적정비를 위해 추가적으로 발굴조사를 해야 하는 경우에 구체적인 대상과 범위를 도면 및 도표, 문장 등으로 나타낸다. **사유지의 매입이 필요한 경우에 원칙 및 방향, 대상 범위 및 사유 등에 대하여 작성한다** 유구 분포의 가능성, 종합정비기본계획에서 필요한 편의시설의 설치, 버퍼존**Buffer-Zone** 설정을 위해 사적 주변 지역의 매입이 필요한 경우에 전체적인 종합정비기본계획에 근거하여 매입방침을 나타낸다.

유적 및 유구정비의 목적과 범위, 수행방법, 대상별 정비방안에 대하여 작성한다

유적 및 유구의 구체적인 정비방법과 수행방법에 관해서는 다음과 같이 나누어 살펴볼 수 있다.

유구 보존에 관한 계획

유적의 구성요소 중에서 지상에 노출된 것과 지하에 매장되어 있는 것에 관하여 각각 보존수법을 검토한다. 예를 들어 지상에 노출된 역사적 석조물에 관해서는 풍화 및 열화된 상황에 따라 적절한 보존처리수법을 제안하고, 역사적 건조물 등에 관한 수리계획을 전체계획에 포함시켜 보존환경에 관한 효과적인 개선방안을 나타낸다.

또한 지하에 매장된 유구의 보존에 관해서는 적절한 두께의 성토에 의한 피복 등의 보존조치를 할 것인지 아니면 노출시키고 보존처리할 것인지를 결정함으로써 취해야 할 보존의 방향과 방법을 나타낸다.

배수에 관한 계획

사적의 정비에서 무엇보다 중요한 것은 배수기능의 확보에 관하여 충분히 검토하는 일이다. 이를 위해서는 성토와 절토를 적절히 병용하는 것이 필요하지만, 유구의 보존이라는 관점에서는 성토를 기본으로 하는 것이 바람직하다.

다만 유구를 구성하는 토질이 아주 경질이거나 지하투수층이 얕거나 유구 자체가 상당히 연약할 경우에는, 적절한 성토의 두께에 관해 신중하게 판단하고 유구의 안정적인 보존을 포함하는 전체적인 지형조성계획을 세울 필요가 있다. 또한 현존하는 수목을 활용하여 성토를 조성할 필요가 있는 경우에는 뿌리가 유구에 영향을 미치지 못하도록 성토 두께의 조정을 검토해야 한다.

배수로를 설치할 때는 유구의 보존을 전제로 유적과 조화된 경관을 구성할 수 있도록 외관의 마감방법에 관해서도 연구할 필요가 있다.

| 유구의 표현기법에 관한 계획 | 사적에서 나타나는 유구의 현황을 근간으로 주변 환경의 상황이나 유구의 규모·형태·성질 등에 관한 정보가 적절히 전해지도록, 유구와 그 환경에 관해 표현해야 할 범위와 이때 채용할 적절한 재료 및 공법 등을 나타낸다.

또한 개별 유구에 관해서는 지하 유구의 노출전시, 유구의 평면 및 입체에 의한 표현, 당시 건조물 및 구조물의 복원전시 등 전체적인 조화를 고려하면서 다양한 기법으로 조합하는 것이 중요하다.

| 역사적 건조물 및 구조물의 수리에 관한 계획 | 역사적 건조물 및 구조물 등이 훼손 또는 부후되어 있는 경우에는 수리방법을 제시한다. 훼손 현황에 대한 조사에 기초하여 전면 또는 부분 해체, 부분 수리 등 수리의 기본적인 방향과 함께 구체적인 방법과 진행 등에 관해서도 나타낼 필요가 있다. 흰개미 등에 대한 방충대책, 방화설비·소화설비 등 방재시설의 정비에 관한 계획도 나타낸다.

주변 정비탐방로, 안내표지판, 식생·조경, 석축·배수로, 경계울타리 등**와 편의·부대시설**안내소·매표소, 전시관·야외전시물, 관리사무소, 화장실, 휴게 공간, 주차장 등**의 설치방안 등에 대한 사항을 작성한다**

| 안내·해설에 관한 계획 | 유적 및 유구의 규모·형태·성질 등에 관해 다양한 재료와 공법 등을 이용하여 물리적으로 표현하고, 문자와 도면·사진·영상·음성 등을 이용하여 해설을 보완하기 위한 시설이 필요하다. 유적의 성립배경을 포함하여 조사 성과 및 정비사업에 관한 전반적인 정보 등을 종합적으로 해설하는 안내판 또는 개개의 유구에 관한 조사 성과 및 표현 등의 정비에 관해 상세하게 해설하는 개별 안내판, 유구의 명칭만을 나타내는 표시판 등이 있다. 그 밖에도 최근에는 현지에서 영상 및 음성 등을 이용하여 정보를 제공하는 방법도 있다.

종합정비기본계획에서는 이러한 여러 시설에 관하여 전달해야 할 정보의 질과 양, 통일적인 규모와 형태를 나타내고 관람객을 적절히 유도하기 위해 유적 전체에 대한 안내시설을 배치하는 방침을

수립한다.

조경 및 식재에 관한 계획	사적 공간의 전체적인 조화를 도모하고 쾌적한 견학이 가능하도록 나무 그늘을 포함하는 수목의 적절한 식재가 필요하다. 기존의 수목 중에서 남겨야 할 것과 벌채해야 할 것을 선별하고, 식재해야 할 수목의 종류와 수량·위치 등에 관해 구체적으로 나타낸다. 식재 수종을 선택할 때는 가능하면 당시의 식생환경을 충분히 고려하고 재래종을 지향한다. 사적 주변 지역에 소음 및 조화롭지 못한 경관 등 쾌적한 관람을 저해하는 요인이 있을 때는 이를 완화할 목적으로 적절한 위치에 조경식재를 검토한다. 수목을 식재할 때는 나무뿌리가 유구에 악영향을 미치지 않도록 성토 두께를 조정하고, 수목의 성장을 충분히 고려하여 전체 수량과 식재 간격을 정한다. 식재 후 유적지에 계획한 조경환경을 구성하기 위해서는 상당한 시간이 필요하다는 것을 충분히 인지하여 종합정비기본계획을 수립한다.
편의시설에 관한 계획	관람객이 쾌적하게 사적을 견학할 수 있도록 최소한의 탐방로와 휴식시설, 화장실, 음수대, 벤치, 조명 등 각종 시설의 규모와 형태, 위치 등에 관해 정한다. 단 이러한 시설이 유구의 보존 및 유적의 역사적인 분위기에 악영향을 미치지 않도록 위치, 규모, 의장 등에 관해 신중하게 판단해야 한다. 경우에 따라서는 관련 시설을 지정지 밖에 집중시키고 내부에는 설치하지 않는 방법도 있다. 또한 정비 후 적절한 유지관리 및 공개·활용을 위해 방재 및 전기배선 등의 설비를 설치하는 경우에도 사적의 보존과 경관을 배려하여 계획해야 한다.
전시시설에 관한 계획	야외 유구의 전시 및 표현을 통해 사적에 대한 이해를 적극적으로 촉진할 목적으로 사적 주변에 전시관 등을 건설하는 경우에는 시설의 규모와 형태, 외관, 위치 등의 계획을 수립한다.

특히 유적의 야외 활용과 전시관의 실내 활용 등이 유기적으로 연계되도록 유적지 내 도로 및 진입로를 설정하고 유도 표식 등을 효과적으로 배치하는 등 유적지 내 도로정비에 관한 많은 연구가 필요하다. 활용계획을 수립할 때도 옥내시설과 옥외시설의 유기적인 연계가 가장 중요하다.

주변 지역 보전에 관한 계획

사적의 주변 지역은 대상 사적에 직·간접적으로 영향을 미치고 경관과도 중요한 연계성을 갖기 때문에, 사적의 보전 방향 및 목표에 관해 주변 지역까지 포함하여 구체적으로 나타내야 한다. 사적과 일체적인 보전이 필요한 구역을 특정하고, 구체적인 경관정비방법을 나타낸다.

필요에 따라 해당 구역을 보호구역으로 지정하는 등 사적과 일체가 되는 경관을 제어하는 방법도 생각해볼 수 있다. 이 방법을 사용하려면 해당 지구의 토지매입 등 시간적·경제적으로 여유가 필요한 경우가 많다. 따라서 사적의 주변부에 적절한 차폐식재를 하는 것과 같은 현실적인 방법과 함께 미래적인 대응방법까지 양면적인 방법을 제시하는 것이 필요하다.

소방방재시설소방시설, 감시시스템 및 도난방지시설**의 설치방안에 대하여 작성한다**

사적의 유형이나 정비 방향에 따라 도입되는 방재시스템에는 다양한 구성이 가능하며, 기본적으로 주변 또는 문화재와 어울리는 방향으로 설계되어야 한다. 사람이 화재를 알리는 경보기의 경우에는 눈에 잘 띄는 곳에 위치해야 하고, 사적 전체의 정비계획 안에서 화재 가능성이 높은 곳의 동선이나 경관 등을 고려한 소방계획을 수립하도록 한다. 주변 소방서나 경찰서 등과의 비상연락체제를 구축하는 것도 중요하다.

문화재의 활용방안관광·교육프로그램 및 스토리텔링 개발, 컨텐츠 구축, 전시 공간

이용 활성화 등 **및 홍보방안에 대하여 작성한다**

정비사업의 완료 후에는 다채로운 기획을 지속해나갈 필요가 있다. 다양한 가능성을 상정하고 실현 가능한 구체적인 활용방법을 포함해야 한다. 지자체에서 지역의 역사와 문화 교육 및 체험학습 등의 기획을 정기적으로 실시하거나 각종 기획사업 등에서 문화 활동의 장으로 활용할 수 있도록 지원하는 등 다양한 주체에 의해 다채로운 시도를 유도하는 시책이 필요하다.

사적정비의 기본계획을 수립하는 단계에서는 지역을 기준으로 주변 문화재와의 연관관계를 명확히 파악하고, 해당 사적을 중심으로 하는 포괄적인 정비활용방법을 제시한다. 해당 사적의 정비사업에 따른 주변 문화재의 활용방안에 관해서도 나타낼 필요가 있다.

해당 사적의 정비사업을 수립할 때부터 지역 내의 박물관 및 전시관 등과 같은 문화시설을 비롯하여 유적지 및 문화재를 포함한 주변 문화자원과의 유기적인 연계를 도모하는 것이 바람직하며, 구체적인 방법 등에 관해서도 제시한다.

사업 추진 및 관리운영 계획

정비사업의 추진 방향과 전략 및 체계에 대하여 작성한다

담당자를 포함한 정비체제를 제대로 갖출 필요가 있다. 정비체제가 확보되어 있지 않은 경우에는 실제 사업의 착수 및 이후의 원활한 사업 추진에 문제가 생길 수 있다는 인식을 가져야 한다.

사적의 면적이 대규모이고 다양한 구성요소가 결집되어 있을 경우에는 사업 기간도 오래 걸리므로, 각 관련 부서와의 협의 아래 정비조직을 설치할 필요가 있다.

사적정비에서는 주변 지역의 환경보전 및 지역 활성화에 관한 각종 정책과의 교통 연계, 관광과 관련된 업체 등과의 연대가 중요하다. 이를 위해 각 부서 간 긴밀한 의사소통과 충분한 협의가 이루어져야 한다.

특히 학교 교육과 연계된 사적의 방문, 지역 문화재 교육, 체험학습 등 교육적인 측면이 강조되는 만큼 해당 지역에 있는 교육기관과의 연대는 사적의 활용에서 아주 중요하다.

정비사업 개요, 사업 내용, 사업비 산출 및 사업성 검토 등에 대하여 작성한다

정비계획에 관해서는 현실적인 사업 내용에 기초하여 적절한 사업비를 산출해야 한다. 또한 중·장기계획에 필요한 경비도 기본계획의 수립 시에 대략적으로 산출해두는 것이 중요하다. 사업비의 산출은 중·장기적인 정비계획의 원만한 진행을 위해 필요하다.

관리운영계획에 대한 기본방향, 관리운영 주체 및 체계, 세부계획에 대하여 작성한다

기본계획에는 정비사업의 완료 후에 이어지는 순찰·점검·경미한 수리 등 사적의 관리 및 활용을 포함하여 전체적인 운영방법 등에 관해 구체적으로 나타낸다. 사적의 유지관리를 포함하여 전시관 및 체험학습시설 등의 관리와 운영을 담당하는 조직과 역할 및 운영체제 등을 구체적으로 나타내는 것도 필요하다.

공개방법은 범위 및 내용 등을 종합적으로 판단하여 선택한다. 정비된 시설 등의 관리 및 운영에 관해서는 일반적으로 관리단체인 지자체가 직영으로 시행하는 방식과 타 조직에게 위탁하는 방식 등이 있다. 이러한 수법의 선택에 관해서도 지방자치단체에서 충분한 검토를 거쳐 관리운영계획방침으로 나타낼 필요가 있다.

사적의 구성요소로서 역사적 건조물 및 구조물 등이 존재하는 경우에는 화재 등 재해 및 비상사태를 대비하여 사전에 관할 소방서와 협의를 구축해두는 등의 대책도 마련해야 한다.

관리운영인력 확보와 연차별 투자계획 및 재원조달방안에 대하여 작성한다

정비사업의 규모, 내용, 조건 등에 의해 각 사적의 정비 과정을 구현하기 위한 공정을 마련한다. 장기간에 걸친 정비사업이 예상되는 경우에는 전체계획 중에서 우선해야 할 일 및 기반을 구축하는 작업 등을 바탕으로 단기·중기·장기간의 계획을 구분해서 나타낼 필요가 있다.

미래상 및 기대 효과

학술적·사회문화적·경제적 측면 등에서 예측할 수 있는 사항을 작성한다
경제적인 효과, 지역문화의 중심지로서의 역할, 상징적인 위치 등 사적정비로 인해 기대되는 효과를 나타낸다.

문화재의 생애주기비용 및 편익을 분석하여 작성한다
비용 대비 편익효과를 경제적 관점에서 분석한다.

종합의견을 작성한다
전체적인 마스터플랜을 구성하고 그 안에서 지구를 구분하는 경우에는 유적 및 유구의 구성요소에 따른 배치 또는 분포 상황, 이와 긴밀히 관련되어 지정지 내에 소재하는 다양한 요소의 현황, 주변 지역에 관한 다양한 조건 등에 기초하여 공간을 구분한다. 그리고 각 공간의 특성에 따른 정비 활용의 기본적인 방향성과 목표, 구체적 수법에 관하여 명시한다.

특히 사적의 공간 배치와 각 공간이 가지는 역할 및 기능에 착안한 정비 활용의 구체적 수법에 관하여 알기 쉽게 작성한다. 필요에 따라서는 연차별 계획의 마스터플랜을 별도로 구성하여 정비사업의 진행에 따라 바뀌어가는 현황의 추이를 나타내는 것도 한 방법이다.

부록

학술조사보고서, 고증자료 및 자문 결과 등 정비계획 수립 과정에서 확보하거나 참고한 자료 목록을 작성한다
고문서나 그림 등의 문헌자료, 발굴조사보고서, 발굴 성과를 근간으로 한 학술대회 논문집, 자문회의 녹취록 등을 부록으로 첨부한다. 이와 관련된 자료는 별도로 제출한다.

문화재구역·보호구역의 토지조서필지별 지목, 지적면적, 지정 면적, 소유자 등를

첨부한다

문화재구역 표시 도면, 보호구역 표시 도면, 지정 면적 조서, 필지 지목, 소유자 등이 명기된 서류를 첨부한다.

Chapter 4.

설계와 시공 및 감리

4.1 설계

1 사적 정비에 따른 설계의 이해

설계는 정비하려는 해당 사적을 설계도서로 나타내는 것으로, 수리·지형조성·사적의 표현 등에 관해 사적 보존 및 활용과의 상관관계를 고려하면서 기술과 비용의 조건을 만족시키는 재료와 공법 등을 도면으로 나타낸다.

설계는 기본설계와 실시설계로 구분되는데, 사적의 보수정비에서는 기본설계를 생략하고 실시설계만 하는 경우도 있다. 이때도 기본설계 시 필요한 조사 등은 모두 실시하여야 한다.

기본설계에서는 발주자가 수립한 종합정비기본계획·발굴조사보고서·각종 고증자료 등을 조사하고 원형보존을 위해 발주자가 의도하는 목적사업지침에 따라 보수정비의 방향을 수립한 다음 개략적인 설계도서를 작성하고 공사비 등 기본적인 내용을 제시한다.

실시설계는 기본설계만으로는 이해하기 어려운 구체적인 부분을 기록해놓은 설계도서로, 설계설명서·공사시방서특기시방서 포함·설계도면상세도면 포함·원가계산서내역서, 일위대가, 수량산출서 등·예정공정표 등으로 구성된다.

설계도서는 〈문화재수리 등에 관한 법률〉 제14조에 따라 문화재실측설계업을 등록한 자가 작성하게 되어 있다. 설계도서에는 설계설명서, 공사방법·재료·공사 중 주의사항·예정공정표 등을 기술한 공사시방서, 현황 및 규격·시공방법 등을 그림으로 나타낸 각종 설계도면, 공사비를 알 수 있는 원가계산서 등이 포함된다.

2 설계 과정

사전에 사업계획을 수립한 후 설계를 할 수 있는 문화재수리실측업자와 계약을 체결하여 설계도서를 작성하게 한다. 지자체 또는 관리단체가 발주청이 되며, 입찰에 의해 설계업자가 선정된다.

이후 선정된 설계업자는 현장조사, 각종 문헌, 사진, 그림 등의 자료를 확보하여 발굴조사 관련 자료와 같이 검토하고 자문을 받아서 수정한다. 이 과정에서 제일 중요한 것은 발굴자료와 현장조사를 통해 수집하고 작성한 현장의 도면과 사진이며, 이를 토대로 대상 사적의 정비 도면이 작성된다. 작성된 도면은 지자체 또는 관리단체를 거쳐 문화재청의 검토를 받게 되며, 이때 승인허가된 도면이 실제 사적의 정비에서 사용하는 설계도서가 된다.

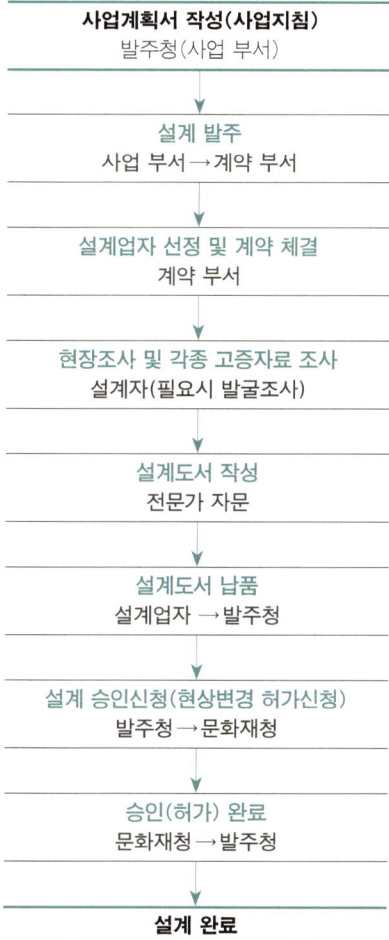

사적정비에 따른 설계 과정

3 설계도서 작성원칙

설계도서는 원형 고증에 충실해서 작성하여야 하고, 특히 사적정비를 할 때 현 지형은 가능한 한 변형되지 않도록 하면서 구조적으로 안전하게 설계해야 한다. 사적의 활용을 위해 설치하는 각종 편의시설은 유적 및 유구가 훼손되지 않는 한도 내에서 최소한으로 설치하도록 설계한다.

설계도서는 시공자가 그대로 시공할 수 있도록 상세하고 충실하게 작성해야 한다. 복원하려고 하는 구조물은 최대한 안전을 고려하여 설계하여야 한다. 그리고 장기간에 걸친 사적정비에서 사업의 범위 및 규모가 클 경우에는 설계가 담당하는 역할이 아주 중요하며, 정비의 대상이 되는 구역이 넓은 범위에 걸쳐지기 때문에 공사 종류 및 공구마다 개별 설계로 시행하는 경우도 있다.

이 경우에는 설계 내용에 충분히 유의하여 전체를 총괄적으로 파악하는 것이 중요하다. 도서 작성에서는 기본적인 원칙을 적용해야 하며, 〈문화재수리공사 설계도서 작성기준〉에 근거한 설계원칙을 준수할 필요가 있다.

〈문화재수리공사 설계도서 작성기준〉

1) 원래의 양식·형태를 변형시키지 않는다.
2) 원래의 사용 재료를 훼손시키지 않는다.
3) 전통기법으로 수리한다.
4) 유구의 보강, 재료의 대체가 허용되는 경우는 다음과 같다.
 -유적을 그대로 둘 경우, 붕괴·소멸되어 유구의 보강이나 새로운 재료의 사용이 불가피한 경우
 -유구 보강 없이는 위험을 피할 수 없는 경우
 -유구 노출 등의 유구 정비기법을 사용하기 위해 보존과학적 처리가 필요한 경우
5) 유적이 지닌 특성을 간직한 채 전체적으로 조화가 유지되도록 하여야 한다.
6) 정비대상물은 정비하기 전과 수리 후의 상태에 관한 상세한 기록을 작성하고 정비 절차와 처리방법 등 정비 내용을 구체적으로 기록하여 보고서로 남긴다.
7) 유적의 정비 내용을 모두 기록 보존하고, 유적·유구를 파손하나 변형하지 않도록 한다.
8) 정비는 유구의 보존을 최우선으로 하며, 필요불가결한 경우에 최소한으로 한다.
9) 모든 수리는 원형보존의 원칙을 준수하되 구조적으로 안전하게 해야 한다.

4 설계도서 작성

설계에서는 사업 주체가 되는 지자체가 공사를 발주하고 도급받은 시공업자가 해당 공사를 정밀히 시공할 수 있도록 설계도서를 정리하는 것이 가장 중요하다.

이를 위해 설계자는 발주자의 과업지시서 및 사업지침 등을 정확히 숙지한 후 각종 자료 정비기본계획, 발굴조사보고서, 각종 고증자료 및 현장조사와 측량을 참고로 세부적인 정비 방향 및 방법 등을 정해서 설계도서를 작성하여야 한다. 사적정비에 관한 타 법령도 검토하여 법에 위배되지 않도록 해야 한다.

설계도서에는 설계설명서, 예정공정표, 공종별 수리시방서, 각종 설계도면, 원가계산서 등을 포함한다.

조사 설계를 위해 필요한 조사사항은 다음과 같다.

측량 설계에 필요한 도면의 축척은 유적의 규모·형태·성격에 따라 달라진다. 전체 평면도의 경우에는 일반적으로 1/300~1/1500, 종단면도 및 횡단면도의 경우에는 1/200 정도이다. 따라서 실시설계에서는 도면 작성을 위한 측량이 필요하다.

유적 및 유구가 주로 지하에 매장되어 있는 사적의 정비사업에서는 우선 전체 지형의 조성이 필요하기 때문에 평판측량 및 10미터 간격으로 된 방형구획의 측량선에 기초한 교차점 및 지형전환점에 관해 측량하고 평면도를 작성해야 한다.

또한 성벽을 수리할 때는 측량에 의한 평면도·단면도·입면도의 작성을 중심으로 하고, 일정 구간의 단면도 작성을 위해 실측을 병용할 필요가 있다. 역사적 건조물 등의 경우에도 실측이 필요하지만, 발판 등의 가설이 필요한 경우에는 미리 약실측에 기초하여 설계한 다음 본격적인 시공을 할 때 발판을 가설하고 정밀실측을 해서 설계를 변경하는 경우도 있다.

| 지반조사 | 실시설계에 선행하여 시공의 재료 및 공법을 검토하고 안전성을 확보하기 위해 지반조사가 필요한 경우가 있다. 예를 들어 역사적 건조물 등의 해체 수리를 시작으로 건조물 및 구조물 등을 복원전시하는 경우에는, 지반의 안정성을 확인하기 위한 보링조사 외에 지반의 강도를 파악하는 표준관입시험과 평판재하시험 등을 실시하기도 한다. 그 밖에 경사면의 안정도 해석에 관한 각종 조사가 필요한 경우도 있다. |

| 공법시험 조사 | 연약 유구에 관하여 보존처리가 필요하거나 보호각 내부에 유구를 노출전시하는 경우에는, 보존처리에 사용하는 재료 및 공법 등에 관해 사전에 시험조사를 실시하고 비교 검토한 결과 가장 적절한 재료 및 공법에 기초하여 설계한다. |

| 사료조사 | 설계에서는 기본적으로 문헌, 고지도, 회화를 통해 사적의 전반적인 성격을 파악하는 것이 중요하다. 사적이 가진 인문사회적 성격을 규명하고 발굴조사의 성과와 일체적으로 검토함으로써 정비 또는 복원의 근거를 갖출 수 있기 때문이다.

특히 건조물 및 구조물의 정비와 복원에 관해서는 반드시 고증을 제시할 필요가 있으며, 일정 기간의 연구를 통해 지역의 특성을 살릴 수 있도록 한다. |

| 발굴조사 | 설계를 위해 실시하는 발굴조사는 유적 및 유구의 노출전시가 예정되어 있는 구역 등을 대상으로 하고, 기존에 실시한 발굴조사와 비교하여 조사구역을 더욱 한정한다. 특히 복원전시를 시행하는 건조물 및 구조물 등의 발굴조사에서는 세부 마감 및 구조에 관해 상세하게 기록할 필요가 있다. |

| 역사적 건조물·구조물 | 부재의 열화 및 풍화, 훼손 상황을 확실히 파악하기 위해 해당 사적에 대한 보존과학적 조사나 계측을 실시하여 도면에 나타낸다. 또한

등의 수리를 위한 조사	고분의 석실 및 성곽의 체성부 등에 헐거움 및 배부름이 나타나거나 석재에 갈라짐 등이 생기는 경우에는, 변이를 측정하고 그 성과에 기초하여 해체 수리의 설계도서를 작성해야 한다.
유적 및 유구의 보존환경에 관한 조사	고분의 매장주체부나 마애불 및 벽화 등을 가진 유적 및 유구에 관해서는 지질·수질·수계·온습도 등 보존환경에 대해 조사한 결과를 설계에 반영한다.
검토사항	설계는 크게 계획 대상 구역의 전체 지역에 이르는 것과 구역 또는 개별 시설 등에 관한 것으로 나눌 수 있다. 전자는 사업 대상 부지 전체의 대지조성 및 부지 내 건축물 등의 시설 배치와 마감 등을 조정하기 위해 작성한다. 후자는 대상 유적 및 유구의 표현을 위한 정비기법이나 개별 시설 중 건조물 및 구조물 등의 복원전시 또는 전시시설 등의 건축물을 대상으로 내부의 규모 설정 및 외관 등의 건축계획을 수립하기 위해 작성한다. 두 가지 방법을 조화롭게 구성하면서 기본설계를 진행하고, 사업의 진전에 따라 연차에 맞는 공구를 정하여 실시설계로 이행한다. 두 가지 관점에서의 설계가 기본적으로 지하 유구의 보존을 전제로 한다는 것은 말할 필요도 없다. 후자에 속하는 것 중에서 건조물 및 구조물 등의 복원전시를 하는 경우에는 신뢰성이 높은 정비를 위해 복원의 근거를 명확히 파악해둘 필요가 있다.
전체설계 시 검토사항	정비계획 대상 전반에 관한 사항으로는 정비 대상지의 조성, 우·배수 계획, 유적 및 유구의 전시와 표현을 위한 시설, 사적 내 탐방로 등의 배치, 사적 주변의 전시관 배치 등이 있다. 정비계획 대상 구역 전체를 평면도로 나타내고, 필요에 따라 단면도나 입면도 등으로 구조 및 외관의 의장 등을 나타낸다. 전체설계 시 기본적으로 검토해야 할 사항은 대체로 다음과 같다.

| 정비 | 사적정비에 따른 대지조성에서 가장 유의해야 할 것은 유적 및 유구
| 대상지의 | 면의 보존을 위해 최소한으로 필요한 두께만큼 피복토를 시공하는
| 대지조성 | 일이다. 피복토의 두께는 유구면의 토질을 시작으로 설치하는 우·
| 검토 | 배수시설 등의 구조물이나 복원전시하는 건조물 및 구조물 등의 기초구조에 따라 다르다. 대략 50~100센티미터 정도이며, 그 이상으로 복토되는 경우도 있다.

두 번째로 유적 및 유구의 확실한 보존을 위해서는 성토를 기본으로 하는 지형조성이 적당하지만, 공사의 효율성을 고려하여 알맞은 성토와 절토의 병행을 검토할 필요가 있다. 단 절토를 시행하는 곳에는 사전에 발굴조사를 해야 하며, 절토의 여부 및 범위에 관해서도 충분한 검토가 필요하다.

세 번째로 유적 및 유구면의 지표로부터 상정되는 당시 지형의 복원적인 조성을 기본으로 해야 한다. 당시 지형의 지표를 계산해내고 그 위에 평균적인 두께의 피복토를 산정하여 지형을 조성한다. 이 경우 유적 및 유구면과 복토되는 조성면의 높이는 앞에서 서술한 대로 상황에 따라 50~100센티미터 정도 차이가 나도록 성토 두께를 조정하는 것이 적당하다.

네 번째로 주변의 지형 및 탐방로 등의 시설과 조화된 지형을 조성하고, 대상 부지 내 우수와 배수를 검토하며, 우·배수시설 및 조명시설 등의 관로 매설을 위해 필요한 성토 두께까지 충분히 배려하도록 한다.

정비 대상지 전역의 대지조성에 관해서는 전체 평면도에 등고선을 표기하고 적절한 종단면도 및 횡단면도를 병용하여 성토와 절토를 나타낸다.

| 토지이용 | 유적 및 유구의 보존을 위해 정비계획 대상지와 주변의 지형·지질·수
| 계획의 검토 | 계 등과 유구의 관계를 도면으로 상세하게 나타낼 필요가 있다. 또한 우·배수시설 및 조명시설 등의 설치와 전시시설 등의 건설을 위해 연계되는 전기 및 상하수도 등의 설비 상황을 파악할 필요가 있다.

우·배수시설의 검토	지형조성에 따른 적절한 위치에 배수로, 암거 등의 효율적인 배수시설을 설치하는 것이 중요하다. 전체 평면도에 관련 시설의 위치 및 배치를 나타내며, 필요에 따라 배수체계 및 계통도와 시설의 표준단면도 등을 작성한다. 소화시설과 연계되는 급수시설, 전기배선 등의 관로에 관해서도 전체 평면도에 위치를 나타낸다.
조경식재의 검토	완충구역을 설정하거나 외부로부터의 영향을 최소화하기 위하여 조성되는 조경인지 아니면 사적의 옛 모습을 복원적으로 구성하기 위한 조경인지를 구별할 필요가 있으며, 식재되는 수종과 위치를 전체 평면상에 나타낸다. 수종 선택에 관한 방법으로는 화분분석에 의한 원 식생의 복원적 식재가 있으며, 기본적으로는 전통 수종으로 식재하는 방안을 검토해야 한다.
편의시설과 관리시설 등의 검토	벤치 및 정자 등의 휴게시설, 사적 내 탐방로 및 안내판 등의 안내시설, 담장 등의 관리시설에 관해 전체 평면상에 위치를 나타낸다. 단면도 및 입면도 등 상세도를 통해 규모나 형태 등을 나타낸다.
수리 대상의 건조물 및 구조물 등의 현황	기본계획 단계에 실시한 유적 및 유구나 역사적 건조물 또는 구조물에서 열화 및 풍화, 파손된 곳의 현황을 파악할 필요가 있다. 훼손 원인에 관한 조사 및 분석 결과와 함께 수리에 관한 공법시험조사를 실시할 경우에는 그 성과를 정리하여 설계에 반영시킬 필요가 있다.
유적 및 유구의 표현에 필요한 정보 수집	유적 및 유구의 표현기법을 정하기 위해 성격·규모·형태·성질 등 상세한 정보를 수집한다. 발굴조사의 성과를 정리하고 유적 및 유구의 표현에서 그 가치를 잘 드러내기에 적절한 기법인지를 확인하며, 정보가 더 필요할 경우에는 발굴조사를 추가적으로 실시하는 방안도 검토한다. 건조물 및 구조물 등의 복원전시를 하는 경우에는 해당 유적 및 유구에 직접 관계되는 문헌, 그림, 지도, 옛 사진 등과 같은 시대에

	속하고 같은 지역에 소재하는 유적 및 유구에 관한 참고자료 등 복원의 근거가 되는 정보를 수집할 필요가 있다.
개별 시설 설계 시 검토사항 수리	유구나 역사적 건조물 및 구조물 등에서 열화 및 풍화, 훼손되거나 그럴 가능성이 큰 것에 관해 원인을 제거하기 위한 기술적 수법을 시방서와 도면으로 나타낸다. 기본설계 전에 열화 및 풍화, 파손의 원인을 알아내기 위해 실시한 조사나 대응방법에 관한 공법시험조사 등의 결과를 전제로 한다. 기본설계에서는 가장 적절하다고 생각되는 재료 및 공법을 나타낸다.
유적 및 유구의 전시 및 표현을 위한 시설	유적 및 유구의 노출전시를 위한 보호각에 관해서는 전체 평면도에 위치를 나타내며, 보호각과 유적 및 유구의 관계 및 외관 등을 나타내기 위해 평면도·단면도·입면도·상세도를 작성할 필요가 있다. 각종 재료를 이용하여 유적 및 유구를 표현하기 위한 시설에 관해서도 전체 평면도에 위치를 나타내면서 단면도 등을 통해 구조를 나타낸다.
복원	건조물 및 구조물 등의 복원전시에 관해서는 평면도·단면도·입면도를 작성해야 하고, 의장·재료·구조 등을 나타내는 상세도도 필요하다. 이때 지하 유구 및 문헌, 그림, 지도, 옛 사진 등을 포함해 같은 시대에 속하고 같은 지역에 소재하는 참고자료나 지하 유구에 관한 자료 등 복원의 근거가 되는 정보에 관해 신중한 검토가 필요하다.
전시관 등 신축건물의 건축계획	사적의 보존과 활용에 관련된 전시관 등을 주변에 건설하는 경우에는 부지에 시설의 배치를 나타낸 평면도 등과 시설의 외관 및 내부의 규모 등 건축계획을 나타낸 평면도, 단면도, 입면도를 작성한다. 또한 내부의 유물 목록, 전시계획 등에 관해서도 도면 및 도표로 나타낸다.
내역 산출	설계도와 시방서의 내용에 기초하여 공종별로 필요한 내역을 산출

| 설계 | 설계도서 작성 | 131 |

한다. 기본계획 단계에서 사업경비의 산출은 어디까지나 개략적이지만, 계획의 수립 단계와 비교하면 보다 상세한 도면에 기초하기 때문에 정밀한 내역의 산출이 요구된다. 원가계산서에는 공사비뿐만 아니라 경비를 포함한다.

연차계획의 수립

산출한 사업경비에 기초하여 정비사업의 상세한 연차계획을 수립한다. 연차계획을 수립할 때는 현지의 시공조건 등을 고려하고 정비공사를 원활히 진행하는 데 필요한 공구 및 공종 등에 관해 검토한다.

그 밖의 검토사항

공사의 원활한 진행에 필요한 아래의 사항에 관하여 설계 단계부터 정보를 수집하기 위해 노력한다.

법규 검토

설계도서의 작성 과정에서는 공사의 실시를 위한 각종 법령에 기초하여 인허가신청에 관한 사무를 확실히 해결해둘 필요가 있다. 예를 들어 전시관 및 체험학습시설 등 건축물의 건설에 관해서는 〈건축기준법〉에 기초한 신청이 필요하다.

또한 유적 및 유구에서 건조물 및 구조물 등 복원전시시설 건설에 관해서는, 규모 및 내부 활용방침 등에 의해 특정 행정관청이 일반 건축의 적용 외로 취급하거나 일반 건축물과 같은 취급이 필요하다고 판단하는 두 가지 경우가 있기 때문에 주의할 필요가 있다.

따라서 설계에 들어가기 전에 관련 법규의 적용방침에 대해 관련 행정기관과 충분한 검토와 협의·조정을 거치는 것이 필요하다. 또한 〈건축기준법〉 외에도 〈소방법〉, 〈고도보존법〉 등 다양한 관련 법규가 있으므로 빠짐없이 점검해야 한다.

인허가 관련 업무

토지의 소유자 또는 관리단체인 지자체가 해당 사적의 정비사업을 실시하는 경우에는 문화재청장에 사전 현상변경 등의 허가를 신청해야 한다. 설계 단계에서 정비사업의 내용이 확정되어 있는 경우에는 설계도서에 기초하여 자료를 작성한 후에 연차별 정비사업 전체에 관해 현상변경 등의 허가신청을 하는 것이 바람직하다. 단, 설계 단계 또는 연차 사업기간 도중에 정비사업의 내용을 변경해야 하는 경우에는 허가변경을 신청해야 한다.

설계도서의
구성과
내용

설계도평면도, 단면도, 입면도 등 및 공사에 필요한 설계설명서, 시방서, 내역서, 연차공정표, 경비 등을 정리한 설계도서의 작성이 필요하다. 그 안에는 기본계획을 수립한 이후에 실시한 발굴조사를 비롯하여 각종 조사 결과와 정비사업에 필요한 각종 검토사항, 복원 등의 근거에 관해 정리한 자료 등이 포함된다.

　　설계도서는 다음과 같이 설계도, 설계설명서, 시방서, 일반시방서, 특기시방서, 내역서, 일위대가표, 재료단가 조사표, 공사수량산출조서 등으로 구성된다. 특수한 공법을 사용하는 경우에는 이에 관한 설명서 또는 특기시방서를 첨부할 필요가 있다.

설계도

앞에서도 서술한 것처럼 정비의 대상으로 하는 범위의 면적과 내용에 따라 다르지만, 전체 평면도는 대체로 축척 1/300~1/500 정도로 구성되고 종단면도 및 횡단면도는 축척 1/200 정도의 도면으로 작성된다. 이는 절대적인 축척은 아니며, 대상 사적의 설계 필요성에 따라 나타내려고 하는 대상물을 알기 쉽게 보여주는 축척으로 구성할 수 있다. 시설 및 설비 등에 관해서는 성격에 따라 배치도, 상세도, 구조도 등을 적절한 축척의 평면도, 단면도, 입면도, 전개도 등으로 나타내고 작성자를 명기하도록 한다.

　　기본적으로 설계도면은 캐드 도면으로 작성하는 것이 원칙이며, 부득이한 경우에는 수작업을 할 수 있다. 또한 설계도는 현황과 보수계획 도면으로 각각 작성해야 하며, 현황 실측조사를 근거로 하여야 한다. 배치도는 주변 현황과의 관계를 종합적으로 측량하여 작성한다. 설계도서의 구성은 다음과 같다.

도면 표지

도면 표지는 각 설계도서의 표지를 구성하는 것으로, 설계 프로젝트

명·공종별 분류·제출일·사무소명 등의 내용을 표현한다.

도면목록표　　도면목록표에는 도면의 편집 순서와 도면번호, 도면명, 축척 등을 공사분류별 항목 순서 및 도면번호순으로 표기한다. 공사분류 및 항목과 항목 사이에는 추가 기입을 위해 충분한 여유 공간을 둔다.
　　　　　　　　내용을 일부 변경할 경우에는 비고란에 변경한 날짜를 기입하며, 목록표 작성 후에는 도면번호·도면명·축척의 일치 여부와 도면 매수를 확인하는 것이 중요하다.

설계 개요 및　설계 개요에는 대지 조건, 법적 요건, 건물의 규모와 시스템 등 계획
구축도　　　　전반에 관해 설명하는 내용이 들어간다. 기본적으로 표준양식을 사용하며, 프로젝트에 따라서 일부 항목과 내용을 변경할 수 있다.

구적도. 구적표　구적도와 구적표는 대지 면적이 토지대장상의 면적과 일치하는가를 확인하는 도면으로, 구적방법은 대지를 삼각형으로 세분하여 산출하는 것이 원칙이다.

위치도　　　　위치도는 계획대지의 전반에 관해 설명하는 도면이다. 대지 위치 및 방위를 정확히 표현하고, 주변 상황 및 지형지물을 알기 쉽게 표현한다.

배치도　　　　배치도는 대상 사적의 크기에 따라 축척 1/25000~1/500 등으로 구성한다. 주변과 해당 대지, 해당 대지와 유적 및 유구, 건조물 등의 관계를 표현하는 도면이다.

면적 산출표　 설계 대상이 되는 대지의 면적을 각각 나타내고 이를 다시 합산하여 나타낸다.

평면도	평면도는 해당 층 바닥에서부터 1.5미터 높이에서 아래를 내려다본 상태를 표현한 도면으로, 평면의 구획·재료의 구성 상태·개구부 등의 관련 사항을 표현한다. 세부 표현이 필요한 부분은 확대 평면도를 작성하여 나타낸다. 　　축척은 대상의 크기에 따라 적절한 것을 선택하여 사용한다. 확대 평면 상세가 그려진 부분은 가급적 간략하게 표기하며, 치수도 중요한 것만 표기한다. 공사의 내용에 따라 명확히 구분해주어야 하며, 각종 설비기기를 표시할 경우에는 점선으로 형태를 나타낸다.
단면도	단면도는 대상물의 전체 단면 상황을 검토하는 도면으로, 마감 레벨 및 지반 레벨과의 관계나 기존 유적 및 유구와 정비되는 면 등의 관계를 알 수 있게 표현한다. 또한 그 사이에 충진재와 보완재 등을 표시하여 단면으로 확인 가능한 재료를 나타내는 것도 중요하다. 　　기본적으로 평면도와 동일한 축척을 사용하는 것을 원칙으로 하고, 그 내용이 평면과 부합되도록 한다. 키맵을 작성하여 평면의 어느 위치인지도 표시한다.
입면도	입면도는 대상물의 전체 높이, 바닥 마감선과 상부의 위치 현황, 모양 및 형태 등의 정보를 제공하는 도면이다. 기본적으로 축척은 평면도와 같은 기준으로 작성하며, 대상물의 입지에 따라서 정면도·배면도·좌측면도·우측면도 또는 동측면도·서측면도·남측면도·북측면도로 표기하고 키맵을 작성하여 방향을 나타낸다. 그리고 통상 상부에는 현황, 하부에는 계획을 표기하여 통일하고 바닥 마감선을 반드시 표기하여 입·단면도와 비교할 수 있게 한다. 외부 마감은 정확히 표기하고 명확히 구분한다. 또한 특별한 경우를 제외하고는 인물과 수목 등은 표시하지 않는다.
기타 상세도	그 밖에 기본적인 도면에서 나타내지 못한 것은 별도로 상세도를 작성하여 지금까지 표현하지 못한 부분을 더 상세하게 보여준다. 기본

적으로 축척은 표현하기 적절한 것을 임의로 선택하고, 서로 유사한 상세는 같은 도면명 내 또는 인접한 곳에 배치한다.

설계설명서와 내역서
공종마다 필요한 재료 및 공사에 필요한 수량을 계산하고 공사비를 적산한다. 수량에 관해서는 계산의 근거를 명확히 나타낼 것이 요구된다. 특히 다른 토목공사 등에서 볼 수 없는 특수한 공종이 포함되는 경우에는, 과거에 실시되었던 다른 사례를 참고하는 등 여러 전문업자에게 의뢰한 참고 견적을 비교 검토하거나 시험 시공의 성과에 기초하여 작업 과정을 작성하는 등 정당한 근거에 기초한 실시설계를 내용으로 하는 것이 중요하다.

설계설명서
설계의 목적과 범위 등 설계에 따른 과정과 관련 분석 내용, 각 단계별 계획을 도면·사진·문자를 통해 알기 쉽게 설명해놓은 것이다. 설계에 따른 공정표를 첨부하기도 한다.

내역서
공사량과 공사단가 및 공사금액이 명시된 공사내역서로, 원가계산서 총괄 내역·부문별 내역·일위대가·부표·수량산출조서 등으로 구성한다.

① 일위대가: 단가 인용 근거자료를 명시한다(예: 가격정보 ○쪽, 견적서 등).
② 부표: 자재 구입 지역을 현실적으로 조사하여 적용한다.
③ 수량산출조서: 각 공종별 또는 공사부위별 공종에 관한 수량을 나타내고, 여기에 공사비의 일위대가와 품셈을 적용하여 공사비를 적산하기 위해 작성한다.

통상 앞장에는 전체 수량을 전반적으로 살펴볼 수 있는 기본산출서가 있고, 수량산출서와 각 공종별 산출서 등으로 구성된다. 공사 내용에 따른 산출방법에 관해서는 필요시 부위별 도면을 표기하여 알기 쉽게 작성한다.

현황 사진
사진첩의 각 사진은 설명을 기입하여 편집해야 하며, 전체 현황 사진·근경·근접 사진과 함께 정비 대상에서 수리 및 정비되는 부위별로 사진을 구성한다 필요시 연결 사진을 촬영하여 작성한다. 또한 필요에 따라 슬라이드 및 사진을 함께 제출한다.

시방서 《문화재수리표준시방서》문화재청, 2005의 내용을 기본으로 하지만, 각 공사의 내용에 따라 개별적인 시방서를 작성해야 한다. 사적정비공사에 관해서는《문화재수리표준시방서》에서 다루지 않기 때문에 설계자가 개별적으로 설계 또는 시공 내용에 따라 작성해야 한다.

일반시방서 사적정비의 시방 내용을 개략적으로 정리해보면 다음과 같다.

1) 당해 정비목적물의 연혁, 현황, 정비, 수리 실적 등을 기술한다.
2) 정비 대상에 대한 원인과 정비방안, 고증조사 내용을 항목별로 기술한다.
3) 정비 대상이 있는 주변의 현황 전체 영역을 조사하여 기술한다.
4) 당해 공사가 문화재의 성격과 가치 보존이 충족되도록 표준시방서를 기본으로 공사 성격에 맞게 작성한다.
5) 당해 문화재수리에 적용하는 해당 기준에 적합한 자재의 성능, 규격, 시험, 검사 등에 관한 사항을 포함하여 기술한다.
6) 해당 공종과 관련되는 다른 공종과의 관계 및 공사 전반에 관한 주의사항과 절차를 포함하여 기술한다.
7) 설계도면에 표시할 수 없는 공사의 범위, 정도, 과정, 규모, 배치 등을 보완하는 사항을 포함하여 기술한다.
8) 필요시 표준 시공에 관한 사항을 포함하여 기술한다.
9) 도면에 표시하기 불편한 내용이나 표기했더라도 강조할 내용을 기술한다.
10) 시공 시 유의사항을 착공 전, 시공 중, 시공 완료 후 등으로 구분하여 작성한다.
11) 치수는 가능한 한 도면에 기입한다.
12) 표준규격 인용 시에는 국내규격 KS 등을 인용하고, 그 규격이 없을 경우에는 성능시방서 형태로 기술한다.
13) 설계도면과 상충되지 않도록 작성하며, 시설물별 시공기준 인용 시 중복 또는 상충되는 내용이 없도록 기술한다.
14) 상호 관련되는 기계, 전기, 통신설비 등은 대상 시설물 및 주변 여건 등을 검토한 후 도면에 근거하여 작성한다.

특기시방서	도면에는 표현할 수 없는 재료 및 공법에 관한 사양을 비롯해서 공사를 진행하는 데 필요한 유의사항 등을 모식도 등을 포함하여 상세하게 나타낸 문서이다. 특히 공사 중에 발견된 유구 및 출토 유물의 보존방법을 포함하여 특수한 재료 및 설비 등을 취급하는 경우에는 사적의 보존에 관해 유의해야 할 사항 등을 특기시방서에 명기해두는 것이 중요하다.
공법설명서	공사에서 특수한 공법을 사용할 필요가 있을 때 상세한 내용을 공사 관계자에게 주지시키기 위해 작성하는 문서이다. 공법의 특수한 성질과 유적 및 유구 보존의 관계에 대해 알기 쉽게 나타내는 것이 중요하다.
그 밖의 사항	전시관 등의 건축물뿐만 아니라 건조물 및 구조물 등 복원전시시설의 안전성을 검토하기 위한 구조계산서 그리고 경사면의 안정에 관한 계산서 및 옹벽 등 방재시설의 구조계산서, 설비에 사용되는 전기 및 수도 등의 용량계산서 등이 필요한 경우도 있다.

4.2 시공

1 사적정비에 따른 시공의 이해

시공이란 실시설계에 나타낸 내용을 실제 공사를 통해 구현하는 것으로, 여기에서는 사적정비의 시공에 관해 기술한다. 다만 일반 시공 및 감리와 달리 사적의 정비를 주요 대상으로 하고 있기 때문에 일반 시공과는 일부 다른 내용이 있다는 점을 예시해둔다. 이에 따라 일반적인 건축·토목의 시공에서는 최신 건축·토목 공사 표준시방서의 공사 내용을 참고하며, 문화재 시공에서는 《문화재수리표준시방서》의 내용을 같이 참조한다.

또한 사적에 따른 특수한 상황 및 다양성으로 인해 표준적인 정비의 시방에 관해 기술하기 어려운 점이 있으므로, 사적정비 시공·감리에서 유의해야 할 점을 중심으로 해설하기로 한다.

2 사적정비에 따른 시공

사적의 정비에서 시공은 일반 건축이나 토목 시공과는 달리 유적 및 유구의 보존이라는 절대적인 과제를 가진다. 보존을 전제로 지하에 매장되어 있는 유적 및 유구 또는 지상에 노출되는 건조물 및 구조물이 가진 가치를 알기 쉽게 전달하기 위해 다양한 건축·토목적인 기술을 이용하여 기법을 구현해낸다.

또한 사적 내 역사적 건조물 또는 석조물이 존재한다든가 개별 문화재에 대한 보존조치와 발굴조사 등 다양한 형태의 조치가 필요한 경우가 있으며, 배수시설이나 시설물 등의 설치가 병행되므로 유구의 보존에 항상 유의하여야 한다.

이렇게 사적정비에서 시공은 지하 유구와 지상의 건조물 및 구조물을 보존하면서 유적 및 유구를 표현하거나 전시·편의시설 등을 설치해야 하므로 일반 공사와는 다른 어려움이 있다. 게다가 공사 중에 유적 및 유구가 발견될 경우를 대비하여 충분한 준비가 필요하며, 공사 중지·발견신고·보호조치·설계변경 등을 충분히 인지하면서 공사를 진행할 필요가 있다.

시공자의 기본임무
문화재수리업자는 공사계약문서에서 정하는 바에 따라 현장작업과 시공방법에 대해 전적인 책임을 지고 신의와 성실의 원칙에 입각하여 시공하고 정해진 기간 내에 완성하여야 한다. 감리원으로부터 재시공·공사 중지 명령·기타 필요한 조치에 대한 지시를 받을 때는 특별한 사유가 없는 한 응하여야 하며, 발주기관과의 공사계약문서에서 정하는 바에 따라 감리원의 업무에 적극 협조하는 것이 기본이다.

특히 목조건조물의 전통적 공법에 관한 공종 외에 목조 또는 석조의 유구, 흙으로 구성된 연약한 유구면의 보존처리 또는 유구 및 출토 유물의 야외전시에 관한 모형 작성 등 아주 높은 기술이나 전문성이 필요한 특수 공종을 발주할 때는 전문적인 문화재수리업자 중에서 가장 적절한 인물을 선택하는 것이 중요하다.

그 밖에 일반적인 토목·건축공사를 주체로 하는 정비공사에서도 같은 종류의 경험이 풍부한 수리업자 및 샘플 시공 등 기술연구를 실시할 수 있는 수리업자에게 의뢰하는 것이 바람직한 경우가 있기 때문에 수리업자의 선정에는 신중한 판단이 필요하다.

단 수리업자가 사적의 정비공사에 익숙하지 않은 경우에는 지자체의 담당 감독관이 공사의 특수성에 관해 수리업자와 충분한 의사소통을 하고 시공 내용을 점검하여 만일의 경우에 적절히 대응할 수 있도록 체제를 정비해야 한다.

사전 절차
사적의 정비 시공에 앞서 시행되는 내용을 정리하면 다음과 같다.

공사 계약
〈국가를 당사자로 하는 계약에 관한 법률國家契約法〉에 따르면, 일반적으로 계약이란 '법률상 일정한 효과의 발생을 목적으로 복수당사자

사이에 서로 반대되는 의사표시의 합치에 의하여 성립되는 법률 행위'를 말한다. 수의계약 및 지명경쟁입찰 집행 사유 부정당업자의 입찰 참가 자격 제한 등 일부 규정을 제외하고는 대부분 국가계약법령에서 정한 내용을 그대로 따르거나 준용할 것을 명시하고 있으므로, 입찰 및 계약업무는 사실상 국가계약법령 등에 의한다고 볼 수 있다.

계약제도는 시공방식이나 선정방법이 다양하지만, 사적정비공사는 발주자가 국가이거나 지방자치단체이므로 국가계약법령에 정해진 전자입찰방식에 따라 신청하고 낙찰받은 업자가 자신이 입찰한 공사비용 내에서 일식도급형태로 공사를 실시한다.

시공방식   공사 발주와 관련해서 설계도서가 완료된 후 건설공사에 착수하고자 할 때는 시공도급계약방식 또는 직영방식을 따르지만, 사적의 정비같이 지자체 또는 문화재청의 보조금에 의한 정비사업은 통상 도급계약방식을 따른다. 도급계약의 종류로는 일식도급계약·분할도급계약·공동도급계약이 있으며, 사적정비사업의 시공방식에서는 대부분 일식도급계약의 형태를 취하고 있다.

도급업자의 선정방법   도급업자의 선정방법에는 일반공개입찰·지명경쟁입찰·특명입찰 등이 있으며, 정부에서 진행하는 공사는 대부분 일반공개입찰의 형태로 시공업자를 선택한다.

시공 순서   사적정비의 시공에는 다양한 입지와 환경조건이 수반되므로 시공 순서도 다양하지만, 일반적인 순서를 살펴보면 ① 공사 착공 준비, ② 가설공사, ③ 지정 및 기초공사, ④ 배수공사, ⑤ 토공사, ⑥ 유적·유구공사, ⑦ 포장공사, ⑧ 조경, ⑨ 마무리공사 등으로 정리할 수 있다. 가설공사는 공사 시작부터 완료 시까지 계속되며 각 공사에 수반된다. 이 밖에도 부대설비, 담장공사, 청소까지 포함된다. 사적정비에 관한 시공은 개별 공사의 유형에 따라 달라지므로《문화재수리표준시방서》의 내용을 참조한다.

예정공정표

구분			착수일로부터	1월			2월			3월			4월			5월			6월			7월			8월			계	비고
공사명	공종		세부항목	10	20	30	10	20	30	10	20	30	10	20	30	10	20	30	10	20	30	10	20	30	10	20	30		
1. 건축·토목 공사			현장사무실 및 가설물 설치	━━	━━	━━	━━	━━	━━	━━	━━	━━	━━	━━	━━	━━	━━	━━	━━	━━	━━	━━	━━	━━	━━	━━	━━	━━	━━		
			시공 측량 및 자재 준비	━━	━━	━━																									
	토공		사적 및 주변 정비			━━	━━	━━	━━																						
			유구 보존지역 정비				━━	━━	━━																						
			휴게지역 정비						━━	━━																					
	구조물공		중심곽 지역 배수설비							━━	━━	━━	━━	━━	━━																
			사지 주변 배수시설								━━	━━	━━	━━	━━	━━	━━	━━													
			오수관 매설													━━	━━	━━	━━												
			순환로 및 관람로 등 포장																━━	━━	━━	━━									
			사지 경계시설																			━━	━━								
	유구터 정비		유구 드잡이 건물터, 배수시설 등							━━	━━	━━	━━	━━	━━	━━	━━	━━	━━	━━	━━	━━	━━	━━							
			석재 이설 매립, 드잡이, 전시		━━	━━	━━	━━															━━	━━	━━	━━					
			전시물 석재 설치													━━	━━	━━	━━												
			안내, 인제책, 건물터 통과시설 등																━━	━━	━━	━━	━━								
	관리사 신축		기초 및 골조							━━	━━	━━	━━	━━	━━	━━															
			석공사													━━	━━	━━	━━	━━											
			내부 마감												━━	━━	━━	━━	━━	━━	━━	━━									
			설비									━━				━━	━━	━━													
	화장실 신축		기초 및 골조							━━	━━	━━	━━	━━	━━																
			내부 마감											━━	━━	━━	━━	━━													
			설비											━━		━━	━━	━━													
	안내판 설치		기초 및 골조							━━	━━																				
			석공사													━━	━━														
			조감도 및 안내문 설치															━━	━━	━━	━━	━━									
	부대공		예비준공검사																			━━									
			현장 뒷정리 및 수리보고서 작성																				━━	━━	━━	━━					
2. 전기공사										━━	━━			━━					━━	━━	━━	━━	━━	━━	━━	━━	━━	━━		
3. 통신공사													━━					━━	━━	━━	━━	━━	━━	━━	━━	━━	━━		
4. 소방공사													━━					━━	━━	━━	━━	━━	━━	━━	━━	━━	━━		

정비 공사
공정표 사례

유의사항 시기 설정과 공기의 확보	사적정비에서 수목의 식재공사 등 계절 및 기후에 따라 영향을 많이 받는 공종이나 양생 등을 세심하게 배려해야 하는 미장공사 등에 관해서는 가장 적절한 시기의 시공과 충분한 공기 확보가 필요하다.
시공 조직의 정비	사적정비공사는 기본적으로 유적·유구공사, 건축공사, 토목공사, 조경공사 등으로 구성된다. 유구 및 출토 유물이 손상되지 않도록 세심하게 배려해야 하고, 앞에 서술한 것처럼 일반적인 공사에서는 볼 수 없는 특수한 재료 및 공법을 필요로 하는 경우도 많다. 이러한 특수성을 반영하여 공사 도중에 설계변경이 요구되는 경우도 있다. 따라서 사전에 공사의 내용 및 진행방법, 유의사항 등에 관하여 숙지해둘 필요가 있다. 공사기간 중에도 필요에 따라 입회 및 협의가 이루어져야 하며, 유구 및 출토 유물의 불시 발견이나 비상사태 발생 등에 대비할 필요가 있다.
성·절토에 따른 발굴조사	정비공사에서 현 지형의 절토를 동반하는 경우에는 해당 개소에 대해 반드시 사전에 발굴조사를 실시하고 유구의 현황을 파악한다. 또한 정비사업이 출토된 유구의 보존에 영향을 미치는지 여부를 확인해야 한다. 유적 및 유구의 보존에 영향을 미칠 가능성이 있을 경우에는 계획을 변경할 필요가 있다.
공사 중에 발견된 유적 및 유구, 출토 유물에 대한 조치	정비공사의 진행 중에 유구 및 유물을 발견하는 경우에는 처리에 관하여 적절히 조치해야 한다. 조치방침에 관해서는 공사의 특기시방서에 반드시 기재하고, 지방자치단체의 문화재 담당 직원과 공사 관계자가 사전에 의사소통을 통해 방침을 세워두는 것이 필요하다.
그 외	공사감리에 관해 각종 공사도서·법규·현장 조건·공사 요소를 충분히 검토한 후 시공방침을 결정하며, 과거의 실적이나 경험을 살리되 개선공법에도 관심을 갖고 검토하는 것이 중요하다.

3 사적 정비에 따른 공종별 시공의 공통사항

공통사항에 관해서는 기본적으로《문화재수리표준시방서》'0100 일반공통공사'의 내용을 참조하여 각 사적의 유형에서 정비에 공통적으로 적용되는 내용을 설명한다. 공통사항은 문화재수리의 기본원칙을 근간으로 하며, 내용은 다음과 같다.

ㄱ. 문화재수리는 다음 사항을 준수하고 원형 유지를 원칙으로 한다.
① 기존의 양식으로 수리한다.
② 기존의 기법으로 수리한다.
③ 기존의 주변 환경도 보존한다.

ㄴ. 재료의 교체 또는 대체, 보강은 다음과 같은 경우에 적용한다.
① 기존의 재료를 그대로 두어 당해 문화재가 붕괴 또는 훼손될 우려가 있는 경우
② 보강하지 않으면 구조적으로 위험을 초래하거나 훼손될 우려가 있는 경우
③ 기존의 재료가 변경된 것이거나 당해 문화재의 양식에 맞지 않는 경우

ㄷ. 수리대상물은 수리 전의 상태와 사용재료에 대해 상세히 기록하고 수리 절차와 처리방법을 구체적으로 기록한다.

ㄹ. 과거에 행해진 수리 중 역사적 증거물과 흔적은 모두 기록·보존하고, 훼손하거나 변형, 가식함은 물론 하나라도 제외되지 않도록 한다.

ㅁ. 수리는 최소한으로 한다.

ㅂ. 모든 손질은 원형유지의 원칙을 준수하되, 수리방법에 있어서 원칙적으로 지켜야 할 사항은 다음과 같다.
① 과학적 보존처리는 필요할 때 언제나 처리 전 상태로 환원할 수 있는 방법으로 한다.
② 문화재에 간직된 모든 증거 역사적, 미술사적, 기술사적 등 자료는 연구에 활용할 수 있도록 한다.
③ 손질이 필요할 때라도 색, 색조, 결, 외관과 짜임새 등이 조화되도록 한다.
④ 문화재는 문화재수리기술자, 기능자에 의하여 수리한다.

설계도서의 확인

시공 전에 설계도서를 확인하는 것은 시공 내용에 충실하기 위한 것으로, 수급인은 공사 착공 후 빠른 시일 내에 면밀히 검토한 후 설계도서의 내용이 현장조건과 일치하며 설계도서대로 시공이 가능한지 등에 관한 자료를 작성하여 제출해야 한다. 감독자는 제출받은 자료를 검토하여 시행부서의 장에게 보고하고, 시행부서의 장은 필요할

경우 설계자·설계감독자·수급인 등과 합동회의를 실시하는 등 사전에 조치를 취한 후 공사에 착수하여야 한다.

작업 동선의 확보

사적을 정비하기 위해서는 해당 사적이 위치한 다양한 조건을 검토하여 공사에 들어가야 한다. 정비할 사적의 위치가 도심이거나 평지일 때는 자재의 운반 등에 큰 문제가 없지만, 운반로를 확보하기 어려운 사지나 성곽 같은 경우에는 새로운 운반로 등을 검토할 필요가 있으므로 시공 전에 이러한 조건들을 확인해야 한다.

기존의 운반로를 이용할 경우에는 문제가 없지만, 새로운 운반로를 조성할 경우에는 사적의 역사문화경관에 미치는 영향 등을 검토해야 하므로 운반로 선정이 까다로울 수도 있다. 경우에 따라서는 공사 완료 후 원형복구를 해야 할 수도 있으므로 내역서의 세심한 검토가 필요하다.

최근 경향을 보면 공사현장을 '역사문화의 장'으로 관람할 수 있도록 개방하는 경우도 있고 관람객을 통제하기 어려운 현장도 많으므로, 관람객의 통행문제와 관람객의 안전문제 그리고 안전시설의 설치에 만전을 기해야 한다.

기준점의 설치

사적정비는 무너지거나 노출된 유구 또는 발굴유구를 다시 쌓거나 복토·성토·노출·유구표시를 하는 경우가 대부분이므로, 발굴조사 시에 설정된 측량 기준점이나 설계 시에 조사된 측량 기준점을 파악할 필요가 있다. 이러한 기준점이 파악되어야만 정확한 위치에 정비할 수 있으며, 사적의 정비 시에 이러한 기준점을 찾아 설치하는 것이 유적 또는 유구의 왜곡을 방지하는 기본적인 단계라고 할 수 있다. 기준점은 공사 중에 위치가 변동되지 않을 만한 곳에 설치하고, 관람객의 동선과 겹치지 않도록 유의하여 공사 마감까지 유지한다.

사진 촬영과 기록도면 작성

사적정비 과정에서 작성한 기록은 정비되고 난 뒤의 내용을 알 수 있는 유일한 자료로서 이를 보존하는 것은 상당히 중요한 과제이다.

공사의 수급인은 시공 전, 시공 중, 시공 후로 나누어 공사기록사진을 촬영해서 사진첩 2부를 감독자에게 준공 전에 제출하도록 되어 있다. 공사기록사진을 촬영할 때는 먼저 공사 시공 후 매몰되는 부분 등 완료되면 검사가 불가능하거나 곤란한 부분에 대해서 측량기구 등으로 구조물 치수를 확인할 수 있도록 조치해야 한다. 시공 전, 시공 중, 시공 후의 사진은 공사 추진 과정을 식별하기 위해 동일 위치에서 동일 방향으로 계속 촬영하는 것이 기본이다.

공사의 내역에 관해서도 수리보고서의 항목을 체크하고 비용에 관해서도 충실한 수리보고서가 될 수 있도록 적정 금액을 산정하는 것이 중요하다.

인접 문화재 및 유구의 보호

보호막 설치 등

사적의 정비 시에는 기존에 남아 있는 역사적인 건조물 및 구조물에 관한 보호대책이 필요하다.

통상 사적정비는 흐트러진 부분이나 유구를 중심으로 시행되기 때문에 연접한 역사적인 건조물 및 구조물이 있을 경우에는 공사에 따른 소음, 진동, 먼지 등에 대한 보존조치가 필요하다. 당해 유적에 대한 보호막 등을 설치하기도 한다.

4 각 공종별 공사

사적의 정비는 기본적으로 《문화재수리표준시방서》에 근거하여 각 공종별 공사를 진행한다. 특히 여기에서는 이에 더하여 사적정비라는 특수한 공종에 관해서 부가되어야 할 내용을 중심으로 기술한다.

가설공사

일반사항

가설공사는 본 공사를 실시하기 위해 필요한 임시적인 시공설비를 설치하여 활용하는 공사로, 자재의 지원·공기 단축·안전사고 대비·공정관리를 목적으로 한다. 공사를 완료하면 해체하거나 철거하게 되며, 이에 따라 변형된 토지나 시설물에 대해서는 원상복구를 원칙으로 한다.

공통 가설공사에는 가설울타리·가설건물·가설도로·공사용 동력·용수설비·안전설비 등이 속하며, 직접 가설공사는 규준틀·비계·양중 운반설비 등 건조물 구축에 직접적으로 필요한 가설공사를 말한다. 가설공사의 내용을 살펴보면 다음과 같이 정리할 수 있다.

재료   가설공사에 사용되는 재료는 안전과 직결되므로, 한국산업규격KS 또는 산업안전조건법에 의한 성능 인정품'안'자 표시품을 사용한다.

가설공사   기본적인 내용은《문화재수리표준시방서》'0200 가설공사'의 내용을 참조하며, 대상 사적이 가진 특성을 충분히 고려하여 진행하도록 한다. 시방서를 작성할 때도 대상 사적별로 내용을 구성한다.

가설울타리, 출입구   공사장 주위의 출입을 단속하고 대지의 경계, 도난 방지, 위험 방지를 도모하기 위해 설치한다. 사적정비공사에서도 일반 공사에 사용되는 철재나 플라스틱재의 안전 펜스를 사용하지만, 공사의 내용과 위치에 따라 휘장막이나 그림 등을 설치하여 경관을 저해하지 않으면서 시공해야 하는 경우도 많다.

왼쪽
일반 가스 펜스
공사현장에 가장 널리 쓰이는 펜스로, 문화재현장에는 어울리지 않는다.

오른쪽
경복궁 복원 가스 펜스
펜스에 궁궐도를 그려넣고 창을 구성하는 등 공사하고 있는 곳의 역사성을 나타내고 내부를 볼 수 있게 구성하여 무미건조하지 않은 경관이 되도록 배려했다.

가설건물   시공사무소·가설화장실·가설창고 등을 말하며, 공사에 필요한 최소한의 공간을 확보한다. 사무소나 화장실의 설치구역은 지하에 유구가 없는 것이 확인된 지역을 중심으로 선정하고, 부득이한 경우에는 잘 띄지 않는 곳에 설치한다. 사적정비의 특성상 유물의 발견 가능성에 대비한 체제를 갖추고 보안이 가능한 공간을 확보하는 것도 필요하다.
     화장실은 지하 유구를 보존하기 위해 이동식으로 설치하여 오물이 지하에 침투되지 않도록 조치하는 것이 중요하다.

왼쪽
사적정비사업
현장사무소

가운데
문화재 복원공사
가설창고

오른쪽
가설화장실

가설도로   사적정비공사에서 자재의 운반이나 토공사 등에 따른 임시 도로를 설치해야 하는 경우에는 유구의 분포지역을 피한다. 하부에 유구의 분포가 예상되는 경우에는 중장비의 출입을 금하고 인력 또는 간이 장비를 이용하며, 성토 등을 보완하여 지하 유구의 보존을 도모한다.

줄띄우기, 규준틀   줄띄우기는 정비할 대상의 위치를 정하기 위해 외측선을 따라 말뚝을 박고 줄을 띄워서 정비 대상물과 이격 간격 인접 대지 경계선 등의 주위 관계를 명확히 하도록 설치하며, 이를 기반으로 수평 규준틀의 위치를 잡게 된다.

     기준점은 공사 중에 정비 대상의 높이 기준을 잡기 위하여 공사 착수와 동시에 설치한다. 수평 규준틀은 정비 대상 각 부위의 위치 높이나 기초의 나비 또는 길이 등을 정확히 결정하기 위해 대상물에서 1~2미터 떨어진 위치에 설치한다. 세로 규준틀은 각종 쌓기를 할 때 고저 및 수직면의 규준으로 설치한다.

왼쪽
정비를 위한
철골 가설도로

오른쪽
정비사업 구간의
규준틀 설치

전기설비 및 급배수설비   공사용 전기설비는 동시사용 최대전력량을 기준으로 설정한다. 주변의 시설에서 끌어 쓸 경우에는 최대전력량을 검토하고, 새로 한국전력공사에 신청할 경우에는 승인을 얻어서 사용해야 한다. 전기설비공사는 관련 자격을 가진 자에게 시공하도록 하여 과부하로 인한 화재에 충분히 대비해야 한다. 급배수시설 또한 주변 환경에 영향을 미치지 않도록 주의해서 설치하여야 한다.

정비공사를 위한 배전판 설치

비계 설치

비계는 주로 사람의 손이 닿지 않는 높이에서 작업할 경우에 대상물의 주위에 설치하는 것으로, 일반적으로는 강관비계를 사용하지만 공사의 내용에 따라 철골로 가설덧집을 설치하는 경우도 있다. 비계와 대상물 사이에는 60~100센티미터를 띄우는 것이 보통이지만, 완충재를 설치하고 걸치거나 거의 인접하게 설치하는 경우도 있다. 비계 설치 시에는 서로 다른 재료를 혼용하지 않아야 한다.

그 외

그 밖에도 방화나 소화설비 및 위험방지 표시 등을 설치하여 공사의 내용을 알리고, 비상시에 화재를 진압할 수 있는 장비를 갖출 필요가 있다. 또한 작업구역과 관람로를 위한 방진막을 빈틈없이 설치해야 한다. 내부의 공사 과정을 개방하거나 안전을 위해 외부 관람객을 통제할 필요에 따라 기존 건조물 또는 구조물에 비계를 설치할 경우에는 고무판을 함께 설치하는 등 건물이 직접적으로 훼손되지 않도록 조치한다.

왼쪽
경주 불국사 무설전
강관 비계 설치

가운데
감은사지
가설철골과 휘장막

오른쪽
숭례문 휘장막
최근에는 문화재공사에서 비계 가판, 철골를 설치하고 프린트된 휘장막으로 포장하여 주변에 대한 영향을 최소화하면서 경관까지 고려하는 경우가 늘어나고 있다.

공사 안내판

토공사

일반사항

기본적인 내용은 《문화재수리표준시방서》 '0300 기초공사' 토공사의 내용을 참조하며, 대상 사적이 가진 특성을 충분히 고려하여 진행하도록 한다.

사적정비에서 토공사란 발굴된 사적의 유구면 또는 성곽이나 토성 등의 법면을 조성하는 것처럼 흙을 근간으로 정비할 사적의 대지 또는 법면을 조성하는 공사로, 대지의 정리·기초파기·배수·되메우기·성토 등이 있다.

토공사를 할 때는 지하의 유구 분포 가능성, 기존 수목의 보존, 법면의 붕괴 등에 유의하면서 진행할 필요가 있다.

재료

사적의 정비에서는 유구면의 보존을 위해 토목섬유·마사토·모래주머니를 이용하여 유구면을 채우고 성토하는 경우가 많다. 그 위에 사적 주변의 흙 또는 발굴 후 잔토, 반입된 양질의 토사 등을 사용하여 성토하거나 대지면을 조성한다. 이때 성토되는 흙에 유물이 섞이지 않도록 이물질을 제거하는 것이 중요하다.

시공

유구면을 조성할 때는 유구 보존을 위해 토목섬유·마사토·모래주머니를 이용하여 채우고, 당해 사적이 위치한 곳의 기후에 따른 동결심도를 고려하여 성토한다.

성곽이나 토성 등의 보수나 법면 조성 등의 토공사는 발굴조사 결과에 따른 축성법으로 진행하고, 경우에 따라 배수구 설치나 지피식물의 식재를 검토한다. 통상 흙을 한 켜씩 쌓아서 다지며, 지하 유구에 유의하여 인력으로 다지는 것이 기본이다.

왼쪽
유구 모래주머니 보강
발굴조사 후
흔히 쓰는 기법으로,
모래주머니로 빈 곳을
채우고 그 위를
흙으로 성토한 후
잔디로 마감한다.

오른쪽
경주 장항리사지의
법면 토목공사
완료 후 전경

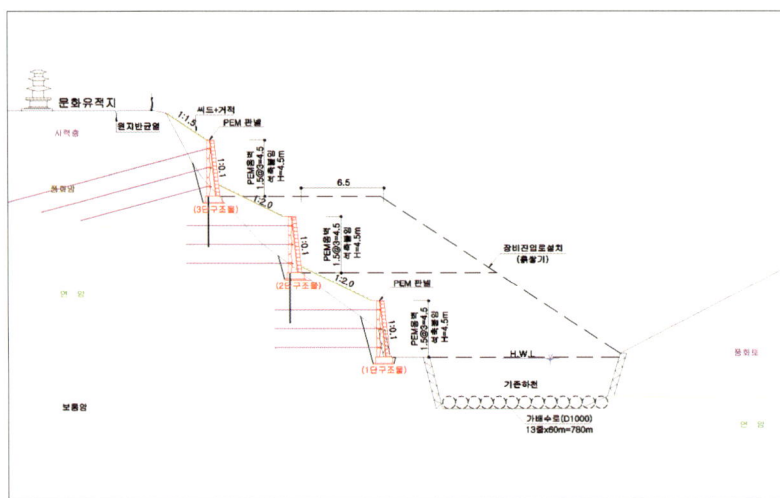

위
경주 장항리사지
PEM 공법 검토

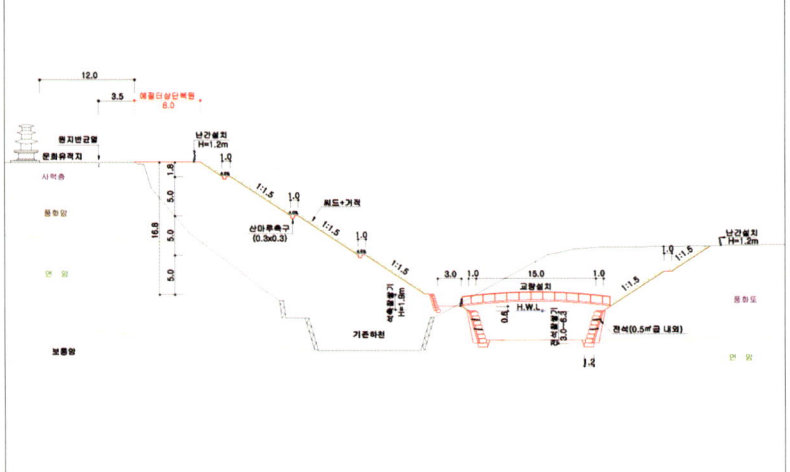

아래
경주 장항리사지
법면 토목공사 검토
급경사면에 위치한
경주 장항리사지는
법면이 무너지면서
다양한 공법이
검토되었고, 그중에서
안정된 공법과
사적의 역사문화환경에
영향을 미치지 않는
방향으로 설정되었다.
이에 따라 하천을
일부 옮기고
법면의 안정각을 넓게
잡아 흙으로 마감하는
공법이 채택되었다.

배수공사	기본적인 내용은 《문화재수리표준시방서》 '0300 기초공사' 배수공사의 내용을 참조하며, 대상 사적이 가진 특성을 충분히 고려하도록 한다.
일반사항	

　　배수공사는 토공사의 일부로 취급되기도 하지만, 사적정비에서는 유구를 근간으로 하는 경우가 많아서 일반적인 배수공사와는 성격이 다르다.

　　사적의 정비에서 발굴 유구 또는 지상에 구조물이 남아 있는 상태에서는 역사적인 흔적과 새로운 시설의 혼돈을 피하는 것이 일반적이기 때문에, 사적정비의 배수공사에서는 대상 사적이 가진 배수

체계를 찾아 옛 기능을 회복하는 것이 중요하다. 환경과 기온의 변화에 따른 초과 수량은 역사문화환경에 영향을 미치지 않는 방법을 택해서 설치한다. 이러한 경우에는 새로운 배수시설을 최소화하고 경관상 사적과 어울리게 마감해야 한다.

재료   기존의 석재와 같은 재질을 사용하여 보충하거나 사적과의 이질감으로 인한 혼돈을 피하기 위해 목재를 사용한 배수로를 검토하기도 한다. 산지에서는 U자형의 구溝를 파고 표면을 마감하여 주변 경관을 고려하는 경우도 있다. 사적의 정비에는 개거식의 콘크리트 U자형 관이나 암거식의 흄관을 설치하기도 한다.

조사   유적 형성 당시의 배수기능을 찾기 위한 조사가 필요하며, 지하수가 사적에 미치는 영향에 대한 조사·환경의 변화를 파악하기 위한 강우량조사 및 처리 배수량의 증감에 대한 조사를 실시한다.
　　　　이에 따라 사적에 영향이 적은 곳에 신설 배수로 또는 집수정을 설치할 수 있도록 검토하며, 이때 반드시 발굴조사가 선행되어야 한다. 배수체계와 단면조사 등을 통해 옛 선인이 사용한 배수체계의 우수성을 찾아내어 사적의 특성을 밝히는 것도 중요한 과제 중 하나다.

시공   기존 유구로 잔존하는 배수구의 배수기능을 회복할 경우에는 단면조사를 통해 배수구의 구조를 복원적으로 검토하며, 동일 재질의 석재로 보충하고 잔존 석재는 드잡이하여 기능을 회복한다.
　　　　새로운 배수구를 검토할 때는 전문가의 자문을 받아 유구 또는 경관에 영향을 미치지 않는 곳으로 계획하고, 사전에 발굴조사를 진행하여 유구의 존재 여부를 검토한다. 이후 굴착은 가능한 한 최소한의 깊이로 하고 지하에 물이 스며들지 않는 구조를 택한다. 표면은 사적의 특징과 어울리는 재료로 마감하여 경관에 영향을 미치지 않도록 한다.

1
고분군 내
플라스틱 배수로
이질적인 재료의
배수로는 사적 내 경관과
어울리기 어렵다.

2
고분군 박석 탐방로와
석축 배수로
배수로 정비에 관해서는
통상 튼튼하고 관리가
편한 석축 배수로를
검토하지만,
토사로 구성된 유적 및
유구 등 사적의
특성에 따라 신중하게
검토할 필요가 있다.

3
고분군 주변
토축 배수로
봉분 주변에 토축으로
구성된 배수로.
표면에 잔디를
식재하여 경관과
어울리면서 기능도
충족시키는 정비를
검토하는 것이 중요하다.

4
용징산성 발굴
유구 배수로
발굴에 의해 노출된 옛
배수로이며, 현재도
옛 기능 그대로 배수구의
역할을 하고 있다.

5
제주 목관아 집수정
지역의 특색과
자연스러움을 나타낼 수
있는 제주석을 이용하여
집수정을 마감했다.

6
일본 요시노가리
집수정
선사시대의
분위기를 해치지 않는
잔자갈을 이용하여
집수정을 마감한
아이디어가 돋보인다.

기초공사

일반사항

기본적으로는 《문화재수리표준시방서》 '0300 기초공사'의 내용을 참조하되, 지하 유구의 보존이 가장 중요한 전제 조건이므로 상부에 건조물 또는 구조물을 구축하는 경우에 한하여 기존 공법의 보완이나 현대적인 공법을 검토한다.

사적의 정비에서는 공사 방향에 따라 초석이 놓인 상태로 정비하거나 원래 자리로 되돌려 정비하는 등의 방법을 사용한다. 보호각 등을 문화재 주변에 설치하는 경우에는 기초공사가 문화재에 영향을 미치지 않도록 진동에 유의하여 인력으로 시공하고 중장비의 유적 내 진입을 지양하여 보존에 만전을 기한다.

재료

각 지정 공법에 따라 모래·흙·석재·나무 등을 사용하며, 구조 안전상 지장이 없는 재료여야 한다. 모래에 염분이 있으면 유구에 영향을 줄 수 있으며, 흙에는 불순물이 섞이지 않아야 한다. 나무는 갈라짐 등의 결함이 없어야 하고, 석재는 구조에 영향을 주지 않아야 한다.

조사 사적의 정비에 관해서는 노출 초석이나 지대석 등이 교란되지 않았는지 조사해야 한다. 상부의 건조물 또는 구조물을 복원적으로 검토하는 경우에는 기존의 기초부가 지상의 건조물 또는 구조물을 지지할 수 있는지에 대한 조사가 필요하다. 검토 결과 전통적인 지정 방법이 상부의 건조물 또는 구조물을 지지하기 어렵다고 판단되는 경우에 한하여 현대적인 공법을 검토한다.

시공 기초공사는 구조물의 자중과 적재하중, 풍력, 지진력 등의 외력을 안전하게 지반으로 전달시키기 위한 공사이다. 사적을 정비할 때는 복원을 제외하고는 건조물 및 구조물을 시공하는 경우가 적으며, 정비를 위한 간단한 구조물을 구축하는 경우에는 전통적인 기법에 따라 기초를 구축하는 것이 기본이다.

그 밖에 대형 건조물 및 구조물을 복원적으로 구축하거나 발굴조사에 의해 기존의 기초를 그대로 사용하는 경우에 문제를 일으킬 수 있다고 판단되면 현대적인 공법을 고려할 수 있다. 전통적인 기초공법에는 잡석지정·모래지정·판축지정·장대석지정·말뚝지정 등이 있으며, 사적정비공사에서 현대적인 공법으로 사용되는 것은 독립기초·매트기초 등이다.

1
경주 남산
마애삼존불
보호각
사적정비에서 기초공사는 복원하지 않는 이상 보호각의 기초 정도로 가장 많이 사용된다. 전통적인 보호각의 초석에 관해서는 주변의 지형을 훼손하지 않는 방법을 검토한다.

2
경기도 광주
번천리 도요지 보호각
기초부
유구를 노출하여 전시하는 보호각의 기초는 통상 연속되는 줄기초로 구성하며, 지하 유구에 영향을 주지 않는 구조로 검토해야 한다. 또한 외기가 내부에 영향을 주지 않는 구조여야 한다.

3
여주 고달사지
석조보호각
가볍고 단순한 보호각을 구성하여 지하에 영향을 주지 않도록 한다.

4
데크 계단 기초부
최소한의 터파기를 통해 기초부를 구성할 필요가 있다.

목공사 일반 사항	기본적인 내용은 《문화재수리표준시방서》 '0500 목공사'의 내용을 참조하며, 대상 사적이 가진 특성을 충분히 고려하도록 한다. 정비의 일원으로 복원되는 목조건축물이나 보호각 등에 대해서도 '0500 목공사'를 참조한다. 　　여기에서는 당해 문화재의 수리 및 시공을 제외한 사적의 정비를 중심으로 이루어지는 목공사 시공에 대하여 기술하기로 한다. 따라서 사적의 정비에서 목공사는 유구로 발굴된 목조구조물의 정비, 유구표시, 배수로, 나무계단, 탐방로 등의 구성을 주요 내용으로 한다.
재료	국내산 목재를 기본으로 한다. 유구로 출토된 목조구조물은 출토 목재와 같은 수종, 같은 마감으로 정비한다. 비소 등으로 방부처리가 된 목재는 주변 환경에 영향을 미치므로 지양한다.
조사	출토 목재의 수종에 대한 조사와 가공 흔적에 대한 조사가 필요하다. 유구의 분포 가능성이 높은 곳에 배수로, 나무계단, 탐방로를 설치하기 위해서는 사전에 시·발굴조사를 실시할 필요가 있다.
시공	목재로 구성된 유구를 정비하는 경우에는 주변을 구성하는 토층에 유의하여 시공한다. 석재로 된 배수로를 설치하여 유구와 혼돈될 가능성이 있는 경우에는 목재 배수로를 검토하고, 그 종횡의 합리적인 배수 방향과 지형 훼손이 적은 방법을 모색한다. 　　나무계단의 경우에는 가공하지 않은 통나무를 사용하고, 지형 훼손이 적은 주변 지역과 나무뿌리에 영향을 미치지 않는 동선을 검토한다. 　　데크 탐방로를 구성할 때는 지형 훼손이 적은 주변 지역과 나무뿌리에 영향을 미치지 않는 곳을 검토하되, 기둥의 설치 시 굴착면의 깊이가 최소한이 되도록 한다. 경관에 영향을 미치는 난간은 급경사지로 인해 안전에 문제가 있는 경우에만 검토한다.

1
관북리 백제유적 목곽 저장고 복원
목재로 된 유구를 복원할 때는 잔존 유물에서 나타나는 가공 흔적을 찾아내어 복원적으로 검토하는 것이 중요하다.

2
강릉 객사문 목재 탐방로
탐방로를 구성할 때 목재는 부드러운 느낌과 친밀감을 준다. 또한 시공과 철거가 용이하다는 장점도 있다.

3
고령 지산동 고분군 내 목재 계단
나무로 계단을 구성하는 경우에는 다른 재료보다 자연스러움을 얻을 수 있지만, 가공된 목재각향, 원형는 인위적인 느낌을 준다. 통행에 지장이 없다면 통나무의 껍질을 벗긴 상태 그대로 사용하여 자연스럽게 시공하는 것이 중요하다.

4
금정산성 목재 데크 계단
데크는 지형상 고저차가 심한 곳에만 사용하고, 난간은 경관상 저해 요소가 되므로 단순화시키거나 구간을 나누어 설치하는 방안을 검토한다.

5
화성행궁 내 목재 탐방로
정비된 사적 내에 목재로 된 탐방로를 구성함으로써 주변과의 조화 및 동선을 유도하고 지하에 미치는 영향을 최소화할 수 있다.

6
헌릉 목재 배수로
배수의 양이 많지 않은 경우에는 간단하게 통나무로 배수로를 구성하여 사용하는 것도 가능하다.

석공사

일반사항

기본적인 내용은 《문화재수리표준시방서》 '1300 석공사'의 내용을 참조하며, 대상 사적이 가진 특성을 충분히 고려하여 진행하도록 한다.

당해 문화재수리에 해당하는 석조물공사는 '1400 석조물공사'를 참조하고, 정비의 일환으로 복원되는 성곽에 대해서는 '1500 성곽공사'의 내용을 참조한다.

여기에서는 사적의 정비를 중심으로 하는 석공사 시공에 대해 기술하기로 한다. 사적정비에서 석공사는 유구로 발굴된 석조물의 드잡이, 유구표시, 배수로, 돌계단, 탐방로 등의 구성을 주요한 정비 내용으로 한다.

재료

석재는 기존의 것을 최대한 사용하고, 풍화나 파손 등으로 재사용이 불가능할 경우에는 기존 석재와 재질이 유사한 석재로 보충할 수 있다. 이 경우에는 당해 문화재와 유사하게 가공하되 신재라는 것을 알 수 있도록 한다.

석재를 수급할 때는 설계도서상에 구체적인 석재 구입처와 석재상 또는 채취장소를 표기하고, 채취가 필요한 경우에는 행정적인 절차를 검토한다.

동선의 구성이나 배수를 위해 새로 시설되는 계단, 배수로, 탐방로 등은 유구로 오인되지 않을 방법을 강구하여 시공한다.

조사

유구로 구성된 석조물을 정비할 때는 기존의 기법이나 재질 등을 조사하여 기존의 것과 유사한 석재를 사용하고 기존의 기법대로 인력으로 가공한다. 기존의 양호한 잔존구간은 보존구역으로 설정하여 원형을 남기도록 한다.

석재로 유구에 표시하는 경우에는 발굴조사보고서를 통해 측량점을 조사하고 재측량을 통해 정확한 위치에 표시한다.

유적의 동선을 구성하기 위해 석재의 계단, 탐방로 등을 검토하는 경우에는 유적 본래의 동선을 조사하여 활용한다. 시공에서는 유적을 구성하는 재료 외에 다른 재료를 사용하는 것을 지양한다.

배수로에 사용된 전통 쌓기법을 조사하고 활용하며, 새로운 배수로를 구성할 때는 위치에 따라 격에 맞는 쌓기법을 사용한다.

1
면석 설치에 따른 심석 보강

2
경주 월정교 석축공사
석축공사에는 구조보강을 위해 새로운 심석을 설치하는 것도 가능하지만, 석축의 원형을 고려하여 현대적인 토목섬유를 통해 구조적으로 보강하는 것도 가능하다.

3
강화 외성 월곶 돈대 석축
석축공사에서 기존의 부재를 최대한 재사용하고, 신부재를 가공하여 조화로운 석축정비가 되도록 한다.

4
박석 포장
석재로 된 포장은 보행에 따른 바닥의 기본적인 문제만을 해결하는 차원에서 검토하고 눈에 띄지 않는 마감으로 처리한다.

| 시공 | 공사에서는 공사 착수 전에 시공상세도를 작성하고, 돌 나누기 등의 공작도를 제작하여 확인할 필요가 있다. 돌쌓기는 규준틀에 따라 수평실을 치고, 모서리와 구석 등 기준이 되는 위치에서 시작한다. 기초는 기존 상태를 확인하여 재사용이 가능할 시에는 해체하지 않는다. 뒤채움은 기존의 기법을 따르고, 구조에 문제가 있는 경우에는 보강을 검토한다. |

4.3 감리

1 감리의 이해

감리업무에서는 공사가 설계서 및 시방서 등과 일치하는가를 현장에서 점검하고 확인함으로써 소정의 공사 목적물이 우수한 품질로 시공되도록 한다.

부주의나 착오·미확인으로 인한 실수를 사전에 예방하여 충실한 현장 확인 업무를 유도하고, 시공 확인 작업의 표준화로 상주 감리원들에게 작업의 기준 및 주안점을 주지시켜 품질 향상을 도모한다. 검토 및 확인 결과는 발주청 및 시공자에게 제시하여 현장의 불필요한 시비를 방지하는 등 효율적이고 체계적인 공사가 되도록 한다.

사적정비사업의 주체가 되는 지자체의 문화재 담당 부서가 사업의 진행방법 및 공사의 실시에 익숙하지 않은 경우도 많다. 공사를 원활히 진행하기 위해서는 공사관리자가 사적정비사업이 가진 특유의 성질에 관해 충분히 파악하고 있어야 하기 때문에 설계를 담당한 업자에게 공사의 감리를 맡기는 편이 효율적인 경우도 있다.

이러한 경우에는 공사를 전반적으로 총괄하는 사업 주체와 공사관리를 위탁받는 업자 사이의 역할 분담을 명확히 하고 서로 긴밀하게 연대할 필요가 있다.

2 감리

정비사업현장의 상황을 정확히 파악하고 문제가 발생할 경우에는 적절히 처리한다. 공사 중에 보존조치를 강구해야 할 유구 및 출토유물이 불시에 발견되는 경우를 포함하여 제반 사정에 따라 공종 및 공정뿐만 아니라 사업비까지 변경할 필요가 있는 경우에는, 사업 주체가 되는 지자체의 문화재 담당 부서와 면밀히 협의하고 시공업자에게 취지를 적절히 전해야 한다. 이를 위해 공사관리자와 사업 주체인 지자체의 문화재 담당 부서·각 공종을 담당하는 시공업자·기능자 등과 공정에 관한 회의를 정기적으로 가지고, 문제가 발생할 경우에는 필요에 따라 조정회의를 개최한다.

감리원의 업무	공사감리원은 실시설계도서에 나타나는 재료 및 공법의 사양과 수량에 관해 확인하고, 실시설계도서에 반영되어 있는 의도를 정확히 파악하여 시공자에게 적절히 지도 및 조언하는 등 공사의 공정을 전반적으로 감리해야 한다. 또한 공사의 진행 과정을 사업 주체에게 정확히 보고해야 한다. 　　사적정비사업은 특수한 내용의 공사 및 전통적인 공법을 이용할 뿐만 아니라, 일반적인 공종에서도 세부적으로는 특수한 기능을 필요로 하는 것이 많다. 이를 위해 현장에서 상세한 지시가 필요한 경우가 많고, 일반적인 토목공사 및 건축공사에 비해 공사감리가 특히 중요한 의미를 가진다. 　　실시설계의 담당자가 계속하여 공사감리도 담당하는 것이 가장 바람직하다고 할 수 있지만, 양자가 다른 경우에는 반드시 의사소통에 충실해야 한다. 공사감리에 임하는 기술자는 사적정비공사의 특징을 잘 알면서, 동시에 실시설계에 포함된 의도를 확실히 파악하는 능력을 가진 사람으로 선정하는 것이 바람직하다.
도면 등의 검사와 승인	시공업자는 실시설계도서에 기초하여 현장 상황을 충분히 파악한 후에 공사의 시공계획서 및 시공도를 작성할 필요가 있다. 또한 감리원은 도서에 나타나는 내용에 유념하여 확인하고 승인한 후에 공사의 실시를 지시해야 한다.
재료의 검사와 승인	공사에 사용하는 각종 재료의 규격 및 품질 등에 관해 검사하고, 사양에 합치하는 경우에는 승인한다.

인허가 확인 등	감리원은 공사에 선행하여 각종 법령에 관한 인허가신청의 수속이 완료되고 있는지 확인한다. 또한 시공업자의 자격 유무와 공사 진행에 필요한 자격을 갖추고 있는지의 여부, 작업원 등의 노무관리에 필요한 사항에 관해서도 확인할 필요가 있다.
공사의 입회	공종에 따라 공사가 종료된 후에 실시하는 검사에서는 확인되지 않는 것도 있기 때문에 공사 진행 중에 사양을 확인하고 이를 입증하는 사진 등의 자료를 남겨둘 필요가 있다. 이런 경우에 감리원은 반드시 검사현장에 입회해야 한다.
현장 시공 확인	공사가 설계서 및 시방서 등과 일체되는지 현장에서 확인하는 것이 감리원의 업무 중에서 가장 중요하고 기본적인 책무라는 점을 인식하여, 현장 시공 확인 업무를 모든 업무에 우선하여 수행하여야 한다.
유구 시공 확인	지하 유구의 발굴조사는 물론 역사적 건조물 및 구조물 등에 관한 각종 조사와 유구의 강화조치를 포함하는 보존과학적인 시험조사 등 유구에 관한 공종을 실시할 경우에는 감리원이 현지에 입회할 필요가 있다. 또한 신설 구조물 등의 기초공사가 유구면을 손상시키지 않도록 신중하게 굴삭공사 등을 실시해야 하는 경우에도 공사관리자가 문화재 주관 부서의 업무 담당자와 함께 공사에 입회할 필요가 있다.
역사적 건조물 등의 해체	역사적 건조물 또는 구조물 등을 해체할 때는 공사관리자가 부재 등 재료의 형상 및 치수, 세부 기법 등에 관해 조사하여 기록을 작성한다. 건조물 문화재 안전점검방안 연구보고서의 내용을 참조하면 다음과 같다.

1) 목부재의 해체는 최대한 변형이나 파손되지 않게 하며, 부재에 큰 힘을 가하면 안 된다. 호이스트 사용은 가급적 지양하고 자재 운반 목적에만 사용.
2) 부재의 손상 정도에 따라 재사용·부분 수리·교체 등으로 구분하며, 부재와 부재 사이에 한지를 감은 졸대를 끼어 보관한다.
3) 보, 포 부재 등은 함수율 변화 및 변형의 최소화, 직사광선 차단 등을 위해 보양조치를 한다.
4) 단청이 있는 부재는 문양을 모사하고 보호조치를 한다.

또한 발굴조사를 동반하는 경우에는 정확한 조사 및 기록 작성이 필요하다. 조사 과정에서는 실시설계에 나타나는 수복의 방침에 변경이 없는지 확인하고, 변경할 필요가 있는 경우에는 지자체의 문화재 담당자와 협의하여 적절한 수리방침을 검토한다.

시공 확인 시기

감리원의 시공 확인 시기는 다음 단계의 시공을 함으로써 추후 시공 상태를 확인하기 곤란한 시점으로 한다.

또한 감리원은 시공계획서에 따라 전 단계의 작업이 완료된 후에 시공 상태를 확인하는 것을 원칙으로 하고, 담당 감리원은 공사의 효율적인 추진을 위해 시공 과정에서 가능한 한 수시 입회하여 확인하도록 한다. 철거하지 않으면 내용 확인이 곤란한 작업 또는 공사의 경우에는 반드시 감리원의 입회 확인 아래 시공되어야 한다.

시공 확인 방법

당해 공사의 시방서 및 관계 규정에 따른 시험, 측정기구 및 방법, 감리원의 기술적 판단에 따라 확인하고 평가하는 것을 원칙으로 한다.

시공 확인을 위하여 X-Ray 촬영, 도막 두께 측정, 기계설비의 성능시험, 수중 촬영 등의 특수한 방법이 필요할 경우에는 감리원이 외부 전문기관에 확인을 의뢰할 수 있다. 또한 시방서 및 품질규격 관리기준에 따라 구조물 시공에서 정밀도의 설계치와 실측치를 대비하여 허용규격 이내에 들도록 관리해야 하며, 허용오차기준 시공 정밀도 기준에 맞지 않을 때는 보완 또는 재시공하도록 조치해야 한다.

감리원은 시공 후 매몰되거나 사후 검사가 곤란한 구조물은 반드시 현장 확인 후 시공 상태를 증빙할 수 있는 사진필름 포함 또는 비디오 촬영기초 암반은 천연색 사진 촬영 테이프와 상세한 시공 기록촬영 일자, 촬영 내용, 공종별 구분을 작성하여 비치해야 한다.

행정 처리 공사 과정에서 공종 및 공기의 변경을 포함하여 이에 따른 사업비를 변경할 필요가 있는 경우에는 지자체의 문화재 담당 부서와 협의해야 한다.

설계변경의 규모 등에 의해 현상변경 등의 허가변경 신청이 필요한 경우가 있으며, 해당 사업이 문화재청의 국고보조사업으로 실시될 경우에는 계획변경의 승인이 필요할 때도 있다. 이 같은 경우에는 지자체의 문화재 담당 부서가 문화재청과 충분히 협의하여 진행한다.

공사감리의 보고 감리원이 별도의 계약에 의해 공사감리를 수행할 경우에는 정기적으로 공사감리의 내용을 사업 주체인 지자체의 문화재 담당 부서에 보고하고 승인을 얻어야 한다. 정기적인 보고 및 승인 이외에도, 필요에 따라 의사소통이 가능하도록 보고 및 연락체계를 정비한다.

지자체 문화재 담당자의 업무 지자체 문화재 담당자는 당해 공사의 수행에 따른 업무 연락 및 문제점 파악, 민원 해결, 용지보상 지원업무 및 감리원의 지도·점검 업무를 담당한다. 현장 비상주를 원칙으로 하되, 공사의 중요도 및 현장 여건에 따라 효율적이라 인정될 경우에는 현장 상주근무를 할 수 있다.

업무 담당자는 반드시 감리원을 통해 발주기관의 장이 지시한 사항 등을 전달함으로써 공사의 시공과 관련하여 시공자에게 직접 지시하지 않는다.

업무 담당자는 감리원이 공사 중지 또는 재시공 명령을 행사하고자 하는 경우 사전에 이를 승인받도록 함으로써 감리원의 권한이 제약되는 일이 발생하지 않도록 한다. 각 현장에는 업무 담당자가 수행한 업무 내용을 일지에 기록하여 비치해야 한다. 담당자의 공사 추진 단계별 주요 업무는 다음과 같다.

> 1) 공사 착수 단계에서는 감리 계약 체결을 위해 입찰 참가 자격 사전심사P.Q 기준을 작성한다. 또한 감리업무 수행계획서, 감리원 배치계획서를 검토하고 감리원 및 시공자와 협조하여 용지 측량, 기공 승낙, 지장물 이설 확인 등의 용지보상 지원업무를 수행한다.
> 2) 공사 진행 단계에서는 감리원에 대한 지도·점검근태사항 등과 감리원이 수행할 수 없는 공사와 관련된 각종 관·민원업무 및 인허가 업무를 해결하고, 특히 지역성 민원 해결을 위한 합동조사, 공청회 개최 등을 추진한다. 또한 설계변경, 공기 연장 등 주요 사항 발생 시 현지 확인 및 검토·보고를 수행하며, 공사관계자 회의 등에 참석하여 발주기관의 지시사항 전달 및 공사 수행상의 문제점을 파악하고 보고한다. 또한 필요시에는 기성검사에 입회한다.
> 3) 공사 준공 단계에서는 준공검사에 입회하고 준공동의서 등을 인수한다. 또한 하자 발생 시 현지조사 및 사후조치를 취한다.

또한 공사의 준공 후에 시행되는 준공검사에 입회하고, 검사 전에 공사의 공정을 나타내는 사진이나 준공도 등 각종 시공 관련 자료 등에 관해 충분히 점검해둔다.

3 유의사항

사적정비의 특수성

공사감리를 할 때는 사적이라는 특수한 장소를 대상으로 정비하기 때문에 특히 배려해야 할 사항이 많다는 것을 충분히 인식하는 것이 중요하다. 따라서 공사감리자는 소정의 재료 및 공법·공정 등에 관해 감리할 뿐만 아니라, 전문적인 기술에 관해 적절히 지도하고 실시설계도서에 나타나는 의도를 충분히 해독하여 시공업자에게 정확히 전하는 등 현지에 상주하여 입회감리를 실시할 필요가 있는 경우도 많다.

유구의 보존상 특히 유의해야 할 사항에 관해서는 공사에 필요한 가설시설의 설치 단계 및 중장비를 사용하는 단계 또는 자재를 반입하는 단계 등 공사의 초기 단계부터 공사 시공자가 조금씩 익혀 나가는 것이 가능하도록 시공업자와 충분히 협의하고, 실제 작업을 할 때도 각 작업원에게 주의를 줄 필요가 있다. 또한 지도 및 지시사항을 포함해 협의된 내용에 관해서는 기록으로 작성하고, 공사감리자와 시공업자 그리고 사업 주체가 되는 지방자치단체의 문화재 담당 부서 사이에 인식을 공유할 필요가 있다.

안전대책의 확인
감리원은 정비공사의 대상 구역에 공사의 내용 및 공정에 관한 알림판을 설치하고, 중장비의 반입에 따른 주민의 통행 안전 확보에도 충분한 주의를 기울인다. 대규모 기초공사를 실시할 경우에는 사전에 공사가 미치는 영향에 주의하면서 공사 후 사적이 받는 영향을 관찰하는 것이 중요하다.

공사 기록 작성
사진, 약실측도, 일지, 회의록, 각 공종 관련 도면 등을 통해 공사의 공정을 정확히 기록하는 것이 필요하다. 특히 공사 과정에서 실시한 각종 조사의 성과에 관해서는 사적에 미치는 영향을 파악하고 적절히 기록해두는 것이 중요하다. 이러한 사항은 공사 종료 후에 사적 정비보고서를 작성할 때도 유용하게 사용된다.

Chapter 5.

사적의 정비기법과 유형별 정비

5.1 사적정비기법

**1
사적
정비기법의
이해**

사적정비기법이란 사적의 역사적 의미와 가치를 적극적으로 알리기 위해 전통기술과 현대기술을 적절히 혼용하여 나타내는 다양한 기법이라고 할 수 있다. 정비기법은 대체로 네 가지 목적을 가지고 사적의 구성요소인 유적 또는 유구에 구현된다. 사적의 정비를 위해 적용되는 기법은 유형별로 다양하지만, 알기 쉽게 분류해보면 다음과 같다.

첫 번째로 사적을 보존하기 위한 기법, 두 번째로 사적의 가치를 알리고 나타내기 위한 기법, 세 번째는 관람객의 교육 및 안내와 편의시설 설치를 위한 기법, 네 번째는 사적과 관람객의 안전을 도모하는 시설의 설치를 위한 기법 등으로 나눌 수 있다. 그 밖에도 활용을 위한 다양한 프로그램 등이 어우러지면서 정비된 사적은 처음 기대한 목표를 이루게 된다.

사적정비기법에서는 각 구성요소의 조화를 확인하고 현장에서 직접 기본계획 및 설계에서 검토한 내용을 검증하여 적절히 표현해 나갈 필요가 있다. 이를 위해 공사에서 사적이 가진 가치를 파악함과 동시에 검토한 활용 내용을 반영하여 공사를 시행한다.

이때 필요에 따라 사적의 보존 및 활용에 관한 조사를 추가로 실시하여 결과에 따라 계획 내용과 시공방법을 변경하는 등 유연한 대응이 전제되어야 한다. 다양한 정비기법을 파악하고 적절히 혼재하여 활용함으로써 개성 있고 특성이 잘 드러나게 사적을 정비할 수 있다.

따라서 여기에서는 유적의 보존 및 표현, 복원, 시설의 설치 등

사적 내의 다양한 정비기법에 관해 살펴보기로 한다.

2 사적정비기법

사적의 보존기법

사적의 구성요소는 대상 유적이나 유구가 지상에 표출되어 있는 것과 지하에 매장되어 있는 것의 두 종류로 나뉜다. 전자에는 목조 및 석조로 구성된 건조물 및 구조물 등이 있으며, 후자에는 매장문화재로 발견되는 대부분의 토양·석재·목재가 있다.

이를 대상으로 하는 사적의 보존방법은 발굴조사 후 복토나 성토를 통해 지하 유구를 보존하고 유구의 열화 및 풍화, 파손이 진행되는 속도를 억제하고 방지하는 것을 목적으로 실시하는 보존처리와 사적의 구성요소가 훼손 또는 파괴되는 경우에 시행하는 수리로 나눌 수 있다. 그 밖에 잔디와 수목으로 유구를 피복하여 유적 및 유구를 보존하는 식재도 있다.

대상 사적의 정비방침에 따라 보존기법 및 범위가 다르며, 사적의 보존이라는 목적을 충실히 달성하기 위해서는 유적 및 유구의 보존 상황과 환경을 파악하여 처리방법을 제시할 필요가 있다. 특히 유적 및 유구가 훼손되고 있는 경우에는 진행 상황 및 원인, 과정 등을 파악하여 그에 따른 대응조치를 종합정비기본계획에 포함시켜야 한다. 예를 들어 마애불이나 석탑 등의 구조물이 풍화 및 열화된 상황에 맞춰 적절한 보존처리수법과 보존환경에 관한 효과적인 개선책을 제안해야 한다.

지하에 매장된 유구는 피복의 보존효과를 전제로 하여 적절한 두께로 성토함으로써 현상 보존하거나 다양한 사적정비기법에 따라 보존하고 활용한다.

이렇게 보존을 위한 기법을 적용할 때는 전통적 공법과 기구를 우선적으로 사용할 필요가 있다. 전통적인 기법과 기구의 사용은 역사적 건조물 및 구조물뿐만 아니라 무형의 문화자산을 보존하고 계승한다는 의미를 가진다.

법면
보존정비

사적정비에서는 지형의 형태나 정비에 따른 지형조성으로 인해 법면이 생기는 경우가 있다. 사적이 자리하는 위치가 급격한 법면이나 불안정한 바위로 구성되어 있는 경우, 불안정한 바위 및 법면을 안정화시키기 위해서 보존과학적·토목공학적 조치가 필요할 때도 있다.

그러나 이러한 조치에는 사적의 역사문화경관에 어울리는 재료나 공법이 적절하게 사용되지 않는 경우가 많으므로, 사적의 가치에 영향을 미치지 않거나 토목공학적인 처리 외에는 적절한 방법을 찾는 것이 불가능한 경우에만 검토한다. 그 밖의 경우에는 전통적인 방법을 사용하며, 현대적인 공법에서도 경관상 눈에 띄지 않는 방법을 연구함으로써 사적의 역사문화경관 보존에 힘쓸 필요가 있다.

법면 녹화

경사지를 안정화시키는 데는 경사지 자체의 안정을 도모하는 방법과 성토 및 옹벽을 통해 법면의 안정화를 꾀하는 방법이 있다.

경사지는 수목 등의 뿌리에 의해 어느 정도 안정된 상태를 유지할 수 있다. 반면 너무 큰 수목은 강풍 등에 휩쓸려 경사지의 붕괴를 유발하기도 한다. 따라서 해당 사적의 식생을 조사하고, 그 결과에 따라 식재와 간벌을 검토해야 한다.

성토 또는 옹벽으로 인해 법면이 생성되는 경우에는 지반이 안정화되기까지 상당한 시간이 걸린다. 공법상 이를 보완하려면 판축이나 말뚝 등을 이용하여 성토면을 안정시키고 표면에 잔디를 식재하거나 지피식물로 녹화함으로써 경사면의 안정을 도모한다.

녹화에 의한 법면 보존

왼쪽
녹색토 보강공법
Seed spray+거적덮기
종자를 살포한 후 볏집으로 만든 거적에 종자와 비료를 접착하여 균일하게 덮는 공법으로, 주로 성토부에 적용된다. 비교적 경사면이 급하지 않은 곳에 적용되며, 초기에는 초화류가 생육되고 장래에 관목류가 자라면서 경사면을 보존하게 된다.

오른쪽
자연생태복원공법
(GNS)
생태복원형 자연토양·황토·자연섬유를 주재료로 제조한 녹화기반제를 비탈면에 취부하는 건식공법으로, 주로 절토부에 적용되며 공사비가 저렴하다. PE망, 철망 등을 설치한 후 기반제층과 종자층을 취부하고 초본 및 목본류 위주로 녹화하여 경사면을 보존한다.

말뚝을 통한 법면 보강공사

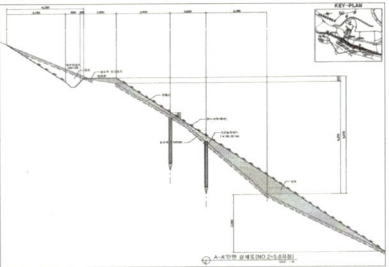

왼쪽 법면 기초말뚝공사-기초말뚝 박기
오른쪽 법면 기초말뚝공사-기초말뚝 박기 도면 녹생토 보강공법이나 자연생태 복원공법만으로도 유지가 가능하지만 지형의 특성상 급경사지나 성토된 법면 또는 토사의 지반이 연약한 경우에는 경사지에 말뚝으로 보강하고 그 위를 흙과 잔디로 덮어 법면을 보강하는 방법도 유효하다.

잔디식재법

위.
왼쪽 계단식 잔디심기
오른쪽 계단식 잔디심기 개념도 경사가 급하거나 우수량이 많은 곳에서는 잔디를 식재하면 쓸려 내려갈 우려가 있다. 이때는 계단식으로 수평이 유지되도록 잔디의 일부를 살짝 겹치게 깔아서 법면을 보존한다.

아래.
왼쪽 경사식 잔디심기
오른쪽 경사식 잔디심기 개념도 통상 지표를 보호하기 위한 방법으로 지형을 따라 잔디를 식재한다. 경우에 따라서는 줄떼 전체를 잔디로 심는 것이 아니라 한 줄 건너 한 줄씩 심는 경우를 검토하기도 한다.

옹벽을 통한 경사면 보존

위
왼쪽 RC 옹벽 문화재공사에는 잘 사용되지 않으며, 문양 거푸집을 이용하여 무늬를 낼 수는 있으나 자연스럽지 않다.
오른쪽 사적 주변 콘크리트 옹벽 전통적인 건축물의 배경에 문양을 넣어도 콘크리트 옹벽은 여전히 이질감을 준다.

아래
왼쪽 블록형 보강토 섬유보강재 공기 단축과 시공의 용이 및 식생이 가능하지만, 식생하지 않으면 인위적인 느낌이 든다.
오른쪽 자연석쌓기 공정이 단순하고 시공이 빠르며 자연석 사이에 식재하여 자연스러워 보이나, 일본석 쌓기로 알려져 있으므로 문화재에 적용하기 위해 전통 쌓기법에 따라 시공할 필요가 있다.

전통적인 석축 쌓기법

장대석 바른층 쌓기

막돌 바른층 쌓기

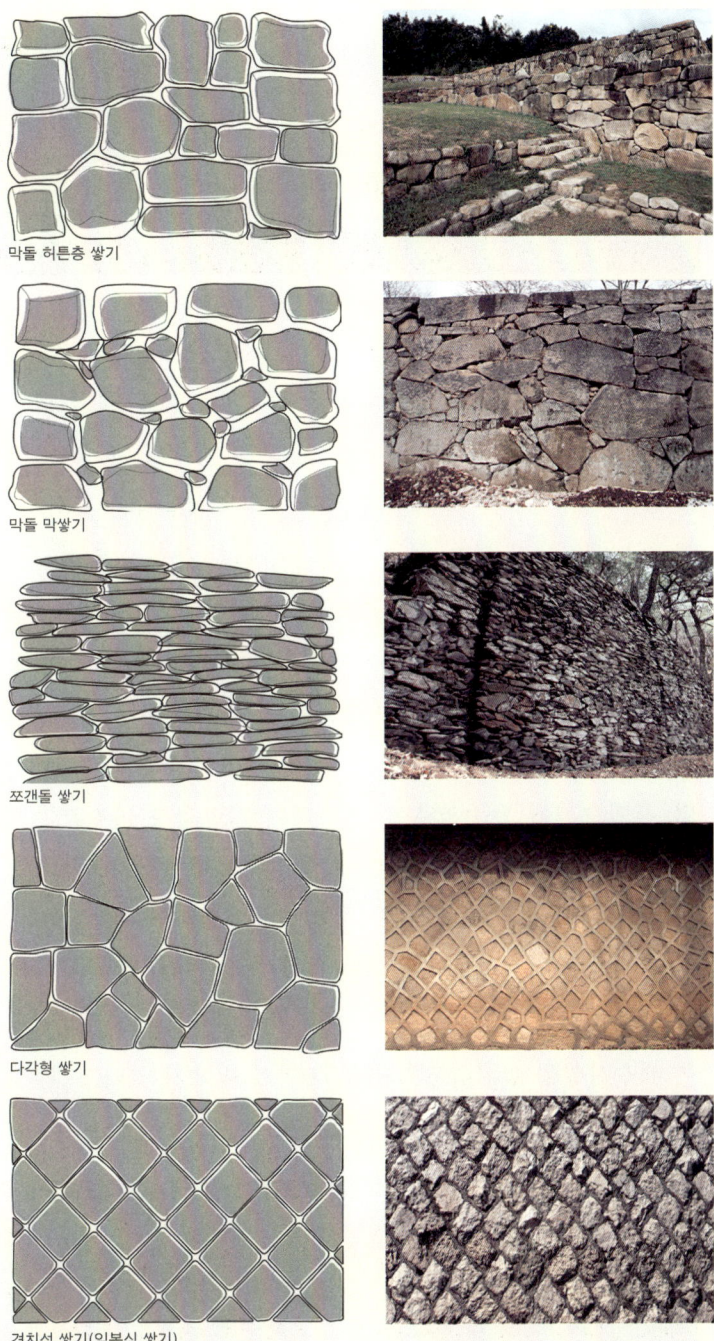

막돌 허튼층 쌓기

막돌 막쌓기

쪼갠돌 쌓기

다각형 쌓기

견치석 쌓기(일본식 쌓기)

우리나라 전통 쌓기법이 아니며, 근대기에 많이 사용되었다. 문화재 주변 공사에서는 견치석 쌓기를 지양하고 전통 쌓기법을 권장한다.

들여쌓기

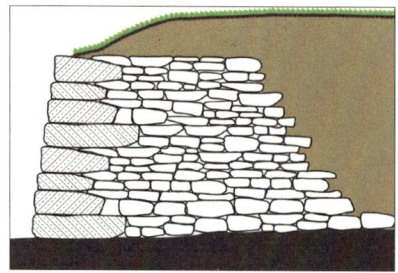

단애 보존

사적이 단애斷崖, 바위, 절벽부에 자리하고 있거나 단애부가 사적과 일체화된 역사문화환경을 구성하는 특수한 상황일 때는 보존을 위한 방법을 검토해야 한다.

통상 단애부의 불연속면 틈새 절리 생성, 암반 풍화로 인한 균열, 암반 돌출 및 이격, 하부 지반의 유실과 풍화로 인해 전도파괴의 위험이 생기는 경우가 많다. 이럴 때는 경관을 고려하여 기계적 풍화와 구조적인 불안정을 유발하는 수목을 없애고, 암반 상태를 확인하여 안전에 위험을 줄 수 있는 요소를 제거해야 한다.

균열 부위는 보수 충진경량 모르타르 등을 이용하여 하중 발생을 경감한다하되, 혼합수지에 동종 석분을 사용하여 기반암과 이질감이 발생하지 않도록 하는 등의 조치가 뒤따라야 한다. 또한 석축 사이나 단애부에 번식하는 잡초 등에 의해 석축 또는 단애부의 균열과 헐거움 또는 배부름이 생기기 때문에 적절한 간벌이 필요하다.

법면과 단애부는 붕괴 및 토사 유출의 위험성이 있으므로 적절한 배수시설을 설치하고 지표를 녹화할 필요가 있다. 이때는 재래종으로 검토하여 역사문화환경이 조화를 이루도록 한다.

왼쪽
서울 잠두봉 유적
보존처리 전

오른쪽
서울 잠두봉 유적
보존처리 후

왼쪽
단애부 철망 보강

오른쪽
제주 천제연,
낙석 예방
받침대 보강

드잡이

건축에서는 드잡이를 기울거나 내려앉은 건물을 해체하지 않고 그대로 작키나 탕개턴 버클 등을 써서 바로잡는 일 또는 기둥이나 보 등의 큰 부재를 들어맞추는 일로 정의하고 있다. 사적정비에서는 이에 더하여 흐트러져 있는 발굴 유구에서 해체를 동반하지 않고 석재나 목재 등의 부재를 바로잡는 것 정도로 이해할 수 있다.

이러한 사적은 정비방침에 따라 유구를 그대로 존치하기도 하는데, 이때 붕괴나 이탈이 심해지거나 드잡이를 통해 원래의 형태를 이해하는 것이 가능한 경우에는 드잡이기법을 검토한다. 통상 사적정비에서 드잡이기법을 사용하는 경우에는 일부 유실된 구간을 보충해야 유구의 상태를 오랫동안 유지할 수 있으므로, 원래의 석재나 목재를 바로잡아놓고 동일한 재료와 동일한 마감을 통해 정비한다. 이때 재료의 가공에는 이질감이 없도록 하고, 필요에 따라 신재임을 알 수 있는 표식을 남겨둔다. 특히 지하에 묻혀 있던 유구를 노출시킬 때는 보존처리가 필요한 경우도 있다.

드잡이를 검토할 때 유구의 일부 잔존구간이 양호하게 남아 있는 경우에는 이를 보존하기 위해 훼손되거나 배부른 부분만을 보수하는 방안을 강구한다. 상부에 새로운 구조를 추가하여 구축할 경우에는 구조적인 보강을 검토할 필요가 있다. 상부구조를 드잡이함에 따라 하중을 받치는 기초부에 대해서도 검토해야 하며, 목조건조물도 지반에 문제가 생겨 드잡이를 검토하는 경우가 많으므로 지내력 등을 시험하여 상부구조에 드잡이 기초부를 보강하는 방안을 검토한다.

1
석축 드잡이를 위한 번호표 부착

2
석축 드잡이와 뒤채움
체성부의 해체 보수를 위한 성석에 번호표를 부착하고 도면을 작성한다. 다시 쌓을 때는 도면과 번호표를 비교하여 위치를 정확히 파악하고 뒤채움을 충실히 하여 구조에 문제가 생기지 않도록 한다.

3, 4
석재 드잡이

5
신재 보충

6
건물터 기단 드잡이와 신재 보충
드잡이 후 신재를 보충할 때는 기존과 같이 마감하여 이질감이 들지 않게 하고, 재료를 접합할 때는 구재를 그대로 두고 신재를 그랭이하여 접합한다.

성토

사적정비에서 유적 또는 유구를 보존하는 가장 기본적인 방법은 흙으로 피복하는 것으로, 일반적으로 유구면 성토를 통해 유구를 보존할 수 있을 만큼 효과가 높다. 또한 발굴조사가 완료된 후에 일시적인 보존이나 정비를 위해 일정 시간 동안 유구를 보존해야 하는 경우에는 반드시 성토할 필요가 있다. 유구를 보존할 목적으로 성토할 때는 노출된 유구면에 직접 시행하는 유구 양생층과 그 위에 보존상 필요한 두께까지 시행하는 성토층이라는 두 개의 층이 필요하다.

유구 양생층은 유구가 존재하는 층과 성토층 사이에서 유구면의 형상이 훼손되지 않도록 보존하기 위해서 실시하는 토층으로, 모래를 사용하는 경우가 많다. 단, 바닷모래는 염해를 가져올 가능성이 있기 때문에 강모래를 사용하는 것이 원칙이다. 유구의 형태와 성질에 따라 모래를 두껍게 해야 하는 부분과 그렇게 하지 않아도 지장이 없는 부분으로 구분할 수 있다. 유구면의 모래 양생층 시공은 인력으로 하는 것이 원칙이며, 그 위에서 누르거나 다지지 않는다. 최근에는 토목섬유를 사용하여 유구면을 보호하는 시공을 하기도 한다.

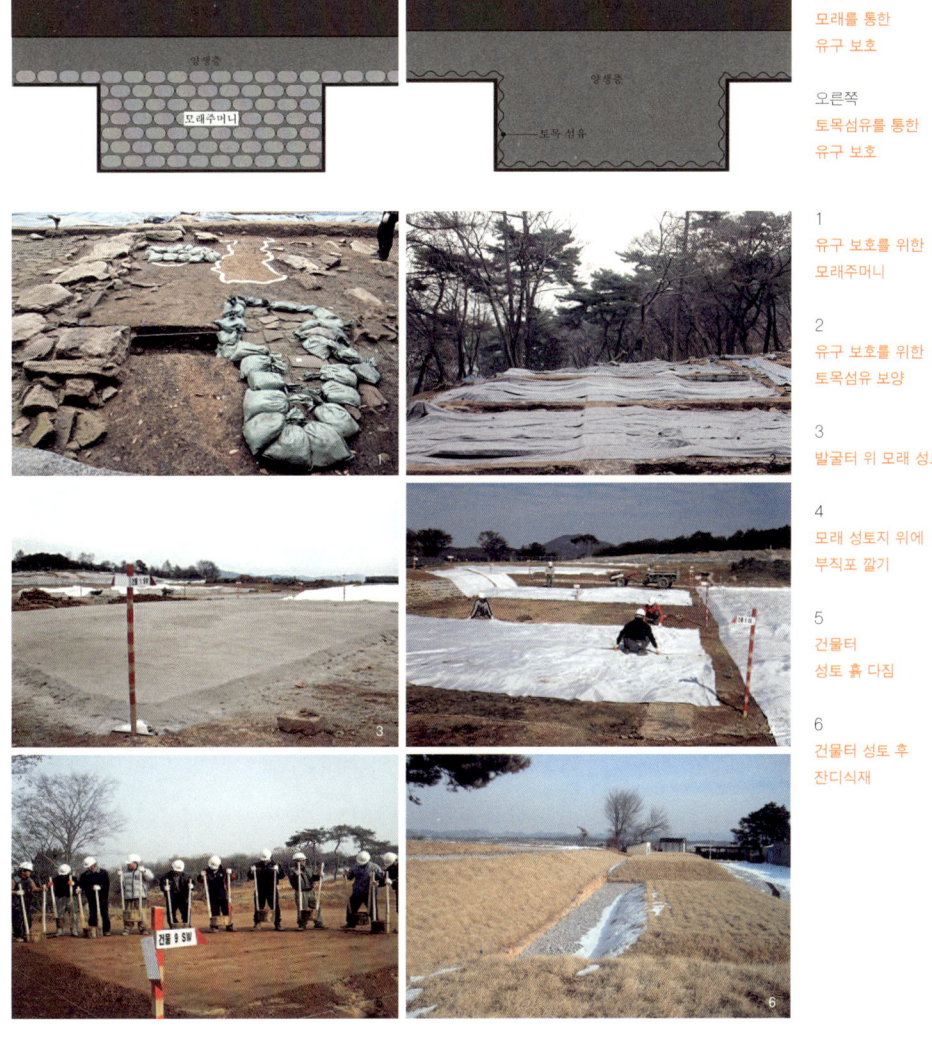

왼쪽
모래를 통한
유구 보호

오른쪽
토목섬유를 통한
유구 보호

1
유구 보호를 위한
모래주머니

2
유구 보호를 위한
토목섬유 보양

3
발굴터 위 모래 성토

4
모래 성토지 위에
부직포 깔기

5
건물터
성토 흙 다짐

6
건물터 성토 후
잔디식재

유구 양생층 위에 성토층을 시공할 때는 주위의 토질과 유사한 사질토 또는 점질토를 적절한 두께로 쌓아서 충분히 다진다. 유구 양생층의 상면부터 성토층까지는 인력으로 하는 것이 기본이며, 일정 높이 이상에서 다짐한다. 유구의 보존을 위한 성토의 두께는 상면에 시행하는 정비의 수법에 따라 차이가 있지만, 일반적으로

50~100센티미터 높이로 성토한다. 일본의 경우에는 80센티미터 높이로 성토하는 것이 기본인데, 식물의 뿌리가 유구에 미치는 영향을 최소화할 수 있는 깊이라는 판단에서 일반적인 수치로 활용하고 있다. 그 밖에 사적정비의 차원에서 성토와 절토를 병행하여 지형을 복원적으로 검토할 필요도 있다.

성토 후에는 유구표시 등의 기법과 병행하여 성토층의 표면을 처리한다. 일반적으로 잔디 등 지피식물을 식재하는 경우가 많으며, 최근에는 성토층 위에 유물 또는 유구를 복제하고 잔디 외에 삼화토 등의 다양한 재료를 사용하여 마감하기도 한다. 토성 같이 법면의 안정화를 위한 판축공법을 쓰거나 말뚝과 울타리를 병용하여 성토를 안정시키면서 표면은 잔디 및 이끼 등의 지피식물로 녹화한다.

사적 내의 지표면 우수로 인해 물이 고이거나 흘러넘치게 되면 지하 유구에 악영향을 미칠 가능성이 있다는 데 유의해야 한다. 따라서 지하 유구의 보존을 충분히 고려하면서 적절한 배수로에 관해 검토할 필요가 있다. 기존의 지형이나 발굴조사에 의해 지하 수맥에 영향을 미칠 수 있으므로, 지하수의 수위에 유의하여 발굴조사를 끝내고 성토할 때 적절한 두께의 모래층을 확보하는 방안을 검토한다.

이처럼 사적정비의 성토에서는 지하 유구의 보존을 충분히 배려하면서 필요에 따라 유구 주변에 차수벽을 설치하는 등의 방법을 모색해야 한다. 지역의 특성상 한랭지에서는 추위로 인해 유구가 변형될 염려가 있기 때문에 경우에 따라 동결 심도보다 두터운 성토가 필요하다.

보존처리

사적의 보존기법에는 열화 및 풍화, 파손이 진행되는 속도를 억제하거나 방지할 목적으로 유적 및 유구 자체에 실시하는 보존처리와 유적 및 유구의 훼손 또는 파괴를 억제하기 위해 주변 환경을 개선하고 보존이 가능한 조건을 갖추는 보존환경 개선의 두 가지 방법이 있다.

이러한 기법은 사적정비 후에 유적 및 유구를 노출시켜 전시하거나 복토를 통해 지하 유구를 보존하고 성토한 윗면에 별도의 재료를 이용하여 유적 및 유구를 표현하는 방법 등과 병행하여 사용하기도 한다.

보존처리 | 보존처리란 유적 및 유구의 열화 및 풍화, 파손의 원인과 경과를 과학적으로 파악하여 진행을 방지하거나 훼손 속도를 저하시키려는 목적으로 유적 및 유구에 직접 시공하는 보존과학적 처리기술을 말한다.

토양·석재·목재 등 유적 및 유구의 소재로 인한 차이뿐만 아니라 열화 및 풍화·파손의 원인과 정도 등에 따라 보존과학적인 수법에 의한 재질의 강화처리방법과 공학적 기법에 의한 구조보강 등 다양한 보존처리기술을 선택한다.

전자의 경우에는 적절한 수지의 도포 또는 주입을 통한 강화처리기법을 포함하여 파손된 부재를 접착제로 접합하는 수법 등이 있다. 그 밖에 암각불 등의 암반 표면에서 추출되는 광물 및 지의류 등의 제거에 관한 수법도 있다. 후자의 경우에는 앵커볼트 등을 이용하여 파손된 부재를 접합하는 기법을 포함하여 조립구조재를 외측에서 보강하기 위해 실시하는 지지보강공사 등이 있다.

유적 및 유구에 관한 보존환경의 개선은 경관과 관련이 깊다. 배수를 검토할 때도 유적 및 유구와 이질감 없이 어울리는 재료를 선택할 필요가 있다. 우수의 유입을 방지하기 위한 기법이 주변에 또 다른 영향을 미치지 않도록 방법을 강구하는 것도 중요하다.

요시노가리
노출 유구의 보존처리

보존환경의 개선

보존환경의 개선이란 유적 및 유구에 직접 실시하는 것이 아니라 주변의 다양한 환경을 개선하고 보존상 필요한 조건으로 정비하는 작업을 말한다. 유적 및 유구의 보존을 위해 실시하는 성토를 포함하여 적절한 배수시설의 설치를 예로 들 수 있다.

그 밖에 주변 지형과 일체가 되어 존재하는 암각화, 석실, 분묘 등의 경우에도 주변에서 유입되는 우수 등으로 인한 악영향을 방지하고 석실 내부의 습도 등 보존환경을 적절히 유지하기 위해 분구의 주변에 배수시설을 설치하는 등의 조치를 하기도 한다. 유구에 미치는 식생환경의 영향, 주변을 통과하는 도로 및 통과 차량 등이 미치는 소음 또는 진동 등의 악영향, 관람객의 통행이 미치는 영향 등에 대해서도 적절히 제어할 방법이 필요하다.

그리고 유적 및 유구의 보존이 목적일 때는 가역성을 갖춘 기술을 사용하는 것이 바람직하다. 가역성이란 해당 기술을 사용함에 따라 유구의 재질이 변하지 않고 본래 상태로 되돌아갈 수 있는 성질을 말한다. 유적 및 유구를 구성하는 부재가 풍화 및 열화에 의해 붕괴될 위험이 있는 경우에는 원재료의 성질을 근본적으로 바꾸지 않는 범위 내에서 강화처리 등의 보존처리를 실시할 필요가 있다. 발굴조사로 출토된 목부재의 형태를 유지하기 위해 함유하는 수분 등을 다른 물질로 치환하거나 풍화 및 열화된 암석 또는 토양 입자 간의 공극을 다른 물질로 충진하고 강화를 도모하는 것 등이 이에 해당한다.

경우에 따라 유적 및 유구에 보존과학적 기술을 적용할 때 해당 기술의 사용이 문제가 없는지를 판단하기 위해서 유구에 대해 직접 또는 간접으로 시험을 실시한다. 직접 시험할 경우에는 유구의 핵심 부분을 피하고 전체 규모에 대한 시험 개소의 비율을 충분히 고려하여 실시할 면적을 최소한으로 한정한다. 또한 최소한의 표본을 추출하고 해당 시료에 대한 시험 결과를 포함하여 본격적인 보존처리를 실시하는 것이 적절하다. 특히 아직 실적이 없는 최신 기술을 사용하거나 기술의 사용에 관한 실적이 아주 적은 경우에는 사전에 반드시 공법시험조사를 실시해야 한다.

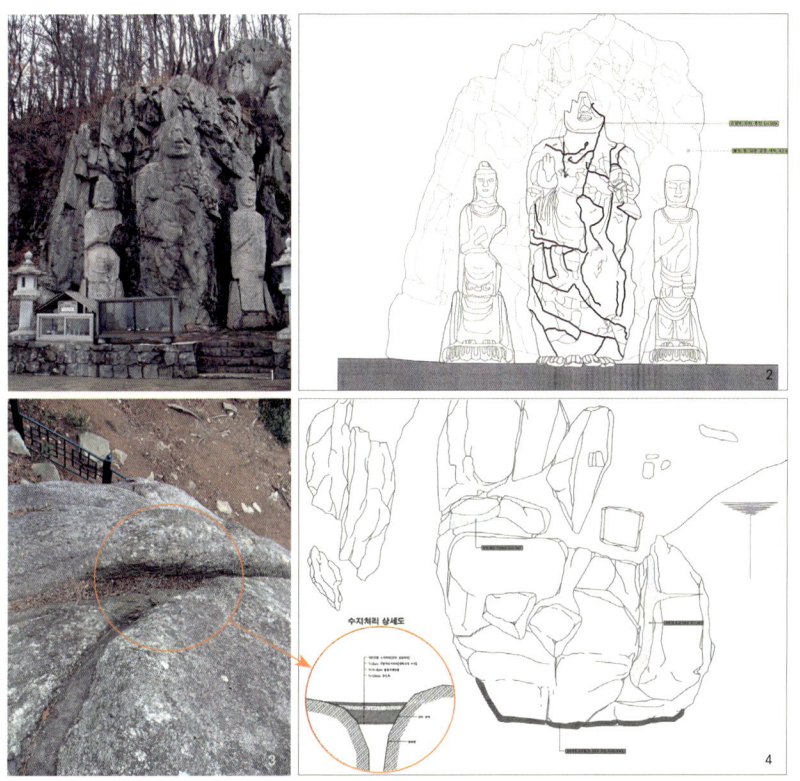

1
경주 서악리
마애석불상 정면

2
경주 서악리
마애석불상 균열부
수지 충진,
불상 및 암반 세척
암석의 특성에 의해 마애석불에 지속적인 균열이 일어나고 있어 수지를 충진하지 않으면 물의 침투에 의해 균열과 풍화가 가속화된다.

3, 4
경주 남산
탑곡마애조상군
물꼴로 인해 바위에 새겨진 조상군 앞으로 물이 흘러 풍화를 가속시키고 있다. 물꼴을 수지로 메워 물의 흐름을 바꿔줌으로써 보존환경을 개선시킨다.

열화 및 풍화, 파손의 원인을 규명하기 위해 실시한 조사의 내용과 성과를 토대로 사용한 보존처리기법 및 실시 경과 등은 반드시 보고서로 정리하여 출판한다. 특히 최신 기술을 이용한 경우에는 상세한 정보를 보고서에 게재하고 시공 후에도 경과를 관찰하여 공개하는 것이 무엇보다도 중요하다.

식재

식재를 통한 보존이란 지하에 매장된 유적이 외부로부터 받는 악영향을 피하기 위해 유적 및 유구의 상부에 다양하게 식재하여 보존 상태를 양호하게 유지하는 방법이다.

고분의 분구나 성곽 등은 주변 지형과 일체를 이뤄야 유적으로서의 가치가 보존되므로, 관리를 위해 최소한으로 필요한 식재 및 벌채만으로 충분한 경우가 많다. 경사면의 산림을 간벌하고 약간의 성토를 통해 지형을 보존하거나, 산재되어 있는 석재를 정비하고 토사의 유출을 막기 위해 지피식물로 지표를 피복하는 방법 등을 사용한다.

기존 식물의 뿌리가 유적의 보존에 영향을 미치는 경우에는 벌채 및 뿌리 제거에 관해 신중하게 검토해야 한다. 지하에 매장되어 있는 유적뿐만 아니라 지상에 표출되어 있는 석축 등의 보존상 벌채나 뿌리 제거를 해야 하는 경우에는 필요에 따라 발굴조사, 기록 작성, 유물 채집 등을 수반한다.

이처럼 최소한으로 필요한 식재와 간벌을 적절히 혼용하여 유적 및 유구를 덮고 있는 표토의 지표면을 안정시킴으로써 보존을 도모한다. 동시에 유적의 규모 및 형태를 알 수 있게 표현하여 사적의 이해에 도움이 될 수 있도록 한다.

1
서산 부장리 고분군
식재가 이루어지지 않아 우수에 의해 성토층이 깎여나가고 있다.

2
서산 부장리 고분군
잔디식재를 통해 법면을 보존하고 배수로를 설치하여 표면을 보존한다.

3
송월동
서울성곽근린공원
잔디식재 모습

4
익산 사자암의
낙석 피해
주변이 암석으로 구성된 곳은 간벌을 신중히 검토해야 한다. 지나친 간벌로 인해 암석이 떨어져나와 낙석에 의한 피해가 생길 수 있다.

5
광양 마로산성
성곽 주변의 일정 구간은 수목을 식재하지 않는 것이 바람직하다. 멀리 떨어진 적을 바라볼 수 있다는 본래의 기능을 살리는 것이 핵심이다.

6
연천 호로고루
수목 고사작업

벌채는 가능하더라도 뿌리 제거가 지하에 매장된 유적의 보존에 악영향을 미칠 가능성이 있다면 지하 유구의 보존을 위해 벌채 후에 뿌리를 고사시키는 방법을 사용한다. 나중에 뿌리가 썩어 구멍이 생기면 함몰된 부분에 적절히 흙을 보충하는 등의 조치를 취한다.

또한 급경사면의 벌채는 사적의 보존이라는 측면에 악영향을 미칠 수 있다. 뿌리가 제거되면서 경사면의 붕괴를 일으킬 가능성이 있으므로, 비탈면을 먼저 안정시킨 후에 벌채와 뿌리 제거의 영향을 확인하면서 작업을 진행한다.

향후 목표로 하는 산림의 수종 구성 및 밀도에 대해서는 해당 산림과 인접한 사적은 물론 주변 지역을 포함하여 현 식생과 예전 식생을 비교하고 현상과 관련하여 생태계를 유지하는 등의 관점에서 종합적으로 판단하여 사적의 환경을 개선하거나 보전할 필요가 있다.

사적의 표현기법 사적에 대한 올바른 이해를 촉진하기 위해 잠재되어 보이지 않는 유적 및 유구의 가치를 눈에 보이는 형태로 알기 쉽게 나타내는 다양한 기법을 말한다. 사적정비에 관한 기법을 개별로 적용할 것이 아니라, 지상부에 노출되어 있는 사적의 구성요소 및 그 외 다양한 요소의 내용까지 포함하여 해당 사적의 가치를 체계적이고 일관성 있게 표현하기 위해 적절히 조합하여 적용할 필요가 있다.

유구전시 유구전시란 발굴조사를 통해 출토된 유구의 상태를 나타내는 것으로, 지하에 매장되어 있던 유구를 드러내는 노출전시와 지하 유구를 성토하고 나서 바로 위에 유구의 형태를 본뜬 복제품을 전시하는 복제전시가 있다. 유구의 토층 단면 등을 수지로 전사시킨 다음 유구 바로 위에 성토하여 전시하는 전사전시도 있다.

이처럼 유구전시에는 몇 가지 수법이 있으며, 각각의 장점 및 단점을 이해하고 적용하는 것이 아주 중요하다. 유구전시의 수법을 적절히 적용하려면 유구면의 보존과학적인 처리기술 등에 관한 검토가 반드시 필요하다.

**유구
노출전시**

사적정비에서 노출전시는 유적 및 유구의 보존상태가 양호하고 의미를 전달하기 쉽거나 해당 유구가 역사문화환경과 일체화되어서 전시할 필요가 있는 경우에 사용하는 기법이다. 이 기법을 적용하는 경우에는 유구의 보존을 대전제로 하며, 지하에 매장된 유구에 관해서는 보존과학적인 기법을 병용하여 확실히 보존하고 정비 후에도 철저히 관리해나갈 필요가 있다. 유구 노출전시의 전시 내용 및 방법 등은 발굴조사 이후 기본구상 단계부터 사적의 전체적인 조화를 고려하여 정비 방향에 따라 상세하게 검토해야 한다.

노출전시를 할 때는 유구가 토양과 석재로 구성되는 경우를 포함하여 해당 유구가 지하에 매장되어 안정적으로 보존되던 상황에서 외부와 접촉하는 불안정한 상황으로 바뀌기 때문에 보존처리기술을 병용해야 하는 경우가 많다. 또한 유구의 적절한 보존을 위해 관람객의 출입을 제한하는 울타리의 설치를 검토하고 정비 후 유지 관리의 내용 및 방법 등에 관해서도 상세하게 살펴볼 필요가 있다.

왼쪽
익산 미륵사지 금당터
초반석과 초석
노출전시

오른쪽
경주 감은사지 감당터
금당 내부 노출전시

**유구 노출전시+
보호각**

유구를 노출시켜서 전시하려면 보존을 위해 보호각의 설치를 검토해야 하는 경우도 있다. 이는 유구를 보존관리하고 일반에게 공개 및 활용한다는 측면에서 유효한 기법이다. 보호각의 형태는 폐쇄형·개방형·반개방형으로 구분하며, 대상 유적 및 유구의 특성·입지·기후·지하수의 영향 등을 고려하여 설치를 검토한다.

통상 보호각이 있을 때는 발굴유구를 노출시키고 주변에 기초를 구성하여 보호각을 씌우거나 그 위에 유리 등을 깔아서 유구가 보이도록 하는 방법 등을 사용한다. 이 수법을 적용하는 경우에는 유구의 적절한 보존을 위해 보존과학적 처리를 해야 하며, 이때 유리면에 생기는 결로에 대해서도 대책을 강구할 필요가 있다.

또한 보호각의 기초부를 설치할 때는 지하 유구에 유의해야 하고, 보호각의 외관이 유적의 경관에 미치는 영향에 관해서도 충분히 고려해야 한다. 지형 및 입지에 따라 지하수의 유입이 우려될 때는 주위에 암거 또는 차단막의 설치를 검토해야 하는 경우도 있다.

유구를 노출하여 전시할 때는 표면이 이끼 등의 지피식물이나 결로에 의해 훼손될 가능성이 있다. 따라서 지속적인 관리가 필요하고 주기적으로 보존처리하는 방안을 검토해야 한다. 보호각을 구성할 때도 제주도의 경우에는 염분이 섞인 해풍을 피해 지붕 마감재를 티타늄으로 하는 등 지역의 풍토나 기후에 따라 특수한 재료를 검토해야 한다.

1
가마터 노출 전경

2
고인돌 노출 전경

3, 4
오사카 역사박물관 지하 유구전시
오사카 역사박물관은 건립 시 지하 유구를 보존하기 위해 건물을 필로티로 띄워 유구를 훼손하지 않고 그 위에 건물을 세웠다. 현재 지하 유구를 노출하고 건물 1층 바닥에 유리로 관람 창을 만들어 전시하고 있다.

유구 전사전시

전사전시를 하면 유구를 파괴하지 않으면서 그 형성관계를 토층으로 파악할 수 있으므로, 토층 단면전사를 검토할 때 주로 사용된다. 이를 위해서는 발굴조사를 실시하기 전부터 계획을 수립할 필요가 있으며, 고고학 전문가 및 보존과학 전문가의 지도 및 조언을 참고하여 실시해야 한다. 특히 토층 단면전사에는 고도의 지식과 기술이 필요하므로, 보존과학 전문가의 지도 및 조언 아래 실시해야 한다.

그 밖에 유구 채취에 의한 전시에서 대형 유물 또는 유구의 일부를 들어내야 하는 경우에는 들어내는 방법에 충분히 주의할 필요가 있다. 대표적으로 경질 우레탄폼 고정법 및 동결 고정법을 사용한다.

1 일본 사야마이케 제방유적 단면전시

2 부산 동삼동 패총 토층 전사전시

3 후쿠오카 고로칸 도자기 폐기장 유구 이전전시

전시하려는 전사 토층의 전면에 유리를 설치하는 경우에는 반사에 의해 전시물이 잘 보이지 않아서 관람하기 어려운 경우가 있다. 전시 토층의 조명, 위치, 각도 등을 검토하여 관람의 편의를 도모해야 한다.

유구 복제전시 유구 검출 상황의 전부 또는 일부를 그대로 노출하여 전시함으로써 해당 유적의 가치를 전달하는 데 아주 높은 효과가 기대되더라도 유구의 보존이라는 관점에서 노출전시의 수법이 적절하지 않다면, 사적 자체의 진실성은 떨어지지만 유구 바로 위에 성토된 상면에 실물 크기로 출토 상태의 복제품을 만들어 복제전시를 하는 방안을 검토한다.

복제품은 유구의 보존을 고려하고 유구 형상의 직접적인 전사나 3차원 스캔 등의 성과 및 사진 등에 기초하여 강화 플라스틱 폴리에스테르 수지·에폭시 수지·유리섬유 등 등으로 제작하는 경우가 많다.

기후로 인한 열화 및 풍화, 인위적인 훼손 등으로부터 복제품을 보호하기 위해서는 자외선에 의한 탈색을 방지하는 시공을 하거나 방호 울타리를 설치하는 등의 대책이 필요하다. 상면에 유리를 설치하는 경우에는 내부의 결로 방지와 온도 조절을 위해 통기구 및 환기팬 등의 설치를 검토하고, 정비 후에 지속적으로 관리해야 한다.

왼쪽
무장국분니사
니방,
건물터 초석
복제전시

오른쪽
무장국분니사
니방,
복제 초석 표식
상세

유구표시

유구표시는 지하에 보존되어 있는 유구의 규모·배치·형태·성질 등에 관한 정보를 모식적으로 나타내는 것으로, 유구 바로 위의 성토면에 다양한 재료 및 공법 등을 사용하여 평면적·입체적으로 표시한다. 다양한 재료 및 공법 등을 통해 유구 바로 위의 성토면에 배치, 규모, 형상 등을 평면적으로 표현하는 평면표시와 평면적인 정보에 더하여 구조물을 입체적으로 표현하는 입체표시가 있다. 평면표시와 입체표시는 대부분 지하 유구를 중심으로 하는 유적의 유구를 표현하는 데 가장 중요한 수법으로 적용되고 있다.

유구표시에는 개별 유구에 관한 정보뿐만 아니라 여러 유구의 조합에 따라 구성되는 공간의 성질 및 역사적 변천, 규모 및 성질 등에 이르기까지 넓은 범위에 걸친 정보를 표시하는 것까지 포함된다. 그 밖에 의장이나 구조 등을 모식적으로 구성하면서 유구와 같은 재료를 사용하여 표시함으로써 구성재료에 관한 정보를 전달하는 경우도 있다.

유구표시의 수법을 적절히 적용하기 위해서는 기둥 흔적 등의 구조체를 목재 및 식물 등을 이용하여 표시하는 방안이나 유적 공간의 표현과 병행하여 개별 유구의 정리된 범위 또는 경계를 나타내기 위해 각종 포장재를 이용하여 표시하는 방안 등을 검토한다.

유구를 표시할 때는 출토된 모든 유구를 표시한다기보다는 관람객이 해당 유적에 관해 올바르게 이해하도록 정보를 효과적으로 전달한다는 방침이 중요하다. 따라서 학술적인 조사연구 성과로 밝혀진 유구의 시기, 성격 등의 정리를 포함하여 다양한 표현수법의 효과를 충분히 이해한 다음에 표현하는 유구의 선택, 표현수법의 내용과 방법의 적절한 조합을 통해 유적 전체에 걸쳐 종합적으로 검토해야 한다. 또한 유구 노출전시 및 전사전시를 검토할 때는 공사와 병행하여 발굴조사를 실시하는 경우가 많으므로, 상세한 발굴조사를 진행하기 전에 표현내용 및 방법 등의 개요를 미리 검토하고 발굴조사를 진행하면서 유구의 보존 및 전시에 관한 공법을 상세하게 확인할 필요가 있다.

평면표시

평면표시는 지하에 보존되어 있는 유구의 평면적인 배치, 규모, 형상 등에 관한 정보를 주로 포장 및 외곽선 표시 등을 통해 모식적으로 표현하는 수법이다. 이 기법을 사용하면 여러 유구의 중복 및 변천상을 나타내는 것이 비교적 용이하고 전체를 바라보는 것이 가능하기 때문에 지형과 유구의 전체 배치관계를 한꺼번에 나타낼 수 있다. 또한 활용의 측면에서 전망이 좋고 사용하기 편리한 공간을 정비하는 것이 가능하다.

1
무사시고꾸분니지
굴립주 건물터 표시
굴광구역과 굴립주 표시

2
무사시고꾸분니지
굴광구역과
굴립주 표시 상세

3
김해 대성동 고분군
무덤 표시벽돌

4
숭례문 체성부 표시
지금은 없어진 숭례문의 체성부를 도로 또는 인도 위에 표시해줌으로써 기존에 성벽이 지나간 자리를 알게 해줄 뿐 아니라 문화재에 대한 인식을 새롭게 한다.

반면 표현이 추상적이라서 일반 관람객이 이해하기에 어려울 수 있으므로, 표현방법에 대해 연구하고 안내판 또는 팸플릿 등의 해설을 병용하여 표시의 내용 및 의미에 관한 정보를 제공하는 등의 조합이 중요하다.

입체표시

입체표시는 검출된 유구에 관한 조사연구에 기초하여 다양한 재료 및 방법 등을 통해 입체적인 형상을 모식적으로 표현하는 수법이다. 평면표시에 비해 유구의 규모나 형상 등에 관한 구체적인 모습을 전하기 쉽고, 다양한 내용 및 방법으로 풍부하게 표현할 수 있다.

반면 일부 표현이 구체적이기 때문에 이 자체를 당시 유적에 존재했던 시설 등을 복원한 것으로 오해할 염려가 있으므로, 입체 표시의 대상이 되는 유구의 선택과 표현 내용 및 방법 등에 관해 충분히 검토하고 안내판 또는 팸플릿의 해설을 병용하여 표시의 내용 및 의미에 관해 적절히 전달되도록 한다.

왼쪽
다자이후아또
건물터 기둥자리
식재 표시

오른쪽
후지와라 궁
궁궐 담장터의 굴립주
표시

복원 복원은 발굴조사의 성과와 함께 사료, 사진, 지도 등을 연구함으로써 유구에 포함되어 있는 내용을 비롯한 여러 정보를 재편하여 검토하고 전시하는 것을 말한다. 또한 이미 없어져버린 것에 관해서는 완전한 복원이 불가능하므로, 전통적 건조물 및 구조물의 각종 수리 기술과 의장·구조·재료 등에 관한 학술적 연구에 근거한 유구 보존 및 방재에 관한 기술 등에 대해서도 검토할 필요가 있다. 이러한 작업에는 복원하려는 대상물의 입지, 경관, 시대, 유형과 관련 있는 전문가의 자문은 물론 행정적인 검토도 필요하다.

역사적 건조물의 복원뿐만 아니라 당시의 지형 및 식생의 복원, 유구의 규모 및 형태를 표현하기 위한 복원 등 대상의 특성이나 이용 방법 등에 따라 매우 다양하게 적용된다. 표현에 사용되는 재료 및 구조 등의 내구성과 노출된 유구의 보존상태 등에 관해 경과를 관찰하고, 특히 활용에 관해서 검토할 필요가 있다.

역사적 건조물 및 구조물 등의 복원을 포함하는 경우에는 다양한 국제협약과 각 국가별 지침 등이 근거가 된다. 우리나라의 경우에는 복원 사례가 극히 적고 기준도 명확히 확립되어 있지 않다.

참고로 일본에서 복원을 고려할 때 기준으로 삼는 내용을 간단히 정리해보면 다음과 같다.

1, 해당 유적이 시대적 변천 과정에서 가지는 모든 역사적 의의를 나타내기 위해 건조물 등을 복원하는 것이 가장 적절하다고 인정되는 경우
2, 역사적 건조물의 복원이 해당 사적 등의 역사적·자연적 경관과 총체적으로 어울리는 경우
3, 역사적 건조물 등의 복원이 해당 유적의 전체적인 보존·정비의 방침과 일치하는 경우
4, 보존관리계획이나 정비계획 등 해당 유적의 보존·관리·활용에 관한 종합 계획이 정해져 있고, 복원 후의 건조물 등의 유지·관리방침이 정리되어 있을 것
5, 복원하려는 역사적 건조물 등의 위치·규모·구조·형식 등에 관해 충분한 근거가 있을 것
6, 발굴조사 결과 명확한 유구가 확인되어 출토된 건축 부재 등에 의해 해당 건조물의 위치·규모·구조 등에 관한 지식이 학계 전반에 승인되어 있는 경우
7, 복원의 설계는 동시대·동종의 건조물 등의 유구 또는 건축부재, 그 밖의 유물에 기초하여 규모·구조·형식 등에 관해 아주 높은 개연성을 가질 것
8, 복원에 사용하는 재료나 공법이 원칙적으로 동시대의 것을 답습하면서 해당 유적이 소재하는 지방의 특성 등을 반영하고 있을 것
9, 복원하는 역사적 건조물 등의 구조 및 설치 후의 관리에 대한 안전성이 확보되어 있을 것
10, 복원 완료 후 유적의 관리에 관해 충분한 행·재정상의 조치가 확보되어 있을 것
11, 복원된 역사적 건조물 등을 시설로 활용하는 경우에는, 해당 유적의 보존·활용과 관계가 있고, 해당 유적에 어울릴 것
12, 복원을 위한 조사의 내용·복원 근거·복원 내용에 대해 여러 안이 있는 경우에는, 다른 안의 내용이나 복수안의 취사선택에 관한 검토 내용·복원공사 내용 등을 기록으로 남기고 이러한 개요를 복원 건물 등이 소재하는 장소에 제출하는 등의 조치를 취하여 유적의 올바른 이해에 지장이 생기지 않도록 할 것

부분 복원

부분 복원은 출토된 유구에 근거하여 본래의 재료 및 방법 등을 통해 입체적인 형상을 부분적으로 표현하는 기법이다. 발굴로 인해 기단부

가 일부 남아 있거나 적심 또는 초석이 일부 잔존하거나 하부구조는 복원이 가능하지만 상부구조를 알기 어려운 경우에 주로 채택한다.

잔존 유구를 성토하고 그 위에 같은 형상, 재료, 기법 등으로 복원하거나 기존의 유구에 신재를 보충하여 복원을 도모하기도 한다. 일본의 사례와 같이 상부구조의 일부를 부분적으로 복원하여 건축구조를 알기 쉽게 하는 경우도 있다.

1
거돈사지 금당 기단
발굴 후 드잡이하고 부분적인 신재 보충으로 기단 부분을 복원했다.

2
사누끼고꾼분지 승방터
기둥과 칸 사이를 점진적으로 복원했다.

3
후쿠오카 고로칸
유구 노출전시와 부분 복원전시

4
오사카 역사박물관
전시관 또는 박물관 내에 실제 크기의 일부 건물을 복원함으로써 관람객에게 실물의 공간감을 제공한다. 유구에 직접 복원하지 않음으로써 훼손을 방지하고 다양한 복원안에 대한 논란도 막을 수 있다.

전체 복원

전체 복원은 발굴조사의 성과를 토대로 사료나 사진 등의 조사연구 결과를 검토하여 유적 및 유구에 포함되어 있는 정보를 이끌어냄으로써 지금은 없어진 역사적 건조물 및 구조물 등의 전체 구조를 복원적으로 나타내는 기법이다. 유구 바로 위나 성토 조성면 또는 다른 위치에 당시의 재료 및 공법을 복원적으로 구현한다.

전체 구조·형상·기법 등이 밝혀지지 않은 것이 많으므로 오랫동안 다양한 분야에서 연구해온 성과가 필요하며, 한번 복원되면 연구 성과에 따른 새로운 복원안이 좀처럼 인정되기 어려운 현실을 감안하여 신중하게 접근해야 한다. 또한 연구 과정에서 얻은 결과물은 연구자의 근거자료로 발간될 필요가 있다. 복원의 근거로 사용한 참고 사례 또는 복원 과정에서 판명된 새로운 사실 및 변경사항 등을 보고서에 정확히 기술하여 적절하게 정보를 공개해야 한다. 수리 및 복원전시가 완료된 건조물 및 구조물 등의 내부를 활용하여 관람객에게 정보를 제공하는 방법도 있다.

1 복원된 경복궁

2 미륵사지 복원 동탑

3 재현된 백제역사문화단지
문화재를 본연의 장소가 아닌 다른 장소에 고증하여 세우는 경우에는 복원이라 부르지 않지만, 유구 보호와 다양한 복원안, 건축기술의 전승이라는 관점에서 재현도 고려할 필요가 있다.

4 성벽 복원정비
예산 또는 석공의 기능에 따라 이질감 있는 석축이 시공되는 것은 문제가 된다. 시간·비용·기술을 만족시키는 접점을 찾기 위해 노력할 필요가 있으며, 이러한 것이 보증되지 않을 경우에는 현황을 유지하는 편이 바람직하다.

5 전라병영성 체성부 보존구간
문화재의 모든 구간이 수리되고 정비되어야 하는 것은 아니다. 원형이 잘 남아 있는 구간은 오히려 보존하여 진정성 오리지낼리티 어센티시티을 보여주는 것이 더 설득력을 가진다.

6 법륭사 담장 구조보강
구조보강을 통해 문화재의 원형이 유지된다면 문화재 보존에 대한 하나의 방법으로 인식할 필요가 있다.

복원전시를 할 때는 유적뿐만 아니라 복원의 근거가 되는 각종 자료의 해석에 따라서 전시 내용에 큰 차이가 생기기도 한다. 하나의 건조물 및 구조물의 지하 유구에 대해서 다양한 복원안이 나오는 경우가 그러하다. 이때는 가장 설득력 있는 복원안을 선택하는 것으로 하고, 그 밖에 전시시설 등을 이용한 축소 모형을 통해 다양한 복원안을 제공하는 방법으로 객관적인 정보를 제공할 수 있다. 정보를 제공할 때는 복원의 근거 및 과정을 명시할 뿐만 아니라 복원안의 의도를 구별하여 나타내는 것도 좋은 방법이다.

또한 복원전시된 건조물 및 구조물 등의 주요 기능이 관람객에게 당시 건조물 및 구조물 등의 의장, 재료, 기술 등에 관한 정보를 제공하는 데 있다는 것을 충분히 인지해야 한다. 이를 활용하기 위해 구비해야 할 설비 등의 설치가 해당 건조물 및 구조물 등의 주요 의장, 재료, 구조 등에 큰 영향을 미치지 않도록 충분히 유의해야 한다.

지형복원

지형복원이란 주로 발굴조사 및 지형, 지질 등의 조사 외에 문헌 및 그림 등의 사료에 관한 조사 성과를 통해 사적의 역할 및 기능이 존속되던 시기의 지형을 연구하여 이전의 구지표를 복원적으로 조성하는 것을 말한다. 공사를 실시할 때는 유적 및 유구를 보존하고 지반을 정비한 후 주로 성토를 통해 예전 지형의 기복을 복원하고 표면 마감을 통해 복원한 지형의 기복을 안정화시킨다. 관리 및 운영과 공개와 활용의 관점에서 설치되는 관람로 등을 구성할 경우에는 지형복원 연구를 통해 밝혀진 과거의 공간 구조를 느낄 수 있도록 고려한다.

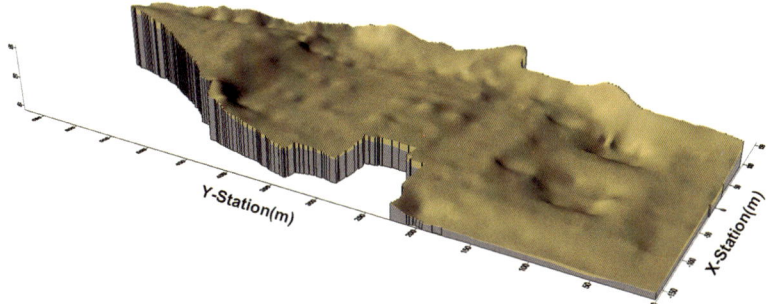

미륵사지 매립층
황금색으로 표시
《물리탐사를 통한 미륵사 대지 조성 분석 연구》,
국립문화재연구소,
2010. 186쪽.

식생복원

식생복원이란 주로 발굴조사 등으로 출토된 식물 유체씨앗, 가지, 잎 등의 화분 분석 등을 통해 사적이 존재했던 시대의 식생환경을 복원적으로 조성 및 육성하는 것을 말한다. 식생복원은 옛 자연환경을 재현하는 것이므로, 당시의 지형·지질·기후·수분 등 다양한 조건에 관한 학술적 검증의 성과에 따라 비슷한 식물군집 또는 식물군락을 복원하고 개연성을 높이기 위한 기술적인 연구가 필요하다. 식물생태학 및 조경학 등에 관한 전문가의 자문을 받아서 검토하는 것이 중요하다.

그러나 발굴조사 등으로 당시의 산림, 수목, 군락 등의 위치, 범위, 밀도, 식생 구성 등이 판명될 가능성은 낮다. 대부분의 경우에는 경관 또는 환경정비의 일환으로 식물 유체의 화분 분석 등을 비롯한 성과를 일부 복원적으로 구성하는 경우가 많으며, 정비에서는 기존 식생과의 조화를 고려하여 계획할 필요가 있다.

일본 요시노가리
식생정비

1) 구과목Coniferales, 주목과Taxaceae: 주목속Taxus, 소나뭇과Pinaceae: 소나무속Pinus, 측백나뭇과Cupressaceae: 측백나무속Tbuja
2) 참나무목Fagales, 자작나뭇과Betulaceae: 자작나무속Betula | 오리나무속Alnus | 서나무속Carpinus, 참나뭇과Fagaceae: 참나무속Quercus | 밤나무속Castanca
3) 버드나무목Salicales, 버드나뭇과Salicaceae: 버드나무속Salix
4) 쐐기풀목Urticales, 느릅나뭇과Ulmaceae: 느릅나무속Ulmus | 팽나무속Celtis
5) 용담목Genitianales, 물푸레나뭇과Oleaceae: 쥐똥나무속Ligustrum
6) 벼목Graminales, 볏과Gramineae, 사초과Cyperaceae
7) 부들목Pandanales, 부들과Typhaceae
8) 초롱꽃목Campanulales, 국화과Compositae: 쑥속Artemisia
9) 중심자목Centrospermales, 명아줏과Chenopodiaceae
10) 천남성목Arales, 천남성과Araceae
11) 백합목Lilales, 백합과Liliaceae
12) 소생식물목Helobiales, 택사과Alismataceae

**식생환경
복원
검토 사례**
단양
수양개 유적
꽃가루 분석

**전시 및
교육시설**

전시 및 교육시설은 정비된 사적을 보완하는 것으로서 사적의 의미와 발굴 성과, 유물 등을 전시하고 패널, 모형, 동영상 등으로 이를 전달하는 데 목적이 있다. 체험학습시설은 이와 관련된 도구 등을 통해 사적의 가치를 능동적으로 이해하는 하나의 수단으로, 다른 프로그램과 연계하여 시너지 효과를 얻을 수 있다.

전시관 전시관은 문화재 발굴조사 결과 출토 유물을 보존 및 전시하고 고문서, 회화, 조각 등의 역사·고고학적 유물과 동물, 식물, 광물 등의 문화재 관련 자료를 수집·보관·전시·연구하는 시설이다. 문화재를 효율적으로 활용하여 관람객에게 다양한 문화재를 접촉할 기회를 제공하고 우리 문화재에 대한 자긍심을 고취하며, 문화재의 도난·화재·훼손·멸실을 방지하고 안전 보존 및 관리체계를 구축하기 위해 건립한다.

　　전시관은 사적 전체의 경관과 입지를 고려하여 인접한 지역이나 부근에 설치하며, 관람 및 이용 동선의 관점에서 관람객을 사적으로 적절히 유도하기 위한 가교적 역할도 담당할 필요가 있다. 그 밖에 보존시설·편의시설·유지관리시설과 조화롭게 배치하고, 의장계획에 관해서는 사적의 시대적 특성과 근접하는 정비 공간의 특성에 맞추거나 해당 사적이 입지하는 지역의 전통적인 건축물에 맞추는 등의 방안을 고려한다. 그중에서 사적의 특징 및 가치와 부지의 특성, 정비의 기본방침 등을 검토하여 가장 적절하다고 생각되는 의장계획을 정한다.

　　전시관을 시공할 때 기초를 설치하기 위한 지면은 소형기계 또는 인력으로 굴착하는 것이 기본이며, 시·군·구 등의 문화재 담당자는 지하 유구가 파괴되지 않도록 기초 굴착작업에 입회한다. 가설공사에서 자재 이동과 화물 운반에 사용하는 크레인과 리프트 등의 특정 기계나 높은 곳에서 작업하기 위한 비계 등을 설치할 때도 굴삭이 생기지 않도록 유의해야 한다. 전시관을 구성할 때는 사적이 가진 학술적 가치를 해설하여 실제 관람하는 데 이해를 돕거나 유적 및 유구의 파악을 위해 전달해야 할 내용 등을 알기 쉽게 전달하는 것이 중요하다. 이러한 정보의 제공수법에는 설명 패널과 모형 등을 전시하거나 비디오 등을 활용한다. 또한 사적의 소개뿐만 아니라 관련 행사와 주변의 문화재에 대한 정보를 제공하는 것도 해당 사적의 활용을 촉진하는 좋은 방법이다. 휴식기능이나 관리기능 등을 전시관의 역할에 포함시켜 시설을 효율적으로 이용하는 방안도 고려해야 한다.

전시 내용을 구성할 때는 사적이 가진 역사적·지역적 배경에서 가장 전달하고 싶은 주제를 설정하여 전시관의 전시계획뿐만 아니라 건축계획에도 반영한다. 기본적으로 사적이 가진 지역적 특색이나 대상 사적과 유사한 인접 지역의 문화재와 비교함으로써 해당 사적의 성격을 명확히 할 수 있다. 사적의 옛 모습을 컴퓨터 그래픽이나 3차원 영상으로 재현하여 가상공간에서 체험적으로 구성하거나, 사적의 야외 전시시설과 병행하여 전시관 안에서 유구와 유물 등의 복제품으로 발굴을 해보고 유물을 맞춰보는 등의 프로그램을 개발하는 것도 중요하다. 위성합법장치GPS를 이용하여 사적 안을 걸으면서 땅속의 매장문화재 등에서 얻은 정보를 제공받는 기술 등이 해외에서 사용되는 사례도 있다. 전시관에서 구성되는 전시방법은 다음과 같이 나누어 살펴볼 수 있다.

전시관의 전시방법

유물전시 출토 유물이 국가에 귀속되거나 외부 환경에 민감하다면 복제품을 활용하고, 유구를 표현할 때는 전사한 토층 등을 전시하여 이해를 높인다.

모형전시 한눈에 파악하는 것이 어려운 거대한 사적의 경우에는 사적 전체 지형이 포함된 모형을 통해 전시한다. 유적 및 유구에 따른 복원적인 모습을 보여주는 경우에는 부분적인 1대 1 스케일 또는 작은 스케일의 모형을 통해 관람객이 옛 모습을 상상할 수 있게 한다. 또한 고분의 석실 등 공개할 수 없는 유적 및 유구를 모형으로 전시하여 사적의 이해를 한층 도모할 수 있다.

패널전시 사적의 전체 구성을 설명을 통해 파악하거나 발굴조사의 성과를 이해할 수 있도록 지도·사진·자료 등을 해설 내용과 함께 벽면에 전시한다.

영상전시 TV나 프로젝터 등을 이용하여 사적을 소개하고 발굴조사 당시의 장면, 연출된 당시의 역사적 상황 등을 방영한다.

컴퓨터 이용 전시 관람객이 자신의 흥미에 따라 컴퓨터 단말기를 조작하여 사적과 관련된 정보를 능동적으로 수집할 수 있도록 구성하거나 가상의 공간을 체험하게 함으로써 사적의 이해를 도모한다.

체험전시 실외에서 체험할 수 있는 것과 달리 출토 유물 등을 만져보거나 맞춰보고 의상을 입어보거나 출토 유물의 형태로 만들어보는 프로그램을 준비한다.

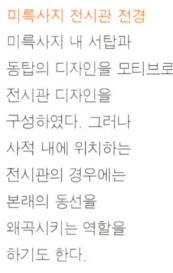

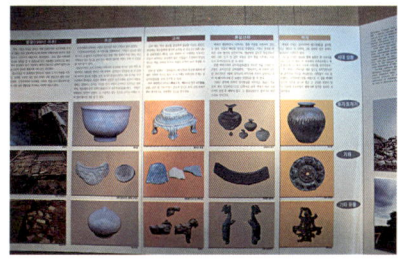

1
미륵사지 전시관 전경
미륵사지 내 서탑과 동탑의 디자인을 모티브로 전시관 디자인을 구성하였다. 그러나 사적 내에 위치하는 전시관의 경우에는 본래의 동선을 왜곡시키는 역할을 하기도 한다.

2
제주 추사관

3
홍성 홍주성 내 전시관
최근에는 전시관을 지정구역 밖에 위치시키는 것이 일반화되고 있으며, 주변 경관보다 낮게 구성하여 경관을 보전하고 상부는 활용을 위한 장소로 유도하는 경우가 많다.

4
일본 가즈사고꾸분니지의 모형과 전시관
전시관 내 모형과 유리창 건너편의 유적을 일치시킴으로써 관람객의 상상을 자극하도록 연구하였다.

5
공주 무령왕릉을 실제 크기로 전시하기 위한 모형

6
미륵사지 유물 전시 전경

7
미륵사지 패널전시

8
연천 전곡리 야외전시

체험학습 시설

체험학습시설이란 관람객이 사적의 가치를 능동적으로 이해하도록 돕기 위한 하나의 수단이라고 할 수 있다. 도구의 제작 및 사용, 각종 작업과 생산활동, 의식주에 관한 체험 등 사적의 성격에 따른 각종 체험학습이다.

해당 사적이 속하는 시대의 역사 및 문화를 학습하는 것뿐만 아니라 각 시대의 역사와 자연 및 지역의 특색을 주제로 프로그램을 확대해나갈 필요가 있다. 이러한 체험학습을 통해 사적이 가진 가치를 적극적으로 나타낸다.

체험학습시설이 건축물의 형태를 가지는 경우에는 전시관과 비슷한 내용으로 구성되지만, 경우에 따라서는 옥외체험 등도 생각할 수 있기 때문에 옥내와 옥외시설을 조합한 시설이나 체험학습과 다양한 행사를 연계하여 활용할 수 있는 장소로도 검토할 필요가 있다. 그 밖에 전시관·보존시설·편의시설·관리시설의 배치와 조화를 이루도록 하고, 사적 전체의 경관과 입지를 방해하지 않는 규모와 외관으로 계획한다.

또한 관람객을 위해 사적 내에서 진행하는 다양한 체험학습 프로그램을 준비할 필요가 있다. 사적의 시대와 특성에 따른 체험 프로그램을 준비하고, 상설체험 프로그램 외에 일정한 시간 단위로 시행하거나 사전 예약에 따라 비정기적으로 운영하는 프로그램도 생각할 수 있다.

체험학습에 관한 해설 및 안내에는 패널이나 안내책자 외에 영상기기가 효과적일 수 있다. 그 밖에 지역 주민 또는 자원봉사자의 협력과 체험 지도교사 확보에 힘쓰고 즐거운 체험이 되도록 노력한다. 예를 들어 벼 키우기의 경우에는 논 갈기 및 모내기, 추수까지 연중 일정에 따라 체험하는 것이 가능하며, 그 밖에 토기 굽기와 제작 등에도 참여할 수 있다. 논농사의 경우에는 주변의 농가와 연대하여 체험학습을 실시할 수 있으며, 마을 주민을 체험학습 교사로 참가시키는 것도 가능하다.

야외에서 진행되는 다양한 체험학습 프로그램의 경우에는 비상시에 대비하여 응급처치가 가능한 체제를 구축해놓을 필요가 있다.

체험전시 시설의 프로그램 구성 사례

상설 프로그램 고고학 강좌·토기 및 석기 만들기·모형 맞추기·탁본 체험 등을 개최하고, 관람객이 방문했을 때 언제라도 참가할 수 있도록 준비한다.

기획 프로그램 유적 지도 만들기, 생활체험숙박, 취사 등 등의 행사를 개최하는 프로그램. 참가자의 인원 수에 따른 재료를 준비해야 하기 때문에 기간을 두고 실시할 필요가 있다.

1
장작 만들기 체험

2
석기 맞추기 체험

3
패널을 이용한
역사 퀴즈

4
암사동 선사유적지
야외체험시설발굴

5
전통 가마솥
밥 짓기 체험

6
순천 낙안읍성
도자기 가마 체험

편의시설 편의시설이란 관람객이 사적을 쾌적하게 관람하는 데 필요한 관람로·주차장·화장실·벤치·음수대·정자·조명 등을 말한다.

편의시설의 설치는 관람객의 동선을 고려한 전체 배치계획에 기초하여 검토한다. 유적 및 유구가 발견되어 보존이나 사적 등의 경관에 영향을 미칠 가능성이 있는 경우에는 해당 시설의 설치를 재검토할 필요가 있다.

단 사적의 현황에 따라 시가지화되었거나 지정구역 외에는 부지 확보가 어려운 경우에는 이를 고려하여 유구의 보존을 전제로 시설 설치를 검토하기도 한다. 이때는 해당 시설의 위치, 면적, 높이, 외관, 재료, 색채 등에 관해 사전에 문화재청과 충분히 협의할 필요가 있다.

관람로

사적이 가진 본래의 흐름에 따른 동선이나 사용 형태에 따라 정비하는 것이 원칙이다. 활용상 별도의 동선 구성이 필요한 경우에는 다양한 포장재로 변화를 주는 등의 방법으로 배려함으로써 사적의 이해와 관련하여 관람로로 인한 오해를 불러일으키지 않도록 한다.

1
공주 정지산 유적
황토 포장과 석축 배수로

2
남해 충렬사
탐방로와 석축 배수로
황토 포장은 문화재를 포장하기에 좋은 재료이기는 하지만, 색 배합이 자유롭다는 장점이 단점으로 작용할 수 있다. 주변과 어울리는 색 배합을 검토하고, 샘플 시공에 따른 결과를 적용한다.

3
생태 매트와 토사 성토에 의한 탐방로
산악지역이어서 정밀한 시공이 필요 없을 경우에는 토사 유출이나 질척거림을 방지하는 정도는 생태 매트로 포장하거나 흙을 약간 덮어두는 것으로 가능하다

4
선릉의 야자수 잎 매트에 의한 탐방로 깔기
능 등의 경우에 인위적인 황토 포장이 부담스러울 수 있다. 넓거나 긴 구간이 아니라면, 땅을 고르고 깔아놓은 다음 야자수 잎을 엮어 만든 매트로 이질감 없이 탐방로를 구성할 수 있다.

5
김해 대성동 고분군
박석으로 포장을 검토할 경우에는 너무 거칠게 가공되어 돌에

특히 관람용 통로나 계단을 설치하는 경우에는 유적 및 유구의 표현과 명확히 구별하고 경관과의 조화에 유의하며, 사적 내 다양한 시설 설치와 자연스럽게 연계되도록 한다. 장애인을 위한 경사로 등을 배치할 때도 경관과 조화되도록 유의함으로써 사적 내 운영상의

활용 등을 포함하여 사적의 가치가 왜곡되거나 변형되지 않게 한다.

사적 내 포장에 관해서는 다양한 재료가 존재한다. 포장의 마감은 정비된 공간의 인상을 크게 좌우하며, 편안함 및 주변 경관과의 조화·경제성·내구성의 측면에서도 포장재를 신중히 선정할 필요가 있다. 사적정비에 적용되는 가장 일반적인 포장재로는 마사토를 다진 것을 들 수 있으며, 전통 소재를 사용하기 때문에 주변 환경과 조화를 이루기 쉽다. 그러나 경화하여 사용하더라도 소재의 특성상 우수로 인한 패임이 생기기 쉬우므로 지속적인 보수관리가 필요하다.

다음으로 많이 사용되는 것은 황토 포장으로, 아스팔트나 시멘트에 비해 사적의 환경에 따라 색을 조절하기가 쉬우며 경관과의 조화를 도모할 수 있다. 하지만 주변의 환경에 따라 적절히 색을 맞추지 않으면 이질감이 생기며, 한랭지에서는 시간의 경과에 따라 쉽게 박락되는 등 유지관리에 어려움이 있다. 일반적으로 많이 사용되는 아스팔트나 시멘트는 문화재 경관과의 조화를 고려하여 포장재로는 잘 사용하지 않는다. 주차장 등에 일부 사용하지만 색채나 투수성 등을 고려해야 한다. 최근에는 재료의 특성상 친환경 재료인 목재를 중심으로 한 데크 포장이 많이 검토되는 편이나, 산간지역의 과도한 포장이나 난간의 디자인과 관련한 경관적인 고려가 필요하다.

그 밖에도 소형 콘크리트 블록·잔디 블록·점토 벽돌·잔디 매트·블록 상태로 가공한 목재 등을 나란히 깔아 마감하는 포장도 있으나, 재료의 특성상 경사지에서는 벽돌이 흘러내리거나 미끄러울 수 있으므로 주의해서 사용하여야 한다. 이와 더불어 탐방로의 구성에 따른 목재 계단과 석축 배수로 등을 같이 검토하기도 한다.

주차장

사적 내 편의시설에 따라 설치되는 주차장은 지정구역 밖에 만드는 것이 원칙이다. 단 인접 구역에서 부지를 확보하기 어렵거나 주차장이 없으면 사적의 접근과 활용에 상당한 지장이 생긴다고 판단되면 설치를 검토할 수 있다. 이때 사적을 둘러싼 적절한 종합정비기본계획이 수립되어 있어야 하며, 주변의 교통체계 등도 고려해야 한다.

발이 걸리지 않도록 주의하고, 경계석을 설치하지 않는 편이 인위적인 느낌을 적게 준다. 자연스럽게 잔디가 돌 사이에서 자랄 수 있도록 충분한 공간을 둔다.

6
양양 오산리 선사유적 데크 탐방로
문화재 포장재로 데크 포장은 지양하고 있지만, 광활한 문화재 주변의 탐방로를 구성하거나 지형상 고저차가 커서 데크 계단을 검토하는 경우에 적용한다. 난간이 역사문화환경에 저해 요소로 작용하는 경우가 많으므로, 주변 현황 또는 구간에 따라 단순하게 디자인하거나 난간 없이 데크 탐방로를 구성하는 방안을 검토한다.

7
여주 영릉 잔디 매트 포장재
잔디로만 식재하면 관람객의 통행 때문에 유지하기 어렵다. 이러한 경우에는 잔디 매트를 깔아 잔디가 살 수 있는 환경을 만들어주고 관람객의 통행에도 영향을 주지 않는 방법을 고려한다. 플라스틱재이므로 경사지에서는 미끄러움이 생길 수 있다.

8
칠백의총 탐방로
경계책은 주변과 조화를 이루는 것이 중요하다. 경계책이 높거나 인위적인 구조물이 늘어서는 것은 바람직하지 못하므로, 사용을 최소화하거나 단순한 디자인을 고려하여 설치한다.

1
성주사지 주차장
쇄석깔기

2
공주 공산성 주차블록

3
충주 임충민공
충렬사 주차장시멘트

4
화순 고인돌 유적 내
주차장박석 잔디 블록 포장
다양한 주차장 포장재가
있지만, 최근에는
역사문화환경을
고려하여 잔디 블록을
사용하는 경우가 많다.

시설을 설치할 때는 지하 유구의 보존에 영향이 없는 구조포장, 특성, 재질의 색 등를 고려하고 필요한 면적만 확보하여 사적의 경관에 미치는 영향을 최소한으로 줄이는 등의 검토가 필요하다. 또한 편의 시설의 연계차원에서 주차장과 화장실의 설치가 같이 검토되는 경우가 많으므로, 지하 유구의 보존을 염두에 두어야 한다. 시설의 면적, 높이, 외관, 배치 등에 관해서는 사전에 문화재청과 충분히 협의해야 한다.

화장실　　사적 내에 설치하는 화장실은 최소한으로 제한하고 관람객의 동선과 사적의 지하 유구, 경관을 고려하여 위치를 선정한다. 설치에 관해서는 사적 주변의 상·하수도를 검토하고, 그렇게 하지 않을 경우에는 종합정비기본계획에서 구상하고 있는 성토공사에서 급·배수로의 매설을 검토한다. 정화조 처리식 화장실의 경우에는 정화조 등의 매설에 앞서 지하 유구의 유무를 확인한다. 어떤 경우에도 건물 기초나 설비배관이 유구에 영향을 미치지 않도록 유의한다.

　　화장실을 건축할 때는 사적의 경관에 어울리거나 경관을 훼손하지 않게 디자인되어야 하며, 장애인이 접근할 수 있는 슬로프의 설치와 청소가 용이한 마감을 계획한다.

1
영월 장릉 화장실
기본 골격은 콘크리트로 하고 지붕을 전통적인 골기와로 구성한 전형적인 화장실 디자인. 눈에 잘 띄는 곳에 위치하기보다 적절히 차폐된 동선상에 위치시키는 것이 좋다.

2
요시노가리 화장실
현대적인 디자인이지만, 관람 동선에서 동떨어진 낮은 곳에 설치하여 눈에 잘 띄지 않도록 구성하였다.

3
대구 불로동 고분군 화장실
현대적인 디자인으로 주차장과 일체의 경관을 이루는 경우에는 무리가 없지만, 설치 위치에 관해서는 고려가 필요하다.

4
전통식 화장실
화장실 자체가 역사문화환경과 일체를 이루면서 문화재·스토리·체험 등의 역할을 긍정적으로 담당하지만, 사찰 등에서는 설치가 제한된다. 지속적인 수리와 보수, 사용으로 명맥과 경관을 유지하는 것이 중요하다.

정자쉼터

정자는 관람객이 야외 관람 중에 쉴 수 있는 쉼터의 개념으로 설치하기도 하고, 전체 경관을 바라볼 수 있게 설치하기도 한다. 정자는 경관의 중요한 포인트가 되기 때문에 배치와 의장에 유의해야 하며, 위치에 대해서는 관람 동선의 흐름에 따라 검토할 필요가 있다. 전통적인 한옥 정자 형태로 구성하는 것이 일반적이지만, 정자건축은 조선시대를 중심으로 하기에 선사시대나 고대 사적의 성격과 부합되지 않는 등 사적의 다양한 특성에 따라 현대적인 디자인을 검토해야 하는 경우도 있다.

현대적인 파고라의 형태로 검토할 때는 옥외공간에 루버를 설치하거나 넝쿨성 식물을 심어서 강한 햇빛을 차단하는 기능까지 부여하는 경우가 많다. 일본에서는 이러한 시설의 설치와 유구의 골격 구조를 복원건물의 구조에 맞추어 정비하는 사례도 있다.

왼쪽
금성대군 신단 앞 초정

오른쪽
장성 황룡전적 쉼터

벤치

벤치는 관람객의 편의를 위한 시설로서 관람로에 위치하는 경우가 많다. 벤치를 설치할 때는 역사문화경관과의 조화에 유의하고 나무 그늘 등과 연계하여 검토해야 한다. 또한 탐방로의 폭 등을 고려하여 관람객의 동선에 방해가 되지 않도록 한다.

벤치의 다리철재, 목재가 지면과 닿으면 부후나 부식으로 인해 빨리 훼손될 수 있으므로 방부 및 방청처리를 검토할 필요가 있다.

왼쪽
서울 암사동 선사유적지의 벤치

오른쪽
양양 오산리 선사유적 탐방로의 벤치
벤치는 등받이가 있는 것과 없는 것으로 구별할 수 있는데, 주로 역사문화환경의 편의시설로서 바깥에 설치되기 때문에 경관에 방해가 되지 않게 등받이가 없는 것이 더 긍정적이다. 그러나 사적의 성격에 따라 도심 또는 역사공원 등에 설치되는 벤치는 등받이가 필요한 경우도 있다.

음수대

음수대는 사적의 특성과 입지에 따라 관람 동선이 길거나 가족 단위의 관람이 이루어지거나 그늘을 구성하기 어려운 경우에 설치를 검토한다. 설치할 때는 수도 등의 수원에 관해 사전에 검토하고, 인입과 배수에 관해서도 함께 검토할 필요가 있다.

또한 한랭지에서는 동결 방지용 보호 피복과 물 빼기 꼭지 등이 필요하므로 사전에 확인해야 한다. 음수대는 이용하기 쉽고 청결한 곳에 설치해야 하며, 관리나 위생상의 문제가 있는 곳은 피한다.

왼쪽
영월 장릉 내 음수대

오른쪽
김해 대성동 고분군 내 음수대

조명

조명은 통행의 안전과 치안 유지를 위해 사적 내에 어두운 곳이 생기지 않도록 시설의 입구 부근이나 관람로 등 필요한 장소에 설치한다. 수목이나 건조물 등 특정 대상물을 비추어 경관을 보다 아름답게 연출하기 위한 조명도 있으며, 사적의 정비에 관련해서 복원전시물과 경관을 보다 강조하기 위해 설치하는 경우도 많다.

　　조명으로는 수은등·나트륨등·할로겐등·메탈 할라이드 등이 다양하게 사용된다. 밝기·수명·색 등 각각의 특징을 가지므로 설치 개소·수량·설치하는 목적 등에 따라 어울리는 광원을 선택한다. 특히 관람객 정비된 사적은 역사공원으로 사용되면서 지역 주민의 휴식 공간을 겸하는 경우가 많으므로, 안전과 치안을 고려한 조명계획을 세우도록 한다과 경관을 배려하는 적절한 밝기가 필요하다.

　　조명은 낮의 경관에 지장을 줄 가능성이 있기 때문에 야간에 개방하지 않는 사적은 최소한으로 필요한 수량만 설치한다. 야간 개방을 고려하는 경우에는 전통적인 조명기구를 사용하여 관람객의 흥미와 기능을 충족시키려는 연구도 필요하다. 또한 관리를 위해 회중전등을 검토하는 등 야간 이용 형태에 따라 적정한 조도와 조명설비의 배치를 검토한다.

1
요시노가리 바닥 조명

2
제주 성읍민속마을
가로 조명

3
서울 암사동 유적
가로등

4
공주 공산성 내
가로 조명
조명을 설치할 때는 동선·사적의 특성·지역의 특성에 따라 높낮이와 디자인을 검토할 필요가 있다. 수량은 최소한으로 설치하고 보조적인 조명기구 청사초롱 등으로 보완하는 방법도 검토한다.

5
강화산성 내
가로 조명

6
창경궁
야간 조명 계획

7
김해 대성동 고분군
야간 조명

| 그 외 | 사적 내에서 발생하는 쓰레기를 해결하기 위해 분리수거통을 마련하고, 외관을 주변 환경과 어울리는 재료로 감싸서 이질감을 주지 않도록 한다. 음료수를 제공하기 위한 자판기 등은 가능하면 사적 내에 설치하는 것을 지양하고 주차장 등 외곽지역에 현대적인 시설과 같이 설치하는 것이 바람직하다.

왼쪽
담양 소쇄원의 휴지통

오른쪽
강화 전등사
사적 내 경관과 어울리기 힘든 자판기 등은 설치하지 않는 편이 좋다.

| 안내시설 | 안내시설은 문화재에 대한 이해를 돕기 위해 주변에 설치하는 시설물이다. 문화재 안내시설의 형태와 내용에 관해서 정해진 기준은 없으며, 외국의 사례를 보더라도 지역이나 문화재의 유형에 따라 다양한 형태를 가지고 내용과 서술방식 또한 자유롭게 구성된다.

기본적으로 사적을 방문한 관람객을 위해 시설을 안내해주거나 매표·해설사의 대기 장소·근무자의 순찰대기 장소·휴식의 장소 등으로 사용하며, 통상 입구에 해당하는 곳에 설치되어 관람객의 편의를 돕는다.

외관에 관해서도 정해진 것은 없으며, 지역이나 사적의 특성에 따라 전통적이거나 현대적인 디자인을 검토한다. 또한 안내판에는 먼저 관람객이 목표로 하는 지점까지 적절히 유도해주는 것을 목적으로 사적의 방향 등을 표시하기도 한다. 사적의 주요 출입구에는 통행에 방해가 되지 않는 위치에 종합 안내판을 설치하고, 구역 내 도로의 갈림길이나 광장 등에 부분 안내판을 설치하여 관람객이 자신의 위치·주변 상황·목표 지점·시설 등의 위치를 확인할 수 있도록 한다.

안내판은 의장적으로 통일성을 갖추도록 검토하고, 어린이의 키 및 휠체어의 높이, 빛의 반사 방향을 고려하여 높이나 각도 등을 검토한다. 그 밖에 방향 표시판이나 유도 블록 등을 병용하는 것도 유효하지만, 한곳에 다수의 안내판이 필요한 경우에는 종합판을 고려한다. 주의, 금지, 고시, 위험 예방 등의 사항을 기입한 알림판도 적절한 위치에 설치한다.

1
부여 능산리 고분군 매표안내소
건물의 외관과 입구로서의 기능과 건물 내 잡화상으로서의 역할 등이 복합적으로 어우러져 오히려 경관을 훼손하고 있다.

2
영월 장릉 매표안내소
전형적인 전통건축 형태의 매표안내소로 무난하게 어울리지만, 사적의 성격에 따라서 지역의 특성에 맞게 현대적인 디자인을 검토하는 것이 바람직한 경우도 있다.

3
제주도 삼양동 선사유적 안내소
사적의 특성에 관계없이 무조건 조선시대를 근간으로 하는 전통 목조건축으로 구성하기보다는 지역의 전통적인 디자인을 검토하는 것이 중요하다.

안내판

안내판은 사적이 가진 가치와 현황 등을 현지에서 나타내는 시설물이다. 따라서 안내판을 설치할 때는 보존과 활용이라는 관점에서 사적을 이해하기 쉬운 적절한 위치를 선택하는 것이 중요하다. 사적의 성격과 정비계획의 내용에 따라 금속, 콘크리트, 목재 외에 석재 등의 적절한 재료를 사용한다.

2009년 문화재청에서 작성한 《문화재안내판 가이드라인 및 개선 사례집》을 근간으로 간단히 설명하면 다음과 같다.

4
제주 항파두리 안내소
전통적인 디자인과 현대적인 디자인 사이에서 안내시설과 문화재가 혼동되지 않도록 현대적인 디자인을 검토하는 것이 바람직한 경우도 있다.

안내판의 유형

1
종합안내판
이름, 이야기, 전체 지도, 연표, 오디오 가이드, 외국어

2
권역안내판
이름, 이야기, 권역 지도, 오디오 가이드

3
길 찾기 안내판
이용 시설, 방향

4
개별 안내판
이름, 이야기,
오디오가이드, 외국어

안내판의 형태

1
Flat type
소수 인원에 유리,
원거리 인지도 불량,
부피 작음/표면적 넓음,
관리 불편

2
Slide type
많은 인원 불편,
먼 거리 인식 힘듦,
체적으로 물성 강화,
재료에 따라
문화재와 혼동 발생

3
Scree type
많은 인원 수용,
먼 거리 인식 용이,
설치, 이동, 관리 용이,
문화재 가림 고려

4
Etc
혼합된 형태,
다양한 디자인 가능,
디자인 개발 힘듦

    기본적으로 안내판에 포함되어야 할 내용으로는 ① 유적의 명칭 지정, ② 번호, ③ 소재지, ④ 전체 도면 또는 그림, ⑤ 설명 사항사적의 연혁, 발굴조사 과정, 유물 설명, 사적의 위상 등, ⑥ 그 밖의 참고사항이 있다. 내용의 구성에서는 안내 매체 사이에 중복되는 서술 내용이 없어야 하며, 관람 정보와 동선 안내가 일관적이어야 한다. 또한 안내판에 문화재의 간단한 특징과 연혁 등을 설명하면서 안내책자와 리플릿을 통해 상세한 내용을 알 수 있도록 연계시키는 것도 중요하다.

    안내 문안은 중학생이 읽고 이해할 수 있는 수준에서 모든 국민을 대상으로 해당 문화재를 설명해야 하므로 학계에서 통용되는 사실을 기준으로 작성한다. 문안은 안내판의 디자인과 연계하여 분량을 조절하며, 숫자·도량형·연도·한자 등은 통일된 표기기준에 따른다.

안내판의 형태에 관해서는 관람객의 규모, 설치장소의 면적, 휴먼스케일에 기초한 눈높이와 가시거리를 고려할 필요가 있다. 너무 커서 문화재를 막아서거나 너무 작아서 눈에 띄지 않으면 곤란하며, 폭·높이·각도·두께 등 세부 형태에 대한 검토가 필요하다.

현재 〈문화재보호법 시행령〉 제42조에서는 표석, 안내판 및 경고판의 설치에 관한 권한을 시·도지사에게 위임하고 있다. 따라서 안내판의 재료, 기재사항, 형태, 기재방법, 설치장소 등을 포함한 모든 사항은 문화재가 소재하고 있는 지방자치단체에서 자율적으로 정하고 있다. 단 문화재청에서는 안내판의 크기와 형태, 색상과 관련하여 문화재의 관람을 방해하지 않으면서 주변 경관과 조화를 이루는 것으로 설치하도록 권장하고 있다.

1
벽화고분 안내판
시간의 경과에 따라 여러 종류의 안내판이 설치되어 있으면 관람객에게 혼란을 준다.

2
성주사지 진입부 종합안내판
거대한 안내판이 정면에 위치하면 중요한 경관이 가려지게 된다. 중심축에서 벗어난 곳에 둔탁하지 않은 현대적인 디자인을 고려하여 설치하는 방안을 검토한다.

3
시모즈께 약사사 전체 설명 바닥판
사적의 규모가 크거나 지표상에서 유적 및 유구의 현상을 파악하기 어려운 경우에는 안내판을 위로 세워서 표현하기보다 바닥에 넓게 설치함으로써 관람객이 사적 전체의 모습을 파악할 수 있도록 한다.

4
영주 소수서원 부근 방향안내판

5
공주 단지리 고분군 안내판
성토 및 정비를 통해 유적 및 유구의 상황을 전달하기 어려운 경우에는 안내판에 발굴 당시의 사진을 넣어 이해를 돕는다.

6
제주 항파두리 항몽유적지 토성 안내판
사적의 특성상 단면의 현상을 전달하는 것이 중요한 경우에는 안내판을 통해 이해를 돕는다.

최근에는 위와 같은 기본적인 사항 외에 정비사업에 따른 조사 연구로 얻은 구체적이고 상세한 성과와 정비에 적용한 기술 및 내용 등을 소개하거나 일러스트 등을 이용하여 알기 쉽게 표현하는 방법에 관한 연구를 진행하고 있다.

보호시설 사적의 구성요소인 유적 및 유구와 역사적 건조물 및 구조물에 인위적으로 설치하여 보호하는 시설로서, 외부의 영향을 최소화하는 보호각 또는 접근을 통제하는 인제책 등이 있다.

또한 인간의 인위적인 침입, 방화, 훼손으로부터 보호하고 예방·대처하기 위한 방재시설과 충해 등으로부터 보호하는 방제시설 등도 있다.

보호각 보호각은 주로 자연으로 인한 훼손으로부터 사적의 구성요소를 보호하는 데 필요한 보존시설이다. 좁은 의미로 보호각은 사적의 구성요소 위에 지붕을 씌우거나 주위를 벽으로 둘러싸서 자연적 요소에 의한 열화 및 풍화를 억제하는 시설물이지만, 넓은 의미로는 사적의 구성요소를 둘러싼 보존환경을 양호한 상태로 유지하기 위한 시설 전반을 말한다. 발굴된 지하 유구의 노출전시를 위한 반개폐식 시설과 고분 석실 및 동굴 등에 그려진 벽화의 보존환경을 제어하기 위한 밀폐식 시설 등도 포함된다.

일반적으로 석비·석탑·석불 및 암각불 등 석조물의 직사광선과 풍우 등으로 인한 풍화를 방지하기 위해 전통건축형 보호각이 각지에서 설치되어 왔으며, 최근에는 사적의 구성요소를 보호하기 위해 철골조로 만들기도 한다. 한 예로 월성 골굴암 마애여래좌상의 보호각은 동남쪽에서 불어오는 해풍의 영향과 입지 환경의 특성상 철골조와 자외선 차단재료인 폴리카보네이트를 사용하여 설치하였다. 구체적으로 보호각에 요구되는 주요 기능으로는 직사광선과 풍우 등 기상현상에 의한 악영향의 배제 및 완화, 온습도와 일조 등 유구를 둘러싼 환경의 조절 및 제어 등이 있다.

1
경주 남산 배리 석불 보호각
전통적인 디자인의 보호각으로 문화재와 어울리는 경관을 구성한다. 다만 종교 활동에 의해 보호각 자체가 훼손되거나 화재 시 오히려 문화재에 영향을 미칠 수 있으므로 사전에 검토해야 한다.

2
여주 고달사지 석조 보호각
가벼우면서 기능만을 고려한 단순하고 현대적인 디자인으로 구성하였다.

3
단석산 신선마애불상군 보호각
대상 문화재의 규모가 커서 전통적인 디자인이 불가능한 경우에는 현대적이고 기능만을 고려한 보호각을 검토하기도 한다. 설치에 의한 주변 환경의 변화, 철재의 부식, 녹에 따른 석물의 변화를 일으키지 않는 재료를 검토할 필요가 있다.

4
서울 삼전도비 보호각

5
미륵사지 가마터 보호각
보호각은 사적에서 경관을 구성하는 요소로 작용하기 때문에 규모, 외관, 디자인에 신경을 써야 한다.

6
불국사 석굴암 보호시설폐쇄형

　　보호각을 설치할 때는 사적의 구성요소를 둘러싼 환경의 변화로 인한 훼손 등을 억제하고 배제하는 것이 중요하다. 때때로 균류 및 미생물에 의해 일어나는 생물학적 풍화를 억제하고 배제하기 위해 배수나 통풍 등에 관계되는 기능에 충분히 유의할 필요가 있다. 충분한 보존기능을 위해서는 보존과학적 처리의 병용에 관해서도 검토하여 종합적으로 환경을 정비하는 것이 중요하다.

　　보호각은 문화재의 보호를 위해 설치되지만 전시시설로서의 기능을 겸하는 경우도 있기 때문에 관람·보존·관리 등의 다양한 기능과 함께 보호각 내의 동선이나 안내시설의 역할까지 요구된다. 보호각에 대한 방재시스템의 필요성도 고려해야 하는 부분이다.

　　보호각의 건립에 관해서는 현대 건축기술만을 너무 과신하지 않고 해인사 장경판고와 같이 전통기술이 문화재 보존에 훨씬 우수할 수 있다는 점도 고려해야 한다.

**펜스,
인제책**

그 밖에도 문화재를 보호하기 위한 시설에는 보호 펜스·인제책·경고판 등이 있으며, 사적의 경계를 표시하여 사람의 접근을 제한하고 경고함으로써 인위적인 훼손을 방지하려는 목적으로 설치된다.

1
경산 임당동 고분군
보호 펜스
대부분의 펜스는 기성품을 사용하기 때문에 문화재와 어울리는 디자인으로 구성하는 것이 상당히 어렵다. 문화재청과 펜스 제작사의 긴밀한 협력에 따라 문화재의 유형을 고려한 디자인을 검토하여 제품화할 필요가 있다.

2
경주 문성왕릉, 헌안왕릉 주변 펜스
사적의 특성에 따라 기성품이 아닌 수작업으로 구성한 목재 펜스이다. 전통적인 디자인과 색채를 활용한 펜스의 사용도 고려할 만하다.

3
선암사 부도 인제책
전형적인 철재 인제책으로, 너무 가까우면 사람의 손이 닿고 너무 높으면 경관상 문화재를 감상하기 어렵다는 점을 고려해야 한다.

4
경주 구정리 고분군 경고판
문화재 관람에 방해가 되지 않는 위치에 설치하여 인지하기 쉽도록 구성한다.

사적의 특성을 고려하여 높낮이나 문화재와의 거리를 설정하고, 목재·석재·철재 등의 재료를 선별하여 주변 경관과 어울리는 디자인과 색채를 검토할 필요가 있다.

방재시설

우리나라 문화재는 대부분이 나무·흙·돌로 구성되어 있으며, 지하에 매장되어 있는 유구와 지상에 포함되어 있는 구조물은 시간의 경과에 따라 손상되거나 화재 등의 재해를 입기 쉽다. 사적의 방재는 유형에 관계없이 검토할 필요가 있으며, 대상이 되는 사적의 입지·구조·재료 등에 따라 대처방법이 다르다.

방재기법은 사적에 영향을 미치는 다양한 재해를 미연에 방지하고 재해가 생길 경우에도 피해를 최소한으로 줄이기 위해 검토된다. 재해의 특성 및 사적의 현황을 충분히 파악하여 방재대책을 수립할 필요가 있다. 복합적인 요인으로 인해 피해를 더욱 키울 수 있기 때문에 해당 사적에서 발생할 가능성이 있는 모든 재해의 특성·위치·규모 등을 파악하고 다양한 재해 상황에 대응하기 위한 방재계획을 종합적인 관점에서 검토하여 필요한 체제 및 매뉴얼을 구축한다.

방재의 개념은 크게 재해 전·중·후로 구분하여 살펴볼 수 있으며, 재해가 일어난 후의 대처보다는 사전의 안전관리대책을 통한 예방에 중점을 두어야 한다. 이는 재해를 사전에 예방함으로써 피해를 최소화하고 문화재 훼손을 방지하는 효과가 있다. 또한 재해가 발생할 경우에 조치하는 대응책은 문화재를 보호하기 위한 일련의 수단으로, 문화재와 주변에 미치는 영향이 최소화되도록 해야 한다. 더이상 피해를 확대시키지 않고 문화재의 가치가 훼손되지 않도록 하는 조치까지 포함하는 의미로 이해해야 한다.

방재에 대해서는 상시적인 준비가 필요하며, 이를 위한 시설의 설치기준을 살펴보면 다음과 같다.

〈방재시설 설치기준〉

1. 문화재의 원형 보존을 최우선으로 한다.
2. 모든 시설의 배치는 문화재의 보존환경이나 관람환경에 지장이 없도록 해야 하며, 문화재 경내 혹은 주변에 매장된 유구와 기존 시설물에 훼손 및 피해를 주지 않도록 유의하여 설치한다.
3. 특히 사적지 내 매장문화재가 있을 것으로 예상되는 곳에서 터 파기 등의 굴착작업을 할 경우에는 관계전문가의 입회 아래 실시하도록 한다.
4. 시설의 성능에 지장이 없는 범위 내에서는 가급적 기기의 노출을 최소화한다.
5. 방법설비 및 경보설비는 개별 문화재의 특성에 맞게 하되, 문화재의 훼손 등을 고려하여 개소, 수량, 성능 등을 검토하여 설치한다.
6. 기존 목조건물 내부에 물 분무 등 소화설비를 설치할 때는 가급적 문화재의 원형보존을 고려하여 관계전문가의 자문을 받아 설치 여부를 판단한다. 단 목조건물 해체 보수 시에는 노출을 최소화하는 범위 내에서 설치한다.
7. 설계승인 요청 시 반드시 방재 관련 전문가 1인 이상의 자문의견서를 첨부하도록 한다.

1 창녕 교동 고분군
토사가 우수의 침입으로 인해 붕피될 때는 이를 방지하기 위해 방수천을 덮어놓는 기본적인 조치가 필요하다.

2 양양 낙산사
태풍으로 인해 전도된 수목이 건물을 덮쳐 훼손되었다.

3 익산 입점리 고분군
집중호우로 인해 고분군 주변의 토사가 붕피되고 봉분이 훼손되었다.

4 숭례문 화재 현장
문화재의 훼손 요인에는 사람에 의한 인위적인 훼손이 가장 많다. 문화재는 한번 훼손되면 원래대로 되돌릴 수 없기 때문에 사후 조치보다는 사전 예방이 중요하다. 숭례문 화재로 인해 매년 2월 10일은 문화재 방재의 날로 지정되어 전국에서 소방방재훈련을 실시하고 있다.

재해 요인

사적의 구성요소 중에서 방재의 대상이 되는 것의 종류는 다양하며, 지상에 노출되어 있는 것뿐만 아니라 지하에 매장된 것까지 넓게 포함한다. 단 피해 가능성이 높은 재해의 종류는 방재 대상을 둘러싼 특성에 따라 다르기 때문에 해당 요소의 재료, 구조, 입지 등의 특징에 따라 적절하게 처리할 필요가 있다. 일반적으로 지상에 노출되어 있는 요소 중에서 역사적 건조물 및 구조물과 유적의 훼손은 크게 인위적 요인에 의한 것과 자연적 요인에 의한 것으로 나눌 수 있다.

인위적 요인에 의한 훼손 사적에는 역사적 건조물 및 구조물 등 다양한 환경에 놓인 것이 많다. 사람들이 가볍게 여기는 낙서 등을 시작으로 목재와 같은 가연성 재료는 관람객이나 방문객의 빈번한 출입과 각종 종교행사 등으로 인해 화재의 위험성을 항상 가지고 있으며, 사람들의 부주의에 의해 훼손될 위험이 있다.

자연적 요인에 의한 훼손 태풍·호우·장마·강풍·지진 등의 자연재해는 사적 구성요소의 유출·손상 외에 토사의 유입, 석축의 붕괴, 낙석, 나무 도괴, 지형 변형 등으로 인한 역사적 건조물 및 구조물과 유구의 파괴를 가져올 위험이 있다.

방재계획 수립

방재에 필요한 각종 항목에 대해 조사하여 결과에 따라 방재시설 설치 대상을 특정하고 각종 대책을 검토한다. 자동화재경보기, 방화수조 및 살수시설 등 방재를 위해 설치하는 시설을 하나의 계통으로 계획하는 등 종합적인 관점에서 개별 시설의 규모와 배치 등을 검토한다. 방화수조의 노출 또는 지하 매설 위치 등을 검토하는 경우에는 지하 유구의 보존이라는 관점에서 발굴조사 등을 실시한다.

방재시설은 사전 예방을 위한 시설과 재해 발생 시 신속히 알리고 진압하여 피해를 최소한으로 줄이는 시설로 나눌 수 있다. 또한 방재에는 지상에 노출되어 있는 역사적 건조물 및 구조물이 외부의 영향에 의해 훼손되는 것을 방지하거나 더 이상 진행되지 않도록 하는 보존과학적인 처리가 뒤따른다.

방재계획을 수립할 때는 재해에 대비하고 재해가 일어날 경우에 대처하기 위한 체제를 갖춰둘 필요가 있다. 방재는 재해가 생기지 않도록 예방하는 것이 최우선이지만, 재해가 일어날 경우에는 갖추고 있는 설비를 보조적인 수단으로 생각하고 주변의 소방서나 경찰서·병원·문화재 관련 단체 등 도움을 받을 수 있는 곳과 연계하는 것이 중요하다. 정기적인 점검을 할 때도 전문적인 곳의 도움을 받는 것이 적절하다. 또한 재해가 일어날 때 피해를 최소한으로 막기 위해 미리 재난대책 매뉴얼을 준비하고 정기적으로 훈련해두는 것이 중요하다.

방재계획을 작성할 때는 다음 예시를 참고하고 사적 내 건축물의 배치와 주변 환경 등을 감안하여 자체 실정에 맞게 운영한다.

방재시설 계획 시 검토 항목

설치장소 방화수조는 부지 내의 경관 및 안전성 등을 고려하여 지하식 또는 지하유구에 영향을 미치지 않는 범위에서 시공성이나 배관 등에 관해 종합적으로 검토하여 계획한다. 방수총 등 소화기기는 사적의 경관을 고려하여 가장 효과적인 위치에 설치한다.

설치방법 옥내소화전 등을 직접 설치하는 경우에는 사적의 구성요소를 고려하여 미관상 보완을 하는 등 눈에 띄지 않게 한다. 일상적인 유지관리가 용이한 위치에 설치한다.

의장·구조 등 외부의 설비는 내후성이 있는 것으로 선택한다. 색채는 사적의 구성요소와 조화된 색조로 선정하지만, 발신기와 원격조정반은 확인하기 쉬운 의장이 되도록 검토한다. 기기는 교체나 수리에 대응 가능한 것이 되도록 한다.

방재계획 세부 항목

```
                    방재계획 수립
        ┌───────────────┼───────────────┐
     예 방 계 획        대 피 계 획        교육훈련계획
   자체 점검에 관한 사항,   통보 연락에 관한 사항,   교육에 관한 사항, 훈련에 관
   방재 시설의 유지관리에   대피 유도에 관한 사항,   한 사항
   관한 사항, 안전에 관한   소화 활동에 관한 사항,
   사항                   문화재 소산 및 도난
                         방지에 관한 사항
```

1 **창경궁 소방방재훈련**
정기적인 훈련을 통해 실제 화재 진압 시 문화재의 특성을 고려한 소방방재를 실시할 수 있도록 한다.

2 **창경궁 소방방재훈련**
최근에는 수압을 이용하여 기와를 뚫고 물을 침투시키는 장비가 개발되어 지붕 속으로 옮겨 붙은 화재를 진압할 수 있게 되었다.

3 **양산 통도사**
트렌처는 수막을 만들어 인접 지역으로 화재가 확산되는 것을 방지해주는 역할을 한다.

4 **양산 통도사**
주변에 있는 연못의 물을 방화수로 이용하여 화재를 진압할 수 있다.

방재시설의 검토

역사적 건조물 및 구조물의 재해에서는 자연적인 부분은 어쩔 수 없다고 해도 인위적인 부분에 대해서는 화재가 가장 큰 원인이 된다. 이에 대비하려면 조기 발견·초기 소화·연소 방지 등을 위한 여러 기구나 설비를 설치하는 것도 중요하지만, 이러한 설비가 화재가 언제 발생하더라도 충분한 기능을 발휘할 수 있도록 준비해놓는 것이 무엇보다도 중요하다.

    방재시설이나 설비를 소유자나 관리자가 사용하기 쉽게 설명해야 하고, 소방관계기관 등의 지도를 받아서 정기적인 점검이나 훈련을 실시하는 것이 좋다. 특히 일반인에게 공개되는 역사적 건조물의 경우에는 가능하면 방화나 방범상 눈에 띄지 않는 부분을 줄이고 일정 시간 또는 관람이 끝나는 시간마다 순찰하거나 점검해야 한다.

    화재방지시설로는 다음에 나타나듯이 화재를 예방하기 위한 시설 및 화재에 의한 피해를 최소한으로 줄이기 위한 시설이 있다.

방범시설　　방범시설에는 두 가지를 상정할 수 있는데, 설비기기에 의한 위협효과를 기대하는 장치와 이상을 감지하면 관리자에게 통보하는 장치이다. 전자는 눈에 띄지 않도록 감시카메라 및 침입감지센서를 설치하여 침입이 감지되면 음성이나 빛 등으로 경고하는 방법으로, 공개 중인 시설 및 전시물을 장난이나 파손 등으로부터 보호하는 데 효과적이다. 후자는 폐관 후에 무인이 되는 시설에서 출입을 제한하는 구역으로의 침입이 감지될 때 관리자에게 통보하기 위한 수단이다.

1
능 안에 설치된
감시카메라

2
감시카메라 상세

3
창덕궁 인정전 앞 건물
서까래에 설치된
감시카메라

4
김제관아와 향교
인체감지센서

5
창경궁 불꽃감지기

6
원주 강원감영터
침입감지센서

해당 설비를 설치할 때는 문화재의 특성과 경관을 고려하여 위치를 선정할 필요가 있다.

　　방범에 관한 기계설비는 해당 개소에서 관리시설 등으로 배선할 필요가 있고, 전력선의 지하 매설과 동시에 배관해두는 것이 바람직하다. 현재는 전화 회선 등을 이용한 원격감시도 가능하다.

화재경보시설　　화재에 의한 피해를 최소한으로 줄이기 위한 시설에는 화재의 발생을 조기에 알리는 경보장치와 초기 소화를 위해 설치하는 소화설비 등이 있다.

이러한 장치 및 설비는 체계적으로 기능하는 것이 중요하기 때문에 가까운 소방서에서 소방대가 현지에 출동할 때까지 초기 소화를 하는 데 필요한 시설의 검토를 포함하여 계통적인 시설계획을 수립해야 한다. 항상 화재에 대응할 수 있도록 평소에도 소방서와 협의하여 지도를 받고 화재 발생 시에 적절한 행동을 하기 위한 훈련을 실시하며, 설치한 시설의 보수점검 및 보수관리에도 충실할 필요가 있다.

왼쪽
연천 신라 경순왕릉
감시카메라와 경보시설

오른쪽
쌍계사 방재시설
통제시스템
경보 및 감시시설

또한 관련 시설을 설치할 때는 사적의 보존에 유의하고 경관을 고려해야 한다. 누전에 의해 화재가 생길 수도 있기 때문에 누전화재경보기도 필요에 따라 설치하고, 화재 발생을 소방서에 자동적으로 알리기 위한 비상통보설비도 설치한다.

소화시설

소화시설에는 소화에 직접 관계되는 장치 및 설비 등과 이에 부속하여 설치할 필요가 있는 시설이 포함된다. 전자에는 소화전 설비·트렌처·스프링클러·방수총 등이 있으며, 상황에 따라서 내부 유물에 영향을 미칠 수 있기 때문에 설치를 신중히 검토해야 한다. 그리고 이에 부속하여 방화수조, 펌프실, 배관 등이 설치된다.

소방대의 소화 활동과 관련해서는 소방차가 진입하기 위한 도로 설치를 검토할 필요가 있으며, 이때 사적의 보존 및 경관 유지를 배려해야 한다.

1
낙산사 상주 소방차

2
소화기

3
통영 세병관 소화전

4
나주읍성 내 방수총 노출

방수총이나 소화전은 고정식이므로, 경관상 눈에 띄지 않게 연구할 필요가 있다. 방수총은 기능상 일정 거리 이상 띄우기가 힘드므로 문화재 주변에 설치할 수밖에 없지만, 커버를 씌우거나 지하식으로 설치하는 방안도 필요하다. 소화전은 반짝거리는 스테인레스 재질에 별도의 마감을 처리하는 등 주변과 어울리는 색채 및 재질로 설치한다.

문화재 화재 예방 체크리스트

문화재청에서 적용하는 체크리스트를 정리하여 소개하면 다음과 같다.

주변 환경
1, 문화재 인접 지역에 연못, 우물, 개울가 등 소방용수로 사용될 만한 곳과 산불 발생 시 소방차량 및 소방헬기가 사용하기 가까운 위치에 대규모 소방용수 공급지가 있는가?
2, 소방용수로 쓸 수 있게 관리되어 있는가?
3, 건물과 주변 산림 간 화재 확산을 방지하기 위한 안전선 방화선이 확보되어 있는가?
4, 주변의 수목은 내화 수림인가?
5, 주변 1킬로미터 이내에 방화선이 구축되어 있는가?
6, 진입로는 소방차 진·출입 시 원활하게 되어 있는가?
7, 건조기 등 화재발생 위험이 있는 시기의 바람 방향은?
8, 화재 발생 시 인근 소방기관의 출동 시간은?
9, 당해 문화재 화재 발생 시 긴급 동원이 가능한 인원은?

소화설비시설
1, 건조물마다 옥외 소화전이 적정한 위치에 설치되어 있는가?
① 노즐, 소방호스 등 부속장비는 정 위치에 있는가?
② 대상 건물에 너무 가까이 설치되어 화재 진압이 곤란하지는 않는가?
③ 정상적으로 작동되고 있는가?
④ 문화재에 피해를 줄 수 있는 주변 건조물에 화재 발생 시 진압이 가능한가?
⑤ 소화전 설치 수량은 부족하지 않는가?
2, 건물 내에 소화기는 적정 위치에 설치되어 있는가?
① 적정한 수량의 소화기가 비치되어 있는가?
② 약품 충전은 되어 있는가?
③ 유효기간은 지나지 않았는가?
3, 저수조 및 배관은 누수되지 않는가?

4) 소화전펌프는 정상적으로 작동하는가?

경보설비

1) 화재경보시스템이 되어 있는가?
① 화재경보장치는 사람들의 눈에 잘 띄는 곳에 배치되어 있는가?
② 화재경보시스템은 완전하게 작동하는가?
2) 화재감지시설은 되어 있는가?
① 화재감지시설은 완전하게 작동하는가?

피난설비

1) 대피로는 2 방향 이상인가?
2) 대피로는 5명 이상이 한꺼번에 나갈 수 있도록 넓은가?

교육 상황

1) 방재 시 긴급연락망이 제대로 구축되어 있는가?
2) 경보설비는 정기적으로 점검하고 있는가?
3) 옥외 소화전, 소화기 등 소화설비의 사용법은 숙지하고 있는가?
4) 소방시설의 위치는 파악하고 있는가?
5) 대피로의 위치는 파악하고 있는가?
6) 재난관리계획은 수립하고 있는가?
7) 방화복은 갖추고 있는가?
8) 방재시설 관리담당자는 정해져 있는가?

건물 내 화재예방시설 점검

1) 방연제가 도포되어 있는가?
2) 액체계 소화시설이 있는가?
3) 건축물 내부에 인화성이 높은 물질이 있는가?
4) 건축물 내부의 문화재를 옮길 수 있는 통로 및 소산대책은 있는가?
5) 건축물 내부에 화재감지시설이 있는가?
6) 축물 내부에서 화재를 일으킬 소지가 있는 행동을 하고 있지 않은가?
7) 전기 배선 및 용량은 적정한가?
① 전선이 노후되어 있지 않은가?
② 화재 시 전기를 차단할 수 있는 차단장치가 있는가?
③ 차단시설은 완전하게 작동하는가?

기타

1) 전기안전점검 월1회 및 소방종합정밀점검 연1회을 하고 있는가?
2) 전시시설의 지중화 필요는 없는가?
3) 가스용기 관리상태, 가스차단기 등 가스안전시설은 되어 있는가?

방제

방제는 사적의 구성요소인 수목 등에 발생하는 병충해를 포함하여 역사적 건조물 및 구조물을 구성하는 목재나 석재 등에 생기는 충해 그리고 균류 등으로 인한 훼손의 원인이 되는 병원체 또는 해충이 발생하지 않도록 예방하거나 발생할 경우에 구제 또는 피해 확대를 방지하는 것을 말한다. 예를 들면 식물의 병충해 구제를 위한 약제의 살포, 도포, 주입, 뿌리 소독 외에 수세의 강화조치와 역사적 건조물에 실시하는 흰개미 방제 등이 있다.

방제를 위해서는 구체적인 병에 걸리거나 재해를 당한 상황에 관해 조사하고, 가능성이 있는 곳을 특정하여 정기적으로 상태를 관찰해야 한다. 초기 단계에는 일상적으로 관찰되는 범위 내에서는 잘 보이지 않는 곳에서 병충해에 의한 피해가 많이 발생하기 때문에 병에 걸리거나 재해를 입는 장소 및 상황 등을 조기에 발견하여 대책을 마련하는 것이 기본이다. 전문성이 매우 높은 분야이기 때문에 대책 검토를 포함하여 조사를 실시할 때는 반드시 전문가 및 전문업자 등과 협의할 필요가 있다.

방제 대상에는 크게 목재나 직물에 발생하는 균과 벌레로 인한 훼손이 있으며, 이러한 유기질 재료는 곰팡이와 기타 균류의 침식작용에 의해 재질의 분해를 초래한다. 흰개미나 목재를 먹는 곤충류를 시작으로 부후균 등의 영향도 현저하게 나타난다.

해충으로 인한 훼손은 흰개미에 의한 경우가 가장 많으며, 목재 심재부의 공동화를 가져와서 구조적으로 심각한 문제를 일으킨다. 균과 벌레에 의한 훼손은 그들의 식생환경이 만들어질 때 발생하며, 대부분 습기가 가장 큰 원인이 된다.

석조 문화재도 옥외에 전시되는 경우가 많아서 대기오염이나 산성비 등의 영향으로 표면이 부식되고 오염된다. 그중 석조 표면에 생기는 흑색 오염물층은 공기 오염물질, 유기물, 철과 망간 등 유색 광물의 이동과 침착현상으로 인해 나타날 수 있다. 물에 의한 용해나 가수분해작용도 원인으로 꼽을 수 있다. 지의류나 선태류의 영향으로 석재 표면에 용해나 부식이 일어나기도 한다.

1
흰개미에 의한 기둥 부식

2
서울 문묘
명륜당 기단 앞 흰개미
방지공
지속적으로 약품을 투입하
효과를 유지할 수 있다.
경상관리에 의한
주기적인 약품 투입을
검토하고 담당자의
역할을 명확히 한다.

3
빗살수염벌레에
의해 가해가 발생한
기둥의 상태

4
운현궁
정기적인 방충제 도포에
의해 유지관리가
가능하므로, 계획을 세워
지속적으로 방충제를
도포하도록 한다.

그 밖에도 화학적 요인에 의한 훼손에는 공기오염에 의한 분진 물질과 목재의 화학작용으로 인한 경우가 가장 많으며, 기타 방충이나 방화 등의 약제와 단청안료 및 이질재료 간의 화학작용으로 훼손될 수도 있다. 특히 공기에 노출된 철물은 공기 중의 산소를 흡수하여 산화하는 부식 과정을 거치게 된다. 금속재료에서 부식은 가장 중요한 문제이다. 부식의 유형에는 대기 중에 일어나는 대기부식, 화학약품 및 침식성 물질과의 접촉에서 일어나는 화학부식 외에 전기화학적 반응에 따라 생기는 전해부식 등이 있다.

흙으로 구성된 유구의 경우에도 되묻어 보존하지 않는 이상 유적 및 유구의 환경이 습윤 상태에서 건조 상태로 이행되거나 습윤과 건조가 반복되는 등 새로운 조건이 만들어지면 현장에서 유적을 원형 그대로 안전하게 보존할 수 없게 된다. 유기질을 포함하는 유물과 유적의 경우에는 건조한 상태에서 훼손되거나 수축·변형되어 원래의 형태를 잃어버리기 때문이다.

따라서 공기와의 접촉이나 물에 의한 작용을 방지하거나 지연시키고 습윤 상태를 유지하는 등의 보존과학적인 처리가 필요하다.

5.2 사적의 유형별 정비

1 사적의 유형별 정비의 이해

사적정비의 의미는 계획적인 정비가 보존을 강화시키는 계기가 되고 새로운 문화가치를 생산한다는 데 있다. 따라서 사적정비는 우수하고 고유한 민족문화를 새롭게 발전시키는 데 크게 기여할 수 있으며, 과거와 현재와 미래를 이어주는 다리로서 과거를 이해하고 새로운 가치를 창조할 수 있는 원동력이 될 수 있다.

사적의 정비를 통한 활용은 문화의 다양성을 인정하는 국제사회의 흐름과도 방향을 같이하고 있으며, 궁극적으로는 국가경쟁력의 강화로 이어져서 민족문화의 발전에 도움을 주는 하나의 계기가 될 수 있다. 이렇듯 사적정비는 다양한 관점에서 응용될 수 있으며, 그 나라만의 고유한 방식에 의해 특징지어질 때야말로 더욱 가치를 발휘할 수 있다.

따라서 이제부터는 각 유적을 〈문화재보호법〉에서 정하는 사적의 성격에 따라 분류하고, 각각의 정비계획을 수립할 때 점검해야 할 기본적인 사항에 관해 살펴보기로 한다. 단 사례에 관해서는 기존에 연구된 성과에서 충분히 다루고 있으므로《사적의 보존활용을 위한 해외조사자료집》2010. 국립문화재연구소,《사적의 보존활용을 위한 국내조사자료집》2010. 국립문화재연구소,《사적정비편람》을 참조하기 바란다.

2 유형 분류

사적별 유형은 〈문호재보호법〉상의 분류법을 기준으로 나누고 이에 따라 해설한다. 사적별 분류에 관해서는 앞에서도 다룬 바 있지만, 〈문화재보호법〉상의 대상 사적을 간단히 소개하면 다음과 같다.

문화재의 종별	유형 분류
사적	가. 조개무덤, 주거지, 취락지 등의 선사시대 유적 나. 궁터, 관아, 성터, 성터시설물, 병영, 전적지戰蹟地 등의 정치·국방에 관한 유적 다. 역사驛舍·교량·제방·가마터·원지園池·우물·수중유적 등의 산업·교통·주거생활에 관한 유적 라. 서원, 향교, 학교, 병원, 절터, 교회, 성당 등의 교육·의료·종교에 관한 유적 마. 제단, 지석묘, 옛 무덤(군), 사당 등의 제사·장례에 관한 유적 바. 인물유적, 사건유적 등 역사적 사건이나 인물의 기념과 관련된 유적

각 사적별 분류에 따른 해설은 다음과 같은 내용으로 구성했다.

개요/ 해당 유형에 속하는 사적의 개요와 특징을 추출하여 사적정비에 도입하고 활용함으로써 합리적인 정비가 되도록 개념을 해설한다.

구성요소/ 해당 유형에 속하는 사적의 구성요소를 살펴봄으로써 정비대상물을 구체적으로 인지할 수 있으며, 이에 따라 각 유구 또는 건조물 및 구조물의 구체적인 정비항목을 도출한다.

정비 기본구상/ 각 유형별 정비의 기본적인 방향을 살펴본다.

조사항목/ 각 유형별 사적정비에 필요한 정보를 파악하기 위해 실시해야 할 각종 조사에 관해 살펴본다. 여기에서는 필요하다고 생각되는 주요 조사를 대상으로 할 예정이며, 각 사적별 성격에 따라서 다양한 조사가 필요한 경우도 있다.

정비 핵심사항/ 앞에서 살펴본 각 사적의 유형별 특징과 구성요소를 정비에 구현하기 위한 핵심사항을 살펴본다.

정비 시 보존의 관점/ 사적정비 시 보존과 활용의 관점에서 살펴본다.

정비 시 활용의 관점/ 사적정비 시 활용의 관점에서 살펴본다.

정비 시 유의점/ 사적정비 시 주의해야 할 사항을 살펴보고 정비에 응용한다.

3 유형별 정비

조개무덤, 주거지, 취락지 등의 선사시대 유적

조개무덤

개요

조개무덤은 선사시대의 인류가 먹고 버린 조개껍데기가 쌓여서 이루어진 유적으로, 패총 또는 조개무지라고도 부른다. 얕은 해안지역을 중심으로 널리 분포되며, 10여 센티미터에서부터 1미터 이상의 두께까지 층을 이루고 있다. 주변에서는 조개더미를 만든 사람들의 집자리와 무덤자리가 대규모로 발견되며, 토기와 석기 및 당시 짐승의 뼈와 뿔 등이 잘 보전되어 있기 때문에 선사시대의 생활상과 자연환경을 연구하는 데 귀중한 자료가 되고 있다.

조개무덤은 인류가 본격적으로 바다자원을 식량으로 쓰기 시작한 신석기시대부터 만들어졌으며, 청동기시대에는 거의 형성되지 못하다가 어업기술이 발달한 철기시대에 들어와 김해, 웅천, 양산, 삼천포, 해남 등 남해안 지방에 많은 유적을 남겼다. 김해에서는 대륙과 교역한 사실을 알려주는 중국 한나라의 엽전이나 장식 구슬 등이 발견되었으며, 웅기에서는 온돌터가 발견되어 고대 난방시설의 형태를 알려주었다. 청동기시대의 패총인 태안 고남리, 군산 비응도동, 라선 초도, 제주 상모리 조개무지 등에서는 집자리로 추정되는 유구와 함께 토기와 석기, 사냥채집활동을 보여주는 자연유물 등이 발견되었다.

김해 회현리
패총 전시관

| **구성요소** | 패총으로 지정된 사적의 구성요소는 패총 자체만을 지정한 경우와 패총과 동시에 전개되었던 취락 전체를 지정한 경우에 따라 다르다. 여기에서는 패총 자체를 대상으로 하고, 집락에 관해서는 '주거지' 항목을 살펴보면서 취급하기로 한다.

　　패총은 조개류의 껍질 등이 퇴적된 것으로, 각각의 조개층에는 동·식물의 유체와 생활에서 생산용구로 사용된 토기·석기·골각기 그리고 매장된 인골 등이 포함된다.

정비의 기본구상

패총은 지하에 매장되어 있는 연약한 유구인 데다 한번 노출되면 손상될 가능성이 높기 때문에 발굴조사 후에는 빠른 시간 안에 성토 피복 등의 방법을 사용하여 적절히 보존을 도모해야 한다. 패총 자체가 유물 등의 양호한 보존환경을 유지하는 경우도 있기 때문에 환경을 파악하기 위해 주위의 토질 및 지하수위를 확인할 필요도 있다.

　　특히 현지에서 노출전시하는 경우에는 보존환경에 변화가 생기므로, 패총에 충분한 보존과학적인 처리를 실시해야 한다. 보존을 확실히 하기 위해서는 노출하는 범위 및 입지환경에 따라 적절한 수법을 선택할 필요가 있으며, 온습도를 조절할 수 있는 보호각 등에 관한 설치를 검토한다.

조사항목

지형조사

패총은 본래 해안선과 가까운 곳에 형성되지만, 바다에 가까운 강의 주변이나 입구에도 분포하고 있다. 후세에 지형이 변화되면서 현재에는 해안에서 상당히 떨어진 장소에서 확인되는 경우도 많다. 따라서 현장의 지형뿐만 아니라 인접한 지역의 유물산포지에 대한 내용을 비롯하여 해안선의 변화 및 하천 흐름의 변화, 침식 등도 조사 사항에 포함시켜야 한다. 이를 토대로 유구가 현재의 형상에 이르기까지의 경과를 파악하고, 패총에 부수된 거주지 등에 관한 정보까지 파악한다.

발굴조사

해당 사적을 정비하여 표현하려고 하는 패총의 범위 및 수법을 검토하기 위해 적절한 범위를 대상으로 발굴조사를 실시한다. 패총의 평면적인 전개와 수직 방향의 적층 상황을 조사하고, 해당 패총 전체의 특징을 파악하면서 그러한 특징이 전형적으로 나타나는 부분까지 파악하는 것이 주목적이며, 최소한의 발굴조사만으로 필요한 정보를 얻는 것을 전제로 한다. 그렇지만 사적이 가진 전체적인 성격을 파악하기 위해 전면적인 발굴조사를 실시해야 하는 경우도 많다는 것을 염두에 두어야 한다.

출토 유물 분석

패총이 존재했던 지역의 자연적·사회적 배경을 파악하기 위해 출토된 유물을 분석한다. 패총에 포함되는 동·식물의 유체는 대부분 패총을 이용했던 사람들이 주변의 환경으로부터 어떠한 것을 식재료로 선택 채취했는가를 나타내주는 물리적인 증거이다. 따라서 이러한 출토 유물을 분석하면 옛 사람들의 식생활 및 생활권과 생활기술 등을 파악할 수 있다. 토기, 석기, 골각기 등의 유물에서는 옛날의 생업과 생활양식, 계절에 따른 이동의 유무 등을 파악할 수 있다.

자연환경 조사

옛 지형 및 기후와 자연환경 등을 복원하는 데 필요한 정보를 얻기 위해 패총 내에 존재하는 흙에서 검출되는 꽃가루 및 목재 등을 과학적으로 분석한다.

정비 핵심사항

선사환경의 표현

조사에서 얻은 선사환경에 관한 다채로운 정보가 바탕이 되며, 특히 패총을 둘러싼 독자적인 환경을 표현하는 것을 기본전제로 한다. 예를 들어 선사생활 및 문화의 배경에 관한 상세한 정보를 전시관을 통해 설명하거나 옛 지형 및 자연환경을 복원석으로 정비하는 방안 등을 생각할 수 있다.

표현방법의 선택

패총의 유구 전체를 노출전시하는 것은 유적 보존의 관점에서 좋지 않으므로, 발굴조사로 명확해진 패총의 특징을 대표하는 유구의 일부를 선택하여 표현하는 방안을 검토한다. 표현방법에는 성토 피복하고 나서 패총의 범위를 나타내거나 새로운 조개껍질을 배치하여 표현하는 평면표시, 패총 층위의 편년체계를 알기 쉽게 전시하기 위해 유구의 단면을 전사하고 옥내시설 등에서 표시하는 단면표시, 유구의 일부에 보존과학처리를 하고 보호각 등의 보존시설 내에서 전시하는 노출전시 등이 있다.

패총
변천의 표현

패총은 시간의 경과에 따라 위치와 범위를 변화시키면서 전개하는 경우가 많다. 따라서 여러 시기에 걸쳐 형성된 패총을 표시할 경우에는 시기에 따라 표현수법을 바꾸는 등 사적을 파악하는 데 오해가 생기지 않도록 배려할 필요가 있다.

정비 시
보존의 관점

패총을 확실히 보존하기 위해서는 성토에 따라 피복하는 것이 원칙이다. 또한 일반 공개를 목적으로 하는 경우에는 뜨거운 조명, 습도와 온도, 관람객의 출입으로 인한 대기성분의 변화나 미생물 등의 반입이 사적의 보존에 문제점으로 대두되고 있다는 사실에 주의해야 한다.

특히 노출전시의 경우에는 곰팡이 및 벌레가 원인이 되는 열화 및 풍화, 파손을 방지하기 위한 유지 및 관리수법을 충분히 검토한다.

정비 시
활용의 관점

패총이 존재했던 시대의 생활문화 전시 또는 토기 및 석기 만들기와 불 피우기 등의 체험학습을 고려하여 사적 내에서 영위했던 생활을 적극적으로 이해할 수 있도록 한다.

선사문화의
이해

패총에서 출토된 각종 토기·석기·골각기 등의 유물 및 각종 보조자료를 보관하고 전시할 수 있는 박물관, 패총 및 당시의 생활모습을 재현하여 전시할 수 있는 야외전시장, 토기·석기·돌각기 등 도구의 제작을 직접 경험할 수 있는 각종 도구제작소 그리고 갯벌지대와 연결하여 조개잡이를 할 수 있는 체험학습장 등으로 활용한다. 또한 박물관과 야외전시장 및 학습체험장을 용이하게 연결할 수 있는 산책로와 휴식 공간 등을 적절히 활용하는 방법도 생각할 수 있다.

정비 시 유의점

사적정비에서는 사적의 성격이나 특징에만 초점이 맞춰져서 활용에는 소홀해지기 쉽다. 따라서 정비계획을 수립할 때는 활용에 관한 부분에 유의한다. 패총은 주거지와 같이 정비되는 경우가 있는데, 물리적인 표현뿐만 아니라 주거지 내의 생활과 어떻게 연관되었는지 패총의 존재 의의를 이해할 수 있도록 정비할 필요가 있다.

주거지와 취락지

개요

주거지

주거지는 단일 집자리 또는 다수의 주거와 관련되는 건물터로, 집락을 형성하여 형태를 갖춘 것을 말한다.

주거 및 그 외의 건물터로 구성되며, 거주·생산·매장·제사·폐총 등 생활기능에 맞추어 명확한 공간 구분이 행해지기도 했다. 이러한 주거지는 서울 암사동, 인천 삼목도, 강릉 초당동, 영암 장천리, 제주 북촌리 등 전국 각지에 형성되어 있다.

선사시대의 주거지는 일반적으로 평면이나 방형으로 된 움집의 형태이며, 크기는 다양하다. 구석기시대에는 대부분 동굴에서 생활하다가 신석기시대로 들어오면서 주로 해안지역 인근이나 강가의 낮은 언덕이 있는 곳에 땅을 파서 둘레에 기둥을 세우고 이엉을 덮은 움집을 짓고 살았다. 방 한가운데에 화덕을 설치했으며, 토기 항아리를 묻어서 저장고로 사용하였다.

청동기시대의 주거지는 일반적으로 장방형으로 이루어져 있으며, 주거지는 낮은 언덕이나 경사면 등에서 많이 발견된다. 움집의 깊이가 얕아지고 지상에 집을 짓기 시작했으며, 화덕은 방의 가장자리에 두었다.

철기시대에는 움집이 줄어들고 초막이나 토담, 귀틀집 등이 등장했다. 밑면이 직사각형으로 되어 있고 집 안쪽 가장자리를 돌아가면서 세운 것이 많고, 서까래를 걸쳤다. 대개 큰 강이나 바다에 가까운 낮은 언덕에 자리 잡았고, 때로는 강이나 바닷가 모래사장에서 주거지가 발견되기도 한다.

양양 오산리
선사유적지

취락지   취락지란 선사시대에 인간이 모여 살던 마을을 이야기한다. 위에서 다룬 내용이 단위 주거지라면, 취락지는 이러한 주거지가 집단을 이루고 살던 마을 단위를 말한다.

    취락지는 청동기시대를 주 무대로 하며, 집단이 모여 살던 곳이므로 주거지보다 다양한 시설이 존재한다. 기본적으로 집자리, 고인돌, 그 밖에 유적을 둘러싸고 있는 환호(環濠/ 취락을 방어하기 위해 시설하는 도랑) 등이 있다. 집자리는 다양한 형태를 띠고 있으며, 집자리 가운데에 불 땐 자리가 있고 둘레 벽가에는 배수시설이 되어 있다. 환호의 단면은 통상 V형을 띠고 있으며, 환호 안쪽으로 토성과 같은 흙담이 존재했을 가능성도 있다.

구성요소

주거지   선사시대의 주거지는 일반적으로 대지를 조금 깊거나 얕게 파서 바닥을 구성한다. 평면은 원형이나 장방형으로 되어 있으며, 이에 따라 기둥 구멍이나 서까래 구멍이 나 있다. 또한 노지나 화덕 등을 설치하기도 하고, 저장공을 가진 경우와 그렇지 않은 경우가 있다. 주거지를 기점으로 출입을 위한 계단이나 경사로 등 다양한 시설이 존재하기도 한다.

| 취락지 | 기본적으로는 주거지를 근간으로 한다. 집단을 이루고 살던 곳이므로, 방어를 위한 환호·방어용 토성·목책 그리고 주변에 고인돌 등이 남아 있다. |

| 정비의 기본구상 | 주거지를 구성하는 유구는 땅속에 남아 있는 경우가 많기 때문에 발굴 후에는 성토 피복 등의 수법으로 보존을 도모할 필요가 있으며, 정비기법에 따라 성토 범위전면 성토, 부분 성토 및 두께를 검토한다.

주거지의 유구가 부분적으로 지상에 노출되어 있는 경우에는 적절한 보존처리를 실시한다. 유구 보호조치 후에 유적 전체의 구조를 복원적으로 정비하여 보존을 도모하는 것도 가능하다. 취락지의 경우에도 주거지와 기본방침은 유사하나, 환호와 목책 등을 복원적으로 정비함으로써 당시 마을의 범위를 확정하고 경관적인 요소로 구성하는 방안을 검토한다. |

| 조사항목

발굴조사 | 집락이 형성되어 소멸에 이르는 과정에는 주거지 내의 건물이 여러 시기에 걸쳐 다시 세워지는 경우뿐만 아니라, 주거지 내에서 중심이 되는 공간이 이동하거나 공간의 사용방법이 변화하는 경우도 포함된다.

따라서 유구의 분포 상황이나 중복관계 및 전후관계 등을 신중하게 파악하고, 유구에 따라 출토된 유물로부터 얻은 정보를 통해 각 시기별 공간의 사용방법을 상정하여 주거지 전체의 구조와 변천 과정을 파악한다. 또한 건축에 이용되는 이엉 및 목재의 채취지역을 상정하는 등 일상생활의 범위 및 모습도 파악한다. |

| 유물 분석 | 유물의 소재 및 산지를 분석하여 문화권의 범위 및 집락이 존재했던 지역적·사회적 배경을 파악한다. 주거지에 남겨진 토기, 석기, 골각기 등의 유물로부터 옛날의 생업, 생활양식, 계절적인 이동의 유무 같은 정보를 얻을 수 있다. |

환경조사	생활용구의 쓰레기장이나 유구 중에는 동·식물의 유체가 다수 포함되고, 퇴적토 중에는 식물의 꽃가루가 포함되기도 한다. 이를 분석하여 당시 식생환경을 복원하기 위한 정보를 얻을 수 있다.
지형· 지질조사	주거지가 들어서고 소멸하는 과정 사이의 환경 변화를 파악하기 위해 기후, 식생, 바다와의 거리, 자연재해의 유무에 대한 조사를 발굴조사와 함께 실시할 필요가 있다. 유구 위에 성토 및 복원건조물을 설치하는 경우에는 하중으로 인해 유구에 영향이 미치지 않도록 지질조사를 해야 한다.
복원자료에 관한 조사	선사시대의 벽화나 출토 유물 등 당대의 생활상을 엿볼 수 있는 자료를 종합하여 복원 시 정비에 활용하거나 선사시대 체험과 관련된 활동 등에 활용한다.
경관조사	주거지는 평면적·입체적인 범위를 가지며, 옛 주거지 안팎에서 보이는 경관이 주거지군의 존재를 나타낸다고 할 수 있다. 따라서 각 구조물의 형태 및 배치관계 뿐만 아니라 다른 조사를 통해 알게 된 옛 지형 및 환경 등과의 조화를 고려하면서, 주변 지역을 포함한 전체적인 경관의 존재에 관해서도 검토한다.
정비 **핵심사항** 정비 대상 시기의 명확화	정비를 할 때는 원칙적으로 주거지의 구조를 가장 명료하게 나타내는 시기 또는 전성기 등과 같이 하나의 시기를 정하는 경우가 많다. 여러 시기를 표현할 경우에는 그에 따라 표현수법을 바꾸어서 행위로 유적에 대한 오해를 일으키지 않도록 한다.
공간이용계획	주거지 내 옛 공간의 사용방법(거주, 생산, 폐기 등)을 표현하는 것에 주안점을 둔 정비계획에서는 공간을 구성하는 요소를 노출전시 및 복원전시하고, 주거지의 범위와 구성을 이해할 수 있도록 정비한다. 패총이나 구 등의 생활 흔적을 표현하는 것도 당시의 생활 및 사람들

의 행동양식을 이해하는 데 중요한 역할을 한다.

주거지 내에서의 생활을 알 수 있는 토기, 석기, 장신구, 화재흔, 저장품, 농경의례 등의 모형도 전시한다. 특히 실제 출토 유물을 전시하는 데 의미가 있는 경우에는 충분한 보존과학처리를 실시하고 보존시설을 설치하여 전시하는 것이 바람직하다. 관람객이 예전 주거지의 모습을 쉽게 상상할 수 있도록 영상이나 음성을 이용하여 해설하는 것도 가능하다.

또한 유구에 따른 지정지 내 관람로는 경관을 배려하여 구성한다. 단 면적이 큰 사적은 견학자의 보행거리에 맞는 관점에서 공간의 이용을 구분하고, 관람객의 동선에 따른 정비계획 및 관람로를 검토한다.

특징 표현

주거지를 대표하는 구조물·배치계획·주거지 내의 중심이 되는 구역의 시간적 흐름에 따른 이동 등의 특징을 잡은 다음, 일률적으로 표현하지 말고 다른 집락과의 차이점을 이해할 수 있도록 각 건조물 및 구조물의 형태와 구조와 연대에 따라 정비수법을 바꾸는 등의 연구가 필요하다. 특히 사적의 전체 형태를 쉽게 파악하기 위해서는 유구의 전체 모형을 설치하는 방법도 있다.

지형·식생 복원

주거지의 입지 및 구조에는 옛 주변 환경이 커다란 영향을 미치는 경우가 많으므로, 환경조사로 밝혀진 내용에 따라 옛 환경을 복원하고 표현하여 주거지에 대한 이해를 돕도록 한다. 특히 식생에 관해서는 옛날에 존재했다고 판단되는 수종 외에도 재래종을 우선적으로 식재한다.

정비 시 보존의 관점

성토 등에 의한 지형조성이나 지형복원 등의 공사를 실시하는 경우에는 발굴조사 등을 통해 유구의 분포를 사전에 확인하여 지하 유구를 보존한다.

성토 피복

또한 매장된 유적의 보존환경을 양호하게 유지하기 위해서는 적절한 양의 지하수를 정상적으로 유지하는 것도 필요하다. 발굴조사에 의해 판명된 유구면에 기초한 지형복원을 원칙으로 하고, 주변 지형과의 조정뿐만 아니라 배수 및 전기설비 등의 매설에 필요한 성토 두께에 관해서도 배려한다.

복원건물 등의 보존대책	수혈 주거와 같이 땅을 파고 나뭇가지 등을 이용하여 만들어진 선사시대 주거는 정기적인 훈증 등을 실시하고, 안전에 유의하여 관리한다. 방화시설을 설치할 때는 경관 및 환경을 배려한다.
정비된 유구 등의 보존	유구에서 판명된 사실을 지상에 표현하는 경우에는 원칙적으로 성토 보존하여 바로 위에 표현한다. 특히 유구의 한 부분을 노출전시하는 경우에는 풍우 등에 의한 열화 및 풍화, 파손을 방지하기 위해서 보존처리를 실시하고 보존시설을 설치할 필요가 있다. 정기적으로 보존 및 오염된 상태를 점검하고, 청소 및 보수를 지속적으로 실시할 수 있는 체제를 구축한다.
자연환경의 보전	해당 주거지가 존재했던 시대의 식생은 아니더라도 사적의 지정구역과 주변의 재래종으로 인해 예전의 자연환경이 남아 있는 경우에는, 각각의 조화를 유지하면서 적절히 관리 및 보전해나갈 필요가 있다.

정비 시 활용의 관점

선사문화의 이해	패총의 경우와 마찬가지로 토기·석기 만들기, 불 피우기 등의 체험학습을 통해 집락이 존재했던 시대의 생활문화를 접하는 것이 가능하도록 하고, 사적의 배경에 대해 적극적으로 이해할 수 있도록 돕는다.
주변 환경과의 조화	주거지 유적을 면적으로 정비하는 경우에는 주변의 자연환경뿐만 아니라 경관과의 조화를 도모하고, 공원으로 이용할 수 있도록 사적의 지정지와 주변 지역이 서로의 존재가치를 높일 수 있는 방안을 연구한다.

정비 시 유의점

현재 우리나라에는 선사시대 주거지를 복원하여 전시하는 곳이 많다. 이러한 복원 주거지 내에는 해설시설을 겸하는 곳도 있어서 사람들의 출입이 빈번하며, 구성재료의 특성상 화재의 위험이 항상 존재한다.

사적 내 화재 발생 시에는 인명 피해는 물론이고 유구에 큰 영향을 줄 수 있으므로, 반드시 방재시설 등을 설치하여 유적의 보존을 도모해야 한다.

궁터, 관아, 성터, 성터시설물, 병영, 전적지戰蹟址 등의 정치·국방에 관한 유적

궁터

개요

궁터는 궁궐이 있던 자리로서 다양한 대상을 가진다. 조선시대 5대 궁을 중심으로 행궁 또는 고대의 궁터를 포함한 넓은 개념의 궁터가 사적으로 지정되어 보존관리되고 있다.

일반적인 궁의 개념은 기능에 따라 정사를 위한 정무 공간, 일상생활을 위한 생활 공간, 휴식과 정서 함양을 위한 정원 공간으로 나뉜다. 세 공간은 유기적으로 연결되어 있으며, 일반적으로 정사를 목적으로 하는 건물을 앞에 두고 생활건축물은 뒤편에 배치한다.

경복궁

이러한 평지에 위치한 일반적인 궁 외에 우리나라의 대표적인 행궁인 남한산성, 수원화성 그리고 북한산성 행궁터의 경우에는 주위에 성벽 따위의 방어시설이 있는 성곽 내의 궁으로서 참배나 행사를 위해 일시적으로 사용되기도 했다. 그 밖에 고대의 궁에도 방어적인 개념이 포함되어 궁궐과 관아, 시장, 사찰, 거주지 등이 일체화되어 조성되었다. 각 시대의 구체적인 면모가 확인되는 궁궐의 특징을 간단히 살펴보자.

고구려에서는 북쪽에 방어를 위한 산성을 세우고 남쪽의 평야에 궁성을 비롯한 관아를 배치하였다.

백제 한성시대에는 평지에 궁성을 포함하여 나성을 쌓았으며, 주변에는 산성을 세운 것으로 추정된다. 웅진으로 천도한 후에 공산성이 궁성의 역할을 했다.

신라 초기에는 국왕이 금성金城과 월성月城에 머물렀으며, 자연지세를 이용하여 산성을 세우고 유사시에 대비하였다. 이후 신라가 발전하면서 서라벌 일대의 행정구역이 개편되고 시장이 갖추어지는 등 도성의 면모를 갖추게 되었다.

고려는 풍수지리설에 따라 송악산 아래에 있는 개경에 터를 잡고 만월대를 정궁으로 사용하였다. 동쪽과 서쪽에 동궁과 서궁을 두는 고구려의 배치방식을 따랐으며, 나성을 쌓아 외부로부터 방어하였다. 삼국시대의 전통을 이어받아 당나라의 제도와 달리 도성을 방형으로 구획하지 않고 자연지세를 이용하여 축성했다.

조선시대에는 한양으로 천도하여 궁궐과 종묘, 관아 등을 고려시대의 건축방식으로 축조하였고, 한양의 사대산인 백악白岳·낙산駱山·남산南山·인왕산仁旺山을 연결하여 도성을 축조하였다. 동서남북에 사대문을 두고 중간 중간에 사소문을 두었으나, 현재 숭례문崇禮門과 흥인지문興仁之門·광희문光熙門·숙정문肅靖門만 남아 있다.

구성요소 서울의 5대 궁을 제외하면 궁터는 대부분 지하에 유적으로 매장되어 있지만, 어느 정도 건물터가 남아 있는 경우가 많다.

궁터는 앞에서도 설명했지만 정사를 위한 정무 공간·일상생활을 위한 생활 공간·휴식과 정서를 위한 정원 공간 등으로 대별되며, 조방도로로 구성된 도시의 가로 부분과 행정의 핵심시설인 관아터와 시장터 등으로 구성된다.

행궁의 경우에는 참배를 위한 기능이 첨가되며, 군사적인 기능이 더해지기도 한다. 고대의 궁터는 발굴조사를 진행하는 중이거나 위치를 비정比定하기 어려운 경우도 있으므로, 앞으로 학술적 성과에 따라 면모가 드러나는 시점에서 재검토되어야 할 것으로 보인다.

정비의 기본구상

궁터는 대부분 당대를 대표하는 성격이 강하고 아직까지 역사성이나 상징성을 강하게 가지고 있으므로, 정비의 방향이 복원적으로 흘러가는 경우가 많다.

조선시대 5대 궁의 경우에는 사진·그림·도면 등 고증자료가 풍부하고 일제강점기라는 특수한 시대 상황과 맞물려 궁의 상징성이 더욱 강조되므로, 역사성의 회복이라는 측면에서도 전면적인 복원에 초점을 맞추고 있다.

행궁도 5대 궁과 마찬가지로 고증자료가 풍부하고, 발굴조사에 따라 유구가 명확히 밝혀지고 있다. 게다가 역사적 인물이나 사건 등이 가진 역사성이나 스토리텔링과 연계하여 활용하는 측면에서 성곽정비와 더불어 복원정비하는 추세이다.

고대 궁터의 경우에는 아직 명확히 밝혀지지는 않았지만, 발굴조사나 고증연구의 성과에 따라 다양한 정비의 방향이 설정되어야 한다. 고대 궁터는 대부분 지하에 매장되어 있으므로 유적 전체에 대한 복·성토를 고려하고, 고대의 생활상 및 고대 왕권의 이해를 도모할 수 있는 조방 관련 유적이나 중심적인 시설을 가시적으로 정비한다. 그 밖의 부대시설은 유구표시 등을 통해 전체적인 연계성을 이해하도록 한다.

조사항목

조선시대 5대 궁의 복원과 더불어 행궁터나 고대 궁터는 주로 지하

발굴조사

에 매장되어 있기 때문에 정비할 때는 발굴조사를 필수적으로 실시해야 한다.

고증자료에 근거한 최소한의 발굴조사로 필요한 정보를 파악하고, 정비의 수법에 따라 조사범위를 적절히 설정한다. 예를 들어 궁터 내 중심부에 관해서는 중심축선을 기준으로 발굴조사를 실시하는 방법도 있다.

건물의 배치 상황을 평면적으로 표시하는 등의 정비수법을 취하는 경우에는 부분적인 발굴조사만으로도 충분하므로, 트렌치를 이용한 부분적인 조사를 통해 유적의 규모와 상황을 확인하고 필요에 따라 확대 발굴조사를 진행한다. 또한 복원전시를 위한 정비의 경우에는 상세한 정보가 필요하므로, 정비 대상이 되는 건물 유구의 전체에 관한 발굴조사를 실시한다.

사료조사

조선시대 5대 궁의 자료는 풍부하지만, 고대 궁터에 대해서는 자료가 부족한 경우가 많다. 따라서 발굴조사에 앞서 지명, 문헌, 지형 등을 조사할 필요가 있다. 또한 고증연구를 할 때는 당해 궁터의 연혁을 정리한 연표, 역사적 사건, 문화사 자료, 제례 등과 당대에 대한 인문학적 검토 등을 통해 다양한 각도에서 고대 궁터를 살펴볼 필요가 있다.

경관조사

궁터는 평지에 입지하는 것과 비교적 전망이 좋은 구릉 위에 평탄하게 조성하여 입지하는 것이 있다. 정비계획을 수립할 때 지정구역 안에서부터 지정구역의 주변까지 포함하는 경관은 아주 중요한 요소가 된다.

특히 당시에 권위의 상징으로 존재한 정전 등을 현대에 재정비하는 경우에는 궁터 내의 공간 구성 등을 한눈에 인지할 수 있도록 중심부분뿐만 아니라 주변 지역에 대해서도 적절한 시야를 확보하는 것이 아주 중요하다. 따라서 경관의 핵심이 되는 중심전각을 설정하여 전망 및 시야 확보 범위를 정하고, 바람직한 경관 제어방법

정비 핵심사항	궁터는 앞에서도 기술했듯이 상징성이 강한 사적이므로, 정전 등 중심영역이 제대로 인지되도록 정비하고 정문 또는 남문의 상징성을 강조하는 것이 핵심이다. 또한 그에 부속된 시설을 인지할 수 있도록 하여 일체감 있는 정비가 이루어지도록 한다.

을 검토하기 위한 조사를 해야 한다.

궁터는 앞에서도 기술했듯이 상징성이 강한 사적이므로, 정전 등 중심영역이 제대로 인지되도록 정비하고 정문 또는 남문의 상징성을 강조하는 것이 핵심이다. 또한 그에 부속된 시설을 인지할 수 있도록 하여 일체감 있는 정비가 이루어지도록 한다.

　　궁터는 광활한 부지를 가지고 있는 경우가 많으므로, 궁터 전체의 모습을 알 수 있게 해주는 방안을 연구할 필요가 있다. 또한 고대의 발굴유구에 의해 발견된 궁터는 유적 및 유구에 따라 다르지만 보통 창건기와 전성기를 중심으로 정비한다. 다른 시기에 도입된 별개의 유적 및 유구와 같이 중복하여 정비하는 경우도 있다.

정비 시 보존의 관점

지형 조성계획

변형된 사적 또는 발굴에 의해 궁터의 지형을 조성할 때는 발굴조사에서 판명된 당시의 복원지형을 기본으로 하고, 여기에 기존 배수시설의 위치 및 배수 구배 등을 감안하여 적절한 성토량 및 절토량·조성 구배 등을 정한다.

　　특히 평탄한 지형에 입지하는 경우에는 아주 미량의 성토 및 미묘한 배수 구배에 의해 지형조성계획을 수립해야 한다는 데 유의해야 한다.

정비 시 활용의 관점

표현수법 연구

궁터는 엄격한 위계에 따른 중심축선을 강조하여 배치하는 것을 기본으로 한다. 또한 주위에 배치된 다양한 정치 및 행정기관을 통해 사회상을 살펴볼 수 있는 경우가 많다. 정비계획에서는 각 영역 및 전각을 배치할 때 궁터가 가진 고유한 특성을 충분히 표현할 수 있도록 한다.

　　예를 들어 궁궐 내 중심지역에서는 정전이나 남문 등 전각을 시각적으로 강조하기 위한 정비기법을 고려하고, 중심축선을 강조하기도 한다. 단 이러한 정비에서 복원전시만이 최선의 방법이라고 할 수는 없으며, 다양한 정비기법을 검토하여야 한다. 유적 및 유구의 표현에 관해서는 각각의 입지 조건, 유적 및 유구의 규모, 형태, 성질 등을 포함하여 각종 기술을 조합한 정비가 이루어져야 한다.

주 동선의 확보

궁터를 정비할 때는 공간 구성의 본질을 이해하기 위해 기존의 동선을 확보하는 것이 중요하다. 따라서 주변 도로 및 공공 교통기관의 정비 상황 등 각 사적마다 주어진 조건을 포함하여 원칙적으로 정면에서부터 주요 도입로를 확보한다.

단 궁터는 큰 면적을 차지하는 경우가 많은 데다 사적 안을 적절히 관리 및 활용하기 위해서는 본래 위치 이외에 여러 통로가 필요한 경우도 많다. 따라서 정면에 있는 본래 진입로의 확보를 전제로 하면서, 이외의 장소에서도 기존 도로를 활용하면서 진입로를 확보하는 방안을 검토한다.

활용시설의 정비

사적의 범위가 광대할 경우에는 다양한 정비기법을 혼용하여 안내판 등을 통해 전체적으로 파악할 수 있는 정보를 제공한다. 출토 유물 및 관련 자료 등은 전시시설을 활용하는 등 관람객에게 필요한 정보를 제공할 수 있는 시설도 고려한다.

정비 시 유의점

단계적 정비의 방향

광대한 면적의 사적을 정비하는 경우에는 단기와 장기의 두 가지 관점에서 계획을 수립한다. 단기계획에서는 토지매입 등과 정비사업을 집중적으로 진행할 구역을 정하고, 장기계획에서는 오랜 기간에 걸쳐 실시하는 토지매입사업 및 정비사업의 순위와 정비 후의 관리 및 운영과 공개 및 활용의 순위와 방향 등을 계획한다.

관아

개요

관아는 조선시대 지방행정단위인 부府, 목牧, 군郡, 현縣에 속하는 지방행정기구이다. 관아는 상징성으로 인해 고을에서 가장 위치가 좋은 곳에 자리하며, 풍수지리사상에 따라 배산임수를 기본으로 설치한다. 행정 관련 시설은 일반적으로 객사와 동헌 주변에 집중적으로 분포되어 있다. 문관은 주로 서쪽에 시설을 두며 무관의 시설은 주로 동쪽에 놓는 등 객사를 중심으로 왕권을 신성시하고 강화하려는 의도를 엿볼 수 있다.

현재 관아의 옛 모습이 잘 간직되어 있는 곳은 강화, 수원, 해미, 청풍, 충주, 김제, 고창, 무장, 낙안, 경주, 부산, 홍산 등이다. 특히 충남 부여의 홍산 관아는 조선시대 옛 고을의 핵심시설인 객사와 동헌이 비교적 원형 그대로 잘 보존되어 있다. 그리고 사적으로 지정된 관아의 경우에는 대부분 발굴조사를 통해 복원적으로 검토되고 있다.

원주 감영터 조감도
① 포정루
② 중삼문
③ 내삼문
④ 공방지
⑤ 행각(사료관)
⑥ 선화당
⑦ 내아
⑧ 행각(관리사)
⑨ 책방지

2단계 복원계획
⑩ 관풍루
⑪ 방지
⑫ 봉래각
⑬ 환선정

구성요소

관아에서는 수령의 정청인 동헌, 국왕의 위패를 모시는 객사가 가장 중심적인 시설이 된다. 그 밖에 부속 행정 관련 시설로는 자문기관으로서 고을 양반을 대표하는 좌수와 별감이 있는 향청, 실제 행정을 담당하는 아전들이 근무하는 질청, 기생과 노비가 사용하는 관노청, 군사를 관장하는 군기청 등이 있다.

고을마다 설치된 객사는 외국의 사신이나 다른 지역에서 온 벼슬아치들을 접대하기 위해 연회를 베풀거나 숙소로 제공하던 국가기관으로, 객관이라고도 부른다. 조선시대에는 전패를 안치하고 초하루와 보름에 임금에게 절을 올리면서 충성을 다짐하는 곳으로도 사용되었다.

관아시설 중에서 규모가 제일 크고 화려했으며, 풍수와 전망도 제일 좋은 곳에 자리했다. 일반적으로 전패와 궐패의 감龕을 모셔두는 주사와 함께 동서 좌우로 익헌翼軒을 두었다. 현재 강릉의 객사문, 안변 객사의 가학루, 고령 객사 가야관, 상천 객사 동명관, 통영 객사, 여수 객사 등이 남아 있다.

동헌은 수령이 다스리는 곳으로, 객사에 버금가는 큰 규모로 세워졌다. 조선시대 각 도의 관찰사가 머무르던 감영에서는 선화당이 동헌을 대신했다. 동헌은 재판장의 역할을 담당했는데, 마루에서는 수령이 판결을 내리고 뜰은 고을 백성들이 다스림을 받는 공간으로 사용되었다.

동헌의 형태는 장방형으로 된 평면에 대청과 온돌방으로 구획하는 것이 일반적이며, 건축양식은 익공식이 주류를 이루고 전체적으로 위엄 있게 구성되었다.

향청은 조선시대의 지방자치 기관으로, 양반들의 회의기구였던 유향소留鄕所에서 출발했다. 고을 백성을 대표하여 수령을 보좌하고 향리의 폐단을 막기 위해 설치되었다. 수령은 외지 출신이라서 고을 사정을 속속들이 알기 어렵기 때문에 한 곳에 오래 살면서 지역 사정에 밝은 아전들을 장악해서 다스렸다. 향청의 우두머리는 향정 또는 좌수라고 불렸으며, 초기에는 주민이 선출하였으나 임진왜란 이후에는 수령이 임명하는 방식으로 바뀌었다.

고려에는 고을마다 지방관이 내려오지 않는 대신 토호의 자치 기구인 사司가 있었다. 이를 주사·현사·읍사로 불렀는데, 이 조직은 조선 초기 지방제도에 편입되어 질청이 되었다.

그 밖에 중앙에서 내려온 관리를 접대하기 위하여 고직사庫直舍를 세우고, 외삼문·내삼문·행랑과 누樓로 구성했다. 교방敎房은 기생의 처소로, 객사나 군인의 근무지인 장청 옆에 자리 잡았다. 교방에서는 글쓰기와 음악을 가르치고 무용을 전수했다.

관아 관련 건물

동헌東軒, 수령의 집무처. 별도의 명칭을 붙이는 경우도 있다.

내아內衙, 내동헌이라고도 하며, 수령의 가족이 생활하는 곳이다.

책방冊房, 아사衙舍 별실의 하나로 부사의 비서업무를 맡은 책방이 거처하는 곳이며, 고을 원의 자제가 독서하는 곳이기도 하다. 책방은 관제에는 없으나 부사가 사사로이 임명하여 자제의 교육과 비서업무를 맡겼다.

향청鄉廳, 좌수座首, 별감別監의 집무소이다.

읍사邑司, 육방六房의 수석인 호장戶長의 집무소. 일반적으로 주사州司, 부사府司, 군사郡司, 현사縣司를 통칭하는 표현이다.

작청作廳, 이서吏胥들의 집무처로 인리청人吏廳, 이청吏廳, 성청星廳, 길청, 연청이라고 한다.

서원청書員廳, 원래 입추立秋에 설치되는 임시기구였다가 나중에 상설기구가 되었다.

통인청通引廳, 통인의 집합소. 지인청知印廳, 소성청小星廳이라고도 한다.

형리청刑吏廳, 죄인을 다루는 형리들의 집무소이다.

공수청公須廳, 관아에서 쓰는 경비를 회계하는 곳이다.

전제청田制廳, 각종 토지에 관한 사무를 집행하는 곳이다.

공방청工房廳, 관아에서 사용하는 각종 용구나 자재를 만드는 곳. 필요에 따라 설치한다.

관청官廳, 관아에서 필요한 각종 물품을 공급하는 곳이다.

장청將廳, 관아에 속한 장교가 집무를 보는 건물이다.

군관청軍官廳, 고을의 군기 관리와 군병의 소집 및 조련 등 병무를 주관하며, 속오군束伍軍과 함께 지역 방위 임무를 수행하는 군관장교의 집무소이다.

토포청討捕廳, 도적이나 범죄자를 잡아들이는 별포군의 근무처이다.

장관청將官廳, 속오군을 지휘하기 위해 파견된 별장, 천총, 파총, 중군 등과 같은 장관이 군무를 집행하는 관청이다.

아관청亞官廳, 동헌의 아관이 집무를 보는 건물이다.

기패관청旗牌官廳, 속오군에 소속된 기패관현 소대장급과 소관현 중대장급이 기거하고 번을 서는 곳이다.

교련청敎鍊廳, 일반 군관의 집합소이다.

도훈도방都訓導房, 사령관리소이다.

장방長房, 사령대기소이다.

사령청使令廳, 조례, 나장, 문졸, 일수, 군노 등을 일컫는 사령의 집합소이다.

현사청縣司廳, 호장戶長이 집무하는 곳이라서 호장청戶長廳이라고도 한다. 호장은 현감을 도와 업무를 집행하는 향리鄉吏이다.

관노청官奴廳, 관노비의 집합소이다.

군뇌청軍牢廳, 하급군인의 집합소. 사령청과 비슷하다.
훈련청訓練廳, 군사를 조련시키는 곳이다.
무학당武學堂, 군교가 강무講武하는 곳이다.
약방藥房, 관아에 소속된 의생醫生이 업무를 보는 곳이다.
교방敎坊, 관기들이 머무르는 곳이다.
형옥刑獄, 감옥을 말한다.
사창社倉, 세금으로 거두어 보관하던 양곡창고를 관리하던 관청. 이 밖의 창고로는 호적고, 상평고, 진휼고, 균역고, 혜민고, 군기고, 관청고 등이 있다.
군기고軍器庫, 군기를 관리·출납하고 병기의 재료를 징발하여 제조하고 중앙의 군영과 지방의 진과 순영에 상납하는 창고 관리기관이다.
화약고火藥庫, 유사시 사용하는 화약을 보관해두는 창고이다.
관청고官廳庫, 고을의 관수품과 진상하는 공물을 보관하는 창고. 관아 소속 창고가 많지 않을 때는 호적고로 함께 사용되기도 한다.

정비의 기본구상

관아는 조선시대 지방의 핵심시설로, 중심시설은 객사와 동헌이다. 일반적으로 풍수지리가 좋고 경관이 뛰어난 곳에 자리 잡는다. 따라서 정비계획 또는 정비에서는 관아의 진입 동선과 경관축을 확보하는 것이 중요한 관건이다.

관아는 대부분 일제강점기 때 정책에 따라 관공서 또는 학교 건물로 전용되었기에 본래 모습을 간직하고 있는 경우가 드물다. 관아의 역사적 건조물이 남아 있는 경우에는 수리하여 현상을 유지하도록 노력하고, 발굴조사로 밝혀진 건물터 등에 관해서는 중심이 되는 객사와 동헌 등을 복원적으로 검토한다. 부속건물은 위상이나 현황에 맞추어 다양한 정비기법을 검토한다. 관공서나 학교 건물로 전용되면서 사진 등의 배경으로 사용된 경우가 많으므로, 복원계획에서 이를 적극 활용할 필요가 있다.

관아의 영역은 대부분 가장 중심부에 위치하여 현재는 도심지가 되어 있는 경우가 많으므로, 전부 복원하는 것은 현실적으로 어렵다. 따라서 문헌, 고지도, 사진 등으로 밝혀진 관아의 영역 전체를 대상으로 검토하기보다는 현재 확보된 영역을 중심으로 정비계획을 수립하는 것이 합리적이다.

조사항목

문헌조사

관아는 읍성은 관계는 물론 해당 지역의 정치, 행정, 문화, 사회경제와 관계가 깊기 때문에 문헌조사를 할 때 역사기록, 지방관이나 지역 인물의 문집 등은 물론 고문서, 금석문, 고지도, 구전, 지명 등의 자료를 종합적으로 검토해야 한다. 특히 역사적 사건이나 저명 인물과의 연관성, 시문학 작품 등을 널리 살펴볼 필요가 있다. 고지도에서는 배치나 형상을 확인할 수 있는 경우가 많아서 건조물의 복원적 검토와 발굴조사에도 유용하게 사용된다.

앞서 말한대로 관아의 건물은 일제강점기에 관공서나 학교 건물로 전용되면서 사진의 배경으로 사용된 경우가 많으므로, 출신 학생들의 네트워크를 통해 자료를 수집하기도 한다.

발굴조사

관아는 국가의 주요시설물로서 읍성과 함께 고지도 등에 위치나 건물의 형태까지 상세히 기록되어 있는 경우가 많다. 이에 따라 중심적인 건물의 위치를 추정하는 것이 가능하며, 객사나 동헌을 중심으로 발굴을 시행하게 된다. 대부분 도심지에 위치하는 경우가 많으므로, 지정구역 안에서는 시·발굴을 시행하되 지정구역 밖에서는 관아의 외곽 영역을 확인하는 정도로 정밀도를 조절할 필요가 있다.

용척 검토

현재 건조물이 남아 있는 경우에는 당해 건조물의 용척을 확인하고, 발굴조사에서 확인할 수 있는 용척과 비교하여 복원적인 기본 척도를 검토하는 것이 중요하다.

정비 핵심사항

객사는 왕권의 상징적인 건물로, 건축의 구성이나 꾸밈에서 동헌이나 질청에 비해 훨씬 장중하고 위엄이 있다. 관아를 정비할 때는 중심이 되는 객사와 동헌을 복원적으로 검토하고, 건물의 위상에 따라 건축상의 위상을 정하는 것이 중요하다.

그 외 건물터에 관해서는 기단 정비와 초석 노출에 따라 위치를 나타내는 정도로 하되, 해당 관아의 전체적인 구성 안에서 기능이나 역할을 설명해주어야 한다. 편의시설 등을 설치할 때도 전통적인 건물의 복원에 공통적으로 적용되는 사항이기는 하지만 중심건물과의 위계를 고려하여 예를 들어 문화재는 홀처마 건물인데 화장실을 겹처마로 하는 등 전체 구성상 위계를 흐트리지 않는 방향 외관이나 공포를 구성할 필요가 있다.

정비 시 보존의 관점

관아는 왕권을 상징하는 만큼 풍수지리적으로 뛰어나고 좋은 위치에 자리하는 경우가 많다. 현재 도심지가 되어 있는 경우에도 현상변경 허용기준을 통해 중심축으로 삼거나 풍수지리에 따른 경관이 보존될 수 있도록 최소한의 조치를 취할 필요가 있다.

당시의 관아 건물이 현존하는 경우에는 반드시 방재설비를 도입하여 화재로 인한 훼손을 방지하고, 수리 내력을 철저히 조사하여 원형에 충실한 정비가 이루어지도록 해야 한다. 발굴조사로 판명된 건물터 등은 중심적인 건물을 제외하고는 복·성토를 통한 보존을 검토한다.

정비 시 활용의 관점

현재 관아는 복원적으로 검토되는 경우가 많은 만큼 건물의 공간을 활용하는 것이 중요하다. 해당 지역의 중심 역할을 했던 곳으로서 역사를 알려줄 수 있는 전시시설로도 검토할 수 있으며, 관아가 관공서였던 만큼 현대의 공무원이 옛 선조의 지혜를 배우고 연수하는 공간으로도 활용할 수 있다. 복원된 건물의 활용과 관련하여 관아의 옛 기능을 배우고 위상에 맞는 프로그램을 도입할 필요가 있다.

정비 시 유의점

복원된 건조물 또는 공간에 대상 사적과 전혀 관련 없는 놀이시설 등 관아에서 널뛰기, 떡메치기 등이 설치되는 것은 대상 사적의 의미를 왜곡할 수 있으므로 활용 프로그램에 대한 많은 고민이 필요하다. 또한 앞에서도 이야기했듯이 중심건물과의 위계를 고려하여 외관이나 공포를 구성할 필요가 있다.

성터

개요

성곽은 적으로부터 방어하기 위하여 쌓는 시설물로, 목책木柵·토루土壘·석축石築이 포함된다. 산의 정상부나 사면을 이용해 전쟁 시 적군이 많은 힘을 기울이게 만들고 아군은 적을 내려다보면서 방어하려는 의도에서 축조되었다.

우리나라의 성곽은 삼국시대에 이르러 많이 축조되었으며, 그중에서도 산성 위주로 발전한 것은 산지가 많은 우리나라의 특성을 살린 것이라 할 수 있다. 성곽의 종류는 재료·축성법·축성 목적·지형에 따라 나누기도 하지만, 일반적으로는 위치에 따라 도성·산성·읍성 등과 국경의 장성 등으로 나눈다.

도성은 수도를 방어하기 위해 만든 성곽으로, 주변의 지리를 이용하여 2중 3중으로 보호된다. 또한 고려 말부터 축조되기 시작한 읍성은 북의 여진족과 남의 왜구에 대비하여 연해안 중심으로 축조되었다.

가장 대표적인 성곽이라고 할 수 있는 산성은 평상시에 창고를 두고 곡식과 무기를 준비해두었다가 적이 침입해오면 평지의 주민을 모두 들어오게 하여 저항하였다. 현재 중부 이남의 지역에만 2,000여 개 이상의 성터가 남아 있다. 크기가 아주 작은 둘레 100미터 이하의 성터부터 둘레가 10킬로미터가 넘는 곳도 있다.

공주 공산성

성터에는 일반적으로 문터·체성부·성 안에 우물이나 계곡의 물을 모으는 집수정이 있고, 그 밖에 관련 건물의 조합으로 이루어진다. 성곽은 고대부터 조선시대에 이르기까지 오랜 기간에 걸쳐 중수되어온 시설물이기 때문에 축성 시기, 축성 재료, 축성 목적 등 다양한 관점에서 검토할 필요가 있다.

구성요소

도성에는 궁궐과 이를 둘러싼 주변의 성곽, 읍성에는 지리적인 위치와 마을 그리고 성곽과의 상관관계, 산성에는 산악의 지형과 체성부와 이와 연계된 문터 등의 구성요소가 있다. 또한 성곽 내의 건조물 및 구조물과 지하에 매장된 창고시설 등 각종 건물터가 있다. 이러한 시설과 어우러진 지형도 중요한 구성요소 중 하나이다.

정비의 기본구상

지상에 노출된 구성요소 중에서 문터, 체성부와 그 밖의 석조 유구에 헐거움 및 배부름 현상이 생기는 부분을 중심으로 해체수리나 부분수리 등을 실시하여 보존을 도모한다. 또한 토성에 관해서도 붕괴된 곳을 중심으로 수리를 통해 보존할 필요가 있다.

지하에 매장되어 있는 유구는 성토 피복 등의 수법으로 적절히 보존 및 정비한다. 유적과 일체를 구성하는 지형에 관해서는 안정을 도모하기 위한 정비가 필요한 경우도 있으며, 유구의 보존에 효과적인 수목의 정비도 사적정비의 관점에서 필요하다.

조사항목

지형조사

현지답사를 통해 산의 형태를 관찰하고 진입 동선·문터·체성부의 위치와 건조물 및 구조물 등의 흔적과 배치에 관한 정보를 수집하여 축적한 자료를 성터 전체 구조의 복원적 고찰 및 정비에 활용해나갈 필요가 있다.

발굴조사

진입 동선·문터·체성부 등을 확인하고 구조를 파악하기 위해 실시하는 발굴조사, 이러한 요소들의 수리를 위해 실시하는 발굴조사, 성곽 내의 건조물 및 구조물 등을 평면적으로 확인하기 위해 실시하는 발굴조사 등이 있다. 이러한 발굴조사는 모두 지형조사의 성과 및 수리할 필요성에 따른 조사의 성과 등에 기초하여 시굴조사와 발굴조사를 적절히 조합하고 계획적으로 실시해야 한다.

체성부의 발굴조사에서는 평면 및 입면의 형태와 규모뿐만 아니라 쌓기법에 관해서도 파악하고, 뒤채움 공법에 관해서도 부분 단면으로 확인할 필요가 있다. 토성은 흙을 판축 상태로 적층한 구조물이므로, 급경사를 구성하는 법면의 보존을 충분히 배려하면서 조사한다. 건조물 및 구조물 등 유구의 발굴조사에서는 창고 등 다양한 건조물의 존재 가능성에 관해 염두에 두고 신중하게 진행한다.

용척 검토

용척은 시대에 따라 다른 기준으로 적용되므로, 용척의 검토는 성곽의 연대를 판명하는 좋은 재료가 되기도 한다. 복원 수리와 설계에 관해서도 기준을 정립하는 중요한 작업으로 검토되어야 한다.

체성부 조사

고대 성터의 체성부는 시대에 따라 다른 의장 및 구조를 가지므로 돌의 쌓기법, 석재 등의 종류, 헐거움 및 배부름 현상의 진행 상황 등에 관해 파악할 필요가 있다. 쌓기법 등 각 고대 성터의 특질을 파악하는 데 필요한 조사를 전체적으로 실시한다.

지형 및 지질조사

성곽은 가파른 지형이나 산의 정상부에 입지하는 경우가 많고, 토양 또는 암반에 위치하여 불안정한 경우에는 근본적인 안정처리가 필요하다. 나중에 수리 등에 관해서 판단할 기초자료를 확보한다는 의미에서도, 보링 등의 조사를 통해 체성부 및 토성이 구축되어 있는 지반의 강도 및 수위 등을 파악해둘 필요가 있다.

경관조사

성터의 경관을 구성하는 요소 중에서 체성부 및 토성과 연계되어 구축된 망루나 노대는 주변과 적을 감시하면서 다른 곳과 교신하는 역할을 해왔다. 따라서 이러한 지점으로부터 양호한 전망을 확보하기 위해서는 경관에 관해 조사할 필요가 있다.

정비 핵심사항	성터는 대부분 자연의 지형을 이용하여 축조되고 풍부한 자연을 포함하고 있다. 자연적 환경은 체성부 및 토성, 건조물 및 구조물 등의 유적과 함께 독특한 역사적 경관을 형성한다. 따라서 체성부의 수리 및 유구의 표현이나 그 밖의 활용시설 및 방재시설의 설치에서는 풍부한 자연적 환경 및 역사적 경관의 보전을 충분히 배려한 정비계획을 수립할 필요가 있다.
환경과의 조화	
정비 시 보존의 관점	성터의 체성부는 돌쌓기의 줄눈 및 뒤채움의 차이로 인해 구조상의 약점을 가지기도 한다. 긴 세월 동안 이어진 수압 및 토압으로 인한 변형도 동반한다. 따라서 수목 및 초목이 체성 유구의 노출에 지장을 줄 가능성이 있으므로, 정비 시 구조상의 안정성에 관해 검토하고 수리공사에 착수하기까지 보존하는 데 충분히 배려해야 한다.
보존조치	
보존구간의 설정	성터의 체성부 또는 문터가 현재까지도 양호한 상태를 유지하는 구간이 있다. 이러한 경우에는 성터 전체를 보수정비하기보다는 일정 구역을 보존구간으로 설정하여 표본이 되도록 남겨둠으로써 체성부의 진정성 확보와 보존에 노력할 필요가 있다.
석성 체성부 및 토성의 수리	변형되거나 구조적으로 불안정한 석성 체성부 및 토성에 관한 수리 방법을 정비계획에 구체적으로 나타낸다. 특히 체성부에 관해서는 시대별로 석축의 의장 및 구조나 재료 및 공법이 다르므로, 해체수리 등을 실시할 경우에는 해체에 선행하여 돌쌓기법에 관해 충분히 조사하고 보충할 석재의 확보와 전통 석공의 수배 그리고 작업공정 등에 관해 면밀한 계획을 수립해야 한다.
자연환경의 보전	생물에 관한 조사의 성과에 기초하여 바람직한 식생환경에 가깝게 하기 위한 개선책을 검토할 필요가 있다. 성터에 자생하는 재래수종으로서 체성부 등의 유구를 보존하는 데 악영향을 미칠 가능성이 낮은 관목류는 최대한 보존한다. 최근에 형성된 식생에 관해서는 장기적인

배수처리 및 안정공	전망에서 바람직하다고 판단되는 계획을 수립하여 변환을 도모한다.
	강우로 인한 침수를 방치하거나 배수기능의 저하에 의해 필요 이상의 부하가 걸리게 되면 석성 체성부 및 토성을 포함한 산악지형의 보존에 치명적이다. 따라서 우수 등에 대한 적절한 배수로 및 용량을 검토해야 한다. 석성 체성부 및 토성의 기초부에 해당되는 암반이 산사태 등의 요인으로 불안정한 경우에는 현대적인 공법으로 지지 지반과 일체화시켜 강화하는 등 보강공사가 필요한 경우도 있다.
정비 시 활용의 관점 유구의 표현	새롭게 검출된 체성부, 육축陸築/ 주로 성의 문루나 궁궐의 출입부에 설치된 석축 및 문, 문루의 복원적 정비와 창고를 비롯한 건조물 및 구조물 등 유구를 표현하는 수법에 대해 검토할 필요가 있다. 자연환경에서 수목과 병존하면서 유구를 표현해야 하기 때문에 경관상의 조화와 대비 혹은 정비 후의 관리방법 등을 염두에 두고 가장 적절한 수법을 선택한다.
해설 및 전시	광대한 성터의 전체 모습을 한번에 이해시키는 것은 쉽지 않다. 따라서 관람객의 이용시간에 맞게 동선을 정하여 성곽을 통일성 있게 조망할 수 있는 장소를 선정하고, 성내에서는 해당 개소의 위치를 나타낸 그림 및 사진 등을 활용하여 간결하고 알기 쉽게 해설한 안내판 등을 설치한다.
정비 시 유의점	풍부한 자연환경에 둘러싸인 일부 성터는 자연 공원 및 천연기념물 지정구역과 중복될 가능성이 있다. 따라서 체성부의 조사 및 수리 등을 포함한 정비사업에서 벌목이 필요한 경우에는 계획을 수립할 때 미리 관계부서와 충분한 조정을 거쳐야 한다. 　　성터는 산 정상의 경사진 지형에 입지하는 경우가 많으므로 체성부 및 지형의 보존이나 관람로와의 관계를 충분히 배려해야 한다. 디자인은 주변 경관과 어울리고 눈에 띄지 않는 방식으로 구성한다.

역사驛舍·교량·제방·가마터·원지園池·우물·수중유적 등의 산업·
교통·주거생활에 관한 유적

제방

개요

제방유적은 고대의 수리시설을 보여주는 유적으로서 농업과 깊은 관계를 가진다. 또한 당대 토목기술의 집합체로서 농업이 발달한 지역일수록 많은 제방유적이 분포한다.

제방유적과 관련된 저수지로는 충북 제천의 의림지, 경남 밀양의 수산제, 경북 상주의 공검지, 경북 의성의 대제, 정읍 고부의 눌제, 충남 당진의 합덕제 등이 있다. 이 중에서 잔존 상태가 양호하고 수문으로 사용되는 거渠가 잘 남아 있는 김제의 벽골제가 사적으로 지정되어 있다.

그 밖에도 토목공학적인 관점에서 본다면, 벽골제에서 보이는 판축과 부엽토 공법의 맥을 같이하는 풍납토성의 토성유적, 함안 성산산성의 늪지, 울산에서 최근 발굴된 저수지 제방유적을 들 수 있다. 모두 고대의 수리기술과 토목공학적인 기술의 정도를 보여주는 중요한 유적으로서 농업사회의 일면을 보여준다.

김제 벽골제

구성요소

제방유적은 기본적으로 물을 저장하기 위해 쌓는 둑이라 할 수 있으며, 물을 가두어놓기 좋은 일정 구간의 낮은 지대에 최소한의 노력으로 구획함으로써 수리시설을 마련하는 데 목적이 있다.

제방을 구축하기 위해서는 물과 관련해서 무너지지 않게 하기 위한 특수한 공법이 필요하다. 따라서 제방이 갖는 판축기법이나 부엽토 공법이 제방유적의 특징을 나타내는 구성요소로 작용한다.

제방과 더불어 수문으로 사용되는 거渠 시설도 중요하다. 저수지에 유입되는 물의 양을 조절하거나 저수지의 물을 필요에 따라 사용하기 위한 시설로서, 상당히 높은 기술수준이 요구되는 중요한 구성요소이다. 그 밖에 이를 관리하기 위한 관청이 위치하며, 저수지와 관련된 다양한 이야기가 전한다.

정비의 기본구상

제방유적은 과거에는 저수지로 기능하였지만, 이후 많은 지형 변화와 여러 요인에 따라 흔적이 남아 있는 경우가 많지 않다.

그러나 고대의 농업과 관련해 수리기술을 살펴볼 수 있는 중요한 유적으로서 과거 농업의 중심지였다는 것이 중요한 포인트이다. 또한 제방은 고대 토목기술의 집합체로서 복원적으로 검토하고 단면을 살펴봄으로써 조상의 지혜를 나누는 계기로 삼을 수 있다. 거를 복원적으로 검토하여 일체화된 제방유적의 면모를 일목요연하게 설명하는 것도 중요하다.

조사항목

제방유적은 단순히 해당 지역에서 필요에 의해 축조한 것이 아니라, 농업을 중심으로 하는 국가의 중요한 시설로 존재했다. 따라서 제방을 구축하기 위해서는 국가적인 결단과 국가적인 차원의 관리가 필요한 시설이기도 했다.

문헌조사

문헌조사를 통해 제방이 가진 역사적인 위상을 밝히고, 당시의 관리체제를 검토하는 작업이 중요하다.

발굴조사

제방유적은 발굴조사를 통해 토목공학적인 기법을 밝혀내고 규모나 축성법을 연구할 필요가 있다. 더불어 수문의 역할을 하는 거의 흔적을 찾아 대상 농경지를 추정하고 복원적으로 검토할 필요가 있다.

앞에서도 언급하였듯이 저수를 위한 제방은 일반적인 축조공법으로는 현상을 유지하기 어렵다. 고대에 사용된 제방 축조기법에 대해 조사하고 국내의 타 제방유적과 비교하여 축조기법의 위상을 정립하고, 아시아에서 사용된 축조기법과 비교 검토하여 우리나라 토목기술의 위상을 확인할 필요가 있다.

정비 핵심사항

제방유적은 제방과 거渠가 일체화되어 문화재적 위상을 가지므로, 이를 복원적으로 검토한다. 또한 단면조사를 통해 고대 선조의 선진적인 공법을 소개하고 국내 타 제방과 비교하여 선후관계를 밝힌다.
아시아에서는 일본, 동남아 등의 제방과 비교하여 기술의 전파 경로를 밝힌다. 정비 시 전통적인 공법을 도입할 수 있는지도 같이 검토되어야 한다.

정비 시 보존의 관점

제방유적은 오랜 세월 동안 삭토되어 본래 상태를 유지하지 않는 경우가 많다. 보존관리의 차원에서 옛 제방의 높이를 산정하여 일정 높이까지 성토하고 잔디식재 등으로 표면의 보존을 도모한다. 발굴조사 시점에서 정비기법을 사전에 검토하여 토층을 어떻게 보존할 것인지에 관한 방향을 설정하는 것도 중요하다.

정비 시 활용의 관점

농업사회의 일면을 보여주는 유적으로서 고대 농업과의 관계를 밝히는 것이 중요하다. 따라서 해당 지역에서의 농업 발달에 관련된 내용을 정리하고 토목유적으로서 고대 선조의 지혜를 알려줄 수 있는 단면전시와의 비교 자료들을 검토할 필요가 있다. 농업사회에 존재하는 제방과 관련된 이야기를 활용한 코스의 개발도 필요하다.

정비 시 유의점

단순히 제방만을 정비대상으로 정할 게 아니라 그와 관련하여 제방의 관리조직이나 수계관리조직 등 다양한 시스템에 무게를 두고, 당시 농업생산을 알 수 있는 주변 농경지·농경유적·마을유적에 대한 조사와 연계하는 방안을 검토한다.

가마터	생산유적에는 토기·기와·도자기 등을 굽던 가마터를 비롯하여 금속을 제련하던 유적, 점토 채굴광 등의 재료를 채취한 유적, 숯가마와
개요	삼가마 같이 생활필수품 및 생활에 관한 도구의 제작 등 생산에 관계된 사적 등이 있다.

가마터란 각종 토기, 도기, 자기, 벽돌, 기와 등을 고온에서 구워내던 가마가 있던 터를 말한다. 가마터의 생산시설로는 제토를 위한 수비시설水飛施設/ 수파조·침전조 등, 성형成形을 위한 건축물과 도구물레 등 기타, 번조燔造/ 질그릇이나 사기그릇 따위를 구워서 만드는 일를 위한 가마가 있다.

다양한 생산유적이 존재하지만 여기에서는 가마터를 중심으로 해설하기로 한다.

전남 광주
충효동 도요지

구성요소	생산유적은 대부분 지하에 매장된 형태로 존재한다. 가마터유적은 단위체 또는 여러 개의 가마군으로 구성된 유적 외에 가마에 우수가 흘러드는 것을 방지하기 위해 설치된 배수로, 가마터 주변에 전개되는 수원, 생산 공방으로 쓰인 간단한 건물군 등의 유구로 구성된다.

가마터유적은 지형을 잘 이용하여 구축한 것이 많고 경사면을 활용하기도 했으므로, 유구와 일체가 되는 지형도 유적의 중요한 구성요소이다. 근방에 생산과 직접 관련된 유적을 동반하는 경우도 있으며, 기와 가마터 등은 점토 채굴장을 동반하는 경우도 상정해야

한다. 생산유적을 정비할 때는 이렇게 하나의 그룹을 이루는 다양한 요소를 총체적으로 취급할 필요가 있다.

정비의 기본구상

지하에 매장되어 있기 때문에 적절한 보존환경을 유지할 수 있도록 필요에 따라 보존과학적 처리를 시공하고 적절한 두께로 복토하여 유구의 보존을 도모한다. 보호각을 설치하여 유구를 노출시켜 공개 및 활용하는 경우에도 유구의 보존과학적 처리가 필요하다.

조사항목

발굴조사

가마터 등의 구조를 파악하기 위한 발굴조사를 실시한다. 하나의 무리를 이루는 가마터로 구성된 유적의 경우에는 조업 과정과 시기적 변천을 파악할 필요가 있으며, 주변의 유물 산포지까지 조사 범위를 확대한다.

대부분 가마의 천정부가 없어지고 기저부 및 가마 본체의 측벽이 부분적으로 남아 있는 경우와 천정부가 함몰 또는 매몰된 경우도 있다. 따라서 가마터의 형태를 파악하기 위한 평면 검출과 가마 본체 내의 토층 관찰을 진행하고 전체 구조 및 조업 과정을 복원할 수 있도록 정보의 수집에 노력한다.

출토 유물에 관해서는 이를 중심으로 수습하고, 생산 과정에서 발생된 파편에 관해서도 필요한 정보를 모두 기록하면서 신중하게 취급해야 한다. 출토된 유물을 분석하여 해당 가마터 및 주변의 가공시설이 가지고 있던 기능에 관해 파악한 내용도 정비에 활용할 수 있다.

지리적 분포에 관한 조사

생산에 종사하는 장인집단의 이동, 장인의 거주지역, 조업의 형태 등에서 추정되는 생산의 역사적 변천, 재료 및 연료의 조달지, 제품의 공급처를 비롯한 지리적 분포 등에 관하여 넓은 범위에 걸친 조사연구가 필요하다.

열화 및 풍화, 파손조사	가마에는 소성할 때마다 보수를 반복하면서 작업된다는 성질이 있기 때문에 작업 후에 폐기되거나 방치되면 열화 및 풍화, 파손이 진행된다. 따라서 파손과 열화 및 풍화의 상황을 파악하고 진행 속도를 억제하는 대책을 정비계획에 포함시킬 필요가 있다. 예를 들어 파손에 관해서는 가마 본체의 강도시험 외에 표면의 열화 및 풍화 상황에 관한 정밀조사 등을 고려할 수 있다. 가마 본체의 열화 및 풍화의 원인에는 지하수가 영향을 미치는 경우도 상정할 수 있으므로, 현대적인 장비로 지하수의 움직임에 관해서도 조사할 필요가 있다.
정비 핵심사항	가마터는 구조적·기술적으로 설명하기에 복잡한 경우가 많고, 야외전시 또는 실내전시를 통해 해설하는 경우에는 기존의 정적인 수법만으로 생산 과정을 알기 쉽게 나타내기가 어렵다. 따라서 가마터의 정비에서는 유구의 확실한 보존수법은 물론 관람객이 이해하기 쉽도록 유구 설명·체험·동영상 등의 제공을 검토하고, 이러한 공개 및 활용방법을 실현하는 데 필요한 시설정비 및 시설운영방침에 관하여 충분히 검토한다.
정비 시 보존의 관점	가마터 등의 생산유적은 경사면에 위치하는 경우가 많기 때문에 보호각을 세워 유구를 노출전시하고 보호각 내부의 통로를 경사면에 따라 설치하여 가마의 구조를 나타내는 토층 상황 등을 전시하는 것으로 시각적 효과를 높일 수 있다. 이 경우에는 보호각 내부의 온습도를 유지할 수 있는 대책과 더불어 유구보존처리를 철저히 시공하여 가마 본체 및 가마 내 퇴적토 등의 열화 및 풍화를 억제하는 대책이 필요하다. 가마의 경사면으로부터 흘러드는 빗물과 지하수에 대한 대책 외에 가마 본체에 대한 보존처리방법도 정비계획에 포함시킬 필요가 있다. 지하수의 영향으로 유구를 노출전시하기에 부적절하다고 판단되는 경우에는 가마터 및 주변 시설을 실물 크기로 복제한 모형을 현지에 설치하는 것도 효과적인 방법 중 하나다.

| 정비 시 활용의 관점 | 관람객이 알기 쉽게 유구를 공개 및 활용하기 위해 관련 유구와 연계하여 보호각을 통해 노출전시하는 방법과 실제 제작에 참여해보는 체험학습 방법 등이 있다. 가장 좋은 효과를 볼 수 있는 것은 두 가지를 병용하는 방법으로 보인다. |

| 정비 시 유의점 | 가마터는 대부분 경사면에 위치하고, 배후에서 유입되는 빗물과 지하수로 인해 유구의 보존에 영향을 받기 쉬운 입지조건에 있다는 것을 충분히 인지해야 한다. 또한 제작을 체험하기 위한 가마는 유적의 지정지 외의 구역에 설치해야 한다. 실제로 굽는 것이 가능한 가마를 사적의 지정지 밖에 설치하는 경우에는 화기 사용의 안전성을 확보하고 체험의 운영체제를 정비해야 한다. |

서원, 향교, 학교, 병원, 절터, 교회, 성당 등 교육·의료·종교에 관한 유적

서원과 향교

개요

교육에 관한 유적이란 학습에 관한 시설 및 연구시설이나 문화시설 등 역사·학술·문화에서 중요한 가치를 담당해온 사적을 말한다. 대표적인 예로 서원과 향교를 들 수 있다.

서원

함안 남계서원

서원은 조선 중기 이후 학문을 강론하고 석학이나 충절로 죽은 사람에게 제사지내기 위해 설립한 사설교육기관이자 향촌자치운영기구이다. 우리나라에서는 1543년 중종 38 풍기군수 주세붕 周世鵬 이 고려 말 학자 안향 安珦 을 배향하고 유생을 가르치기 위해 경상도 순흥에 최초의 서원인 백운동서원 白雲洞書院 을 창건하였다.

조선 중기의 정치와 사회를 주도한 사림이 향촌사회에서 세력기반을 구축하기 위해 교육과 교화를 표방하면서 서원을 정착시키고 보급했다. 서원은 사림이 정계에서 주도권을 잡으면서 본격적으로 발전했으나, 이후 정쟁에 휘말리면서 탄압을 받기도 했다. 현재 사적으로 지정되어 있는 교육 및 학예에 관한 유적에는 서원과 관련된 시설이 대부분을 차지한다. 서원은 지역의 교육·학술·문화에서 역사적 역할을 담당해왔다고 할 수 있다.

향교

향교는 고려시대에 시작하여 조선시대에 계승된 지방교육기관이자 국립교육기관이다. 지방에 속한 문묘와 이에 속한 학교로 구성된다.

김제 향교

일반적으로 향교는 고려 중기에 널리 보급되었고, 당나라의 학제를 모방하여 중앙에는 국자감과 동서학당을 두고 지방에는 국자감을 축소한 학교인 향학 鄕學 을 설치하여 지방문화의 향상에 이바지

했다. 지방의 주와 군에는 학교州學를 세워 생도에게 공부를 권장하였다.

공자孔子에게 제사지내는 문선왕묘文宣王廟를 중심으로 하며, 강당으로 명륜당明倫堂을 설치하였다. 조선 초기 부·목·군·현에 각각 하나씩 설립되었다가 점차 전국으로 퍼지게 되었다.

기본적으로 양반이든 평민이든 신분에 관계없이 수업을 들을 수 있었으며, 성적이 우수한 학생은 생원이나 진사시험에 응시할 수 있었다. 조선 중기 이후에는 서원이 발전하면서 점차 쇠퇴하였다.

1894년고종 31 말에 과거제도가 폐지되면서 향교는 문묘에 향사를 지내는 기관으로만 남게 되었다. 1900년에 마지막으로 오천향교가 창설되었으며, 1911년 조선총독부령에 따라 문묘를 지키고 사회교화사업을 담당하는 것으로 역할이 축소되었다. 현재 남한에만 231개의 향교가 남아 있다.

구성요소

서원은 제사를 지내는 사당, 선현의 뜻을 받들어 교육을 실시하는 강당, 원생과 진사 등이 숙식하는 동재와 서재 등으로 구성된다.

서원

서원은 풍수지리와 음양오행에 따라 합당한 위치에 세워졌다. 서원으로 가는 길에는 좌우에 기둥을 하나씩 세우고 붉은 칠을 한 홍살문을 세워 신성한 구역임을 상징적으로 알렸다. 홍살문 옆에는 존경의 표시로 가마에서 내리라는 글을 새긴 하마비를 세웠다.

남북의 축을 따라 동·서에 대칭으로 건물을 배치하며, 남쪽에서부터 정문과 강당·사당 등을 이 축선에 맞추어 세웠다. 사당은 별도로 담장을 두른 다음 세 칸으로 구성된 삼문三門을 두어 출입을 제한하였다. 이 부근에는 제사를 지내기 위한 제기고祭器庫를 놓고 강당의 앞쪽 좌우에 동·서재를 두었으며, 강당 근처에는 책을 보관하는 서고와 문집을 펴내는 장판각藏版庫 등을 배치하였다. 서원의 관리와 식사를 담당하고 식량이나 기타 용품을 보관하던 고사庫舍는 강학구역 밖의 왼쪽이나 오른쪽에 배치하는 형태가 일반적이었다.

건물은 대부분 검소한 양식으로 화려하지 않게 꾸미고, 지형에 따라 사당과 강당이나 부속건물 등의 지반에 차이를 두어 주된 시설과 부속시설의 공간을 적절히 구성하였다. 담장으로 외부공간과 구획을 지어 분별하였지만, 높지 않게 하거나 일부를 터놓아 내부에서 산수와 풍경을 바라볼 수 있도록 하였다. 2층 다락 건물인 누에서는 회합을 가지거나 시회를 열어 풍류를 즐기고 심신을 고양하였다.

선현의 위패를 모신 사당과 전사청 등으로 구성되는 제향 공간은 일반적으로 강학 공간 뒤에 형성되었다. 그 밖에 향사에 쓸 희생을 검사하는 생단牲壇, 제향을 지내고 축문을 불살라서 묻는 망례위望瘞位와 망료위望燎位, 밤에 불을 밝히는 관솔불을 놓는 석조건조물인 정료대庭燎臺, 사당에 들어가서 의식을 행하기 전에 손을 씻던 관세위盥洗位 등이 있다.

향교

향교는 문묘·명륜당·재와 기타 부속건물로 구성된다. 교육 공간으로서 강의실인 명륜당과 기숙사인 동서양재東西兩齋가 있으며, 중국과 한국의 선철先哲 및 선현先賢에게 제사지내는 동서양무東西兩廡가 있다. 동서양재는 명륜당의 제일 앞에 있으며, 좌우에는 유생이 기거하면서 공부하던 동재와 서재가 마주했다.

명륜당의 뒤에는 공자를 비롯한 4성四聖의 위패와 우리나라 18현十八賢의 위패를 배향하는 대성전大成殿이 위치했다. 명륜당, 동무, 서무 및 대성전 주위로 성현 제사와 유생 교육에 필요한 제반업무를 처리하는 건물들이 위치하였다.

통상 향교의 건물은 평지일 경우에는 전면이 배향 공간이고 후면은 강학 공간인 전묘후학前廟後學, 경주향교, 나주향교 등으로 배치하였다. 구릉지의 경우에는 전묘후학과 반대로 전학후묘前學後廟, 순흥향교, 강릉향교 등로 하거나 나란히 배치하기도 했다.

정비 시 기본구상

서원은 기본적으로 역사적 건조물 등의 방재 및 수리를 실시하고 부지의 일상적 관리를 적절히 시행한다. 지하 유구는 복토하여 확실히 보존한다. 정비의 기본적인 구상에서 교육기관인 서원과 향교는 같은 방향으로 설정할 수 있다. 단 과거의 교육적인 역할보다는 문묘를 지키거나 사회교화사업을 담당하는 곳으로서의 역할이 강하다는 것이 특징이다.

향교 역시 서원과 마찬가지로 역사적 건조물 등을 방재 및 수리하고, 부지의 일상적 관리를 적절히 진행하는 것이 기본이다. 발굴에 의한 지하 유구는 기본적으로 복토를 전제로 하지만, 일부 소규모 시설에 관해서는 역사문화환경에 영향을 미치지 않는 범위에서 복원적으로 검토하고 이를 활용한 전시와 교육의 측면에서도 방법을 모색한다.

조사항목

사료조사

교육에 관한 사적은 이제까지 담당해온 역할을 중심으로 역사적 가치를 사료에 따라 명확히 살펴보는 것이 중요하다. 특히 일기 등의 기록이나 그림, 근대의 사진 등 관련 사료의 수집 및 정리에 관해 상세하게 체계화하여 연구해야 한다.

따라서 시설이나 조직 등의 성립 과정 및 역사적 배경을 포함하여 이후의 연혁과 활동 내용 등 구체적인 양상을 명확히 해나갈 필요가 있다. 이러한 사료는 옛 모습을 직접 전해주는 것으로서 정비 후 전시 등의 활용에도 유효하다.

역사적 건조물 등의 조사

현존하는 역사적 건조물 등에 관해서는 의장상 또는 구조상의 가치를 파악하기 위해 세세하게 조사하는 것이 중요하다. 과거에 수리하면서 변경된 부분이 많기 때문에 수리방침을 정할 때는 구조나 재질 등에 관해서는 별도로 상세하게 조사한다. 그리고 사료와의 상세한 비교 아래 창건 시 또는 재건 시의 형세 및 구조, 이후의 변천에 관하여 검토하고 각 건조물의 사용방법과의 관련성을 명확히 한다.

경관조사

우리나라 서원과 향교의 가장 큰 특징 중 하나는 자연경관이 아름다운 곳에 위치한다는 점이다. 전면의 경승지, 강 그리고 산의 경관과 지형을 이용한 입지와 위계, 연못, 안마당 등을 조사하여 서원과 향교가 추구하는 경관을 복원적으로 검토한다.

발굴조사　　교육에 관한 사적 중에는 전체 모습을 구체적으로 나타낸 문헌이나 그림 등의 사료가 남아 있는 경우가 있다. 따라서 정비를 위한 발굴조사에서는 사료에 나타나는 내용과 현지 위치를 비교하여 주 건물터와 부속 건물터의 배치 등을 충분히 검토하고 조사할 필요가 있다. 대상을 명확히 설정하여 최소한으로 필요한 범위를 조사구역으로 설정한다.

　　개발로 인해 과거의 부지가 완전하지 않은 경우에는 현 지정지의 주변 지역에 관해 조사하여 옛 부지의 범위와 구성을 확인하고 추가 지정 및 부지 전체의 복원적 정비를 검토한다.

문화적
자원 조사　　교육·학술·문화에 관한 유적은 지역의 문화활동과 밀접한 관련을 가지므로, 특히 활용을 염두에 둔 경우에는 기존에 있거나 계획 중인 주변 문화시설의 역할·기능·이용 상황 등을 확인해둘 필요가 있다. 또한 교육에 관해서는 유적이 갖는 의의 등을 전하기 위해 연관성이 있는 인물에 관한 주변 문화재 등도 총체적으로 파악한다.

**정비
핵심사항**

부지 전체의
표현 및
환경정비　　서원에 관한 시설은 사료에 기초하여 부지 전체를 표현하고 환경을 정비함으로써 입체감 있고 효과적으로 실현할 수 있다. 이를 위해 일부 다른 용도로 사용되는 예전의 부지를 장기적인 전망 아래 추가로 지정하고 보존하여 기존의 부지 전체를 적절히 표현하기 위한 기술적 수법 등을 검토한다. 또한 당시의 식생을 조사하여 조경식재를 시공하는 등 과거의 분위기를 연출하기 위한 연구도 필요하다.

정비 대상
시기　　과거의 시설 및 부지 전체를 복원적으로 정비하여 전체적인 기능을 표현하는 방안을 검토한다. 단 정비 대상이 되는 시기는 역사상 교육·학술·문화에서 해당 시설이 중요한 역할을 담당했던 때를 중심으로 현존하는 역사적 건조물 등이 가진 연혁과의 조화를 고려하여 검토할 필요가 있다.

시가지의 양호한 경관 형성

서원에 관한 시설은 비교적 마을의 중심부에 위치하는 경우가 많으므로, 서원의 정비는 주변 지역의 역사적 마을 경관을 정비할 때도 중심축이 될 가능성이 높다. 이를 위해 주변 지역에 남아 있는 역사적 건조물 등을 포함하여 양호한 도시 경관을 형성하는 측면에 대해서도 고려한다.

정비 시 보존의 관점

현존하는 서원의 역사적 건조물은 건축으로서의 가치와 문고에 포함된 역사적 가치를 동시에 포함한다. 따라서 다른 역사적 건조물과 마찬가지로 철저한 방재조치가 필요하다. 또한 수리에 따른 상세한 조사 성과를 토대로 역사상 교육·학술·문화에서 해당 시설이 중요한 역할을 담당했던 시기 등을 고려하여 수리 연대 등을 검토하는 것이 중요하다.

정비 시 활용의 관점

역사·문화학습의 장으로 활용

단순히 역사적 건조물 등의 유적을 보존하고 공개하는 것만이 아니라, 해당 지역에서 교육·학술·문화의 발전에 담당해온 역할을 중시할 필요가 있다. 향토의 역사와 문화를 배우는 강좌 및 관련 대회 등을 개최하는 등 현대에도 유적의 역사적 의의를 포함한 활용이 가능하도록 검토하는 것이 중요하다.

복원전시 및 시설정비

교육이나 학예에 관한 시설 중에서 부속건물 등 일부 소규모 역사적 건조물은 이미 없어진 경우도 있다. 이러한 건조물은 사료를 통해 위치나 칸 수 등을 확인할 수 있으며, 비교적 소규모이기 때문에 유구의 보존에 영향을 미치는 일 없이 복원전시를 실시할 수 있는 경우도 많다.

또한 복원전시된 건조물은 부지 전체의 표현과 이후의 활용방침이라는 양면에서 효과적으로 이용할 수 있다. 단 복원전시에 관해서는 옛 사진, 문헌, 그림 등에 의한 조사연구 외에 유구에 대해서도 조사하여 종합적으로 검토할 필요가 있다. 복원전시한 건조물의 내부는 전시시설이나 관리시설로 활용하는 방안도 생각할 수 있다.

교육·학습 및 전시

부지 내에 남아 있는 중요한 역사적 건조물에 관해서는 사료 등을 통해 옛날의 상태로 재현하려 노력하고, 큰 공간이 아니기 때문에 난잡해지기 쉬운 안내판의 설치 및 전시물의 진열은 최소한으로 억제하여 안내서나 리플렛 등으로 대체하는 것이 좋다. 부속시설을 이용하여 교육전시의 장소로 활용하는 방법도 생각할 수 있다.

정비 시 유의점

교육에 관한 사적을 효과적으로 공개하고 활용하기 위해서는 학교 교육 및 사회교육과 관계된 기관이나 조직과의 연대가 필요하다. 강좌와 같이 일정 공간에 많은 사람이 모이는 경우에는 안전을 위해 방재시설의 설치도 검토해야 한다.

절터

개요

우리나라에 불교가 도입된 후 가장 번성하던 고대부터 현재까지 법통을 이어온 불교 사찰은 신앙 활동·현재 사찰지의 범위·유구의 잔존 상황 등의 관점에서 사적으로서의 절터와 지금도 신앙 활동을 계속해오고 있는 사찰로 크게 구별할 수 있다.

정림사지

또한 평면적 구성에서 정연한 가람배치를 가진 고대 사찰이나 산악의 자연환경을 이용하는 형태로 만들어진 산지 사찰 등 조영된 시대, 입지, 종파, 존속 기간과 각 시대의 정치 및 사회배경 등에 따라 다양한 규모와 형태가 있다.

현재 사찰은 일부 사적으로 지정되어 보존관리되고 있지만, 여기에서는 절터를 중심으로 서술하기로 한다.

구성요소

고대 사찰에는 신앙을 위한 시설로서 중심 가람인 탑, 금당, 회랑, 중문과 강당터, 승방터 외에 사역을 둘러싼 회랑, 남문을 시작으로 하는 각종 문 등이 배치된다. 특히 절터에서는 이런 시설물이 유구로 남아 있는 경우가 많고, 탑터 등 일부 구조물이 지표에 노출되거나 가람의 기단터가 토단으로 남아 있는 경우를 제외하고는 유구 및 유물의 대부분이 지하에 매장문화재로 남아 있다.

이 밖에 역사적 건조물 등이 후세에 수리되거나 재건되어 현재 사찰로 전해지는 경우도 있다. 산지 사찰에서는 여러 역사적 건조물 외에 지형에 따른 배치와 식생 등에 따라 형성된 자연환경 및 경관이 중요한 구성요소가 된다.

정비의 기본구상

절터는 구성요소의 대부분이 매장문화재로 남아 있기 때문에 지상부에 노출되어 있는 초석 등을 정비하거나 지하 유구를 노출전시하는 경우 외에는 적절히 복토하여 보존해야 한다. 경사지를 가진 경내지 등에서는 붕괴 방지대책 및 역사적 건조물 등의 방재·방화대책을 실시하여 재해로 인한 구성요소의 훼손 등을 최소한으로 억제한다.

절터의 구성요소 안에는 명승이나 천연기념물 외에 국보와 보물을 포함한 역사적 건조물 등이 속하는 경우가 많다. 지속적으로 영위되는 신앙 관련 행사 등이 무형·민속문화재로서 현저한 가치를 가지는 경우도 있다. 사적으로서의 절터에 관해서는 유·무형문화재와의 관련성을 중시하여 조영된 이래 긴 역사 속에서 변천해온 사찰의 요소로서 부가된 문화재로서의 가치를 충분히 고려할 필요가 있다.

조사항목

발굴조사

절터에서 부분 정비를 위한 발굴조사를 실시하는 경우에는 예전의 사역과 가람, 건조물 등의 규모·구조·기능 등을 표현하기 위한 학술적 성과를 축적하거나 유구의 보존방법을 검토하기 위해 필요한 최소 범위를 대상으로 진행한다.

특히 구획시설 등의 구조물을 복원적으로 정비할 경우에는 위치 및 구조를 확인하기 위한 부분적인 조사를 실시하여 계획을 세울 수도 있지만, 역사적 건조물 등의 복원전시를 하는 경우에는 전체 구조를 명확히 하기 위해 유구의 전체를 확인하는 발굴조사가 필요할 수 있다.

일반적으로 고대의 절터는 정연한 규격성을 보이기 때문에 지하 유구의 보존이라는 관점에서 지상부에 남아 있는 초석과 토단 상태의 높이에 근거하여 최소한으로 필요한 트렌치를 설정해서 발굴조사를 실시하고, 가람 및 구획시설 등의 범위와 배치를 비롯한 전체 구성을 검토해나가는 것이 중요하다.

주요 가람에 관해서는 트렌치조사의 성과를 포함하여 조사가 필요한 최소한의 구역을 부분적으로 설정하고, 건물의 규모·구조·형식 등의 변천을 확인하기 위한 발굴조사를 실시하는 것이 바람직하다.

고대 절터는 불교신앙의 거점일 뿐만 아니라 사찰이 존속해온 시대의 자본과 기술 등을 결집하고 정치, 경제, 사회, 문화의 전반에 걸친 거점으로서 기능해온 경우가 많다. 그러나 대부분 기록이 남아 있지 않는 경우가 많으므로, 발굴조사를 실시하여 창건부터 폐사에 이르는 과정을 상세하게 확인하는 것이 필요하다. 주변에 소재하는 도성과의 위치관계 등도 검토할 필요가 있으며, 사찰의 조영에 관한 발굴조사 성과 등과 함께 검토해나가는 것도 중요하다.

| 역사적 건조물 및 구조물의 조사 | 절터에 현존하는 역사적 건조물 및 구조물에 관해서는 의장과 구조를 파악하기 위해 상세히 조사하는 것이 중요하다. 이러한 조사의 기본은 실측을 통해 평면도, 입면도, 단면도 등을 작성하는 데 있다.
과거의 수리 내력에 따라 변경된 부분도 많기 때문에 수리방침을 정할 때는 기본적으로 작성된 도면에 근거하여 구조 및 재질 등에 관한 조사를 별도로 상세하게 실시한다. 창건 시 또는 재건 시의 의장이나 구조 등 이후의 변천 및 수리 과정에 관해서도 상세하게 검토하는 것이 중요하다. |

| 사료조사 | 문자 외에 그림 등의 회화사료, 그 밖의 고문서, 옛 기록 혹은 전승 등에 의한 예전 신앙활동의 모습, 가람이나 건조물 및 구조물의 건립 시기·위치·구조·의장 등과 화재 및 자연재해와 수리에 관한 기록을 조사한다. 이러한 조사 성과는 발굴조사 등의 성과와 면밀히 비교하여 종합적으로 검토해나갈 필요가 있다. |

| 열화 및 풍화, 파손조사 | 지상부에 남아 있는 구조물 등에서 열화 및 풍화·파손의 상황을 파악하고, 사용되는 재료와 공법의 검토 및 강도에 관한 각종 시험을 실시하는 경우가 있다. |

| 지형조사 | 현존하는 경내의 환경 및 절터의 붕괴 위험성과 배수 상황 등을 파악하기 위해 지형을 조사한다. 특히 산악 및 구릉에 있는 사찰은 특수한 지형 및 지질에 입지하는 경우가 많다. 이러한 조사는 수목 및 급경사지에 근접하여 소재하는 역사적 건조물 등의 보존 및 경내지의 양호한 환경 유지를 목적으로 할 뿐만 아니라, 경사면의 붕괴방지조치와 방화수조·소화시설 등 방재시설의 설치를 검토하기 위해서도 필요하다. |

| 경관조사 | 사찰에서 경관에 관해 조사하는 시점은 입지, 형태, 규모 등에 따라 다르다. 가람배치 및 건조물 등이 배치되어 있던 지역 내외의 경관 |

을 조사하고 식재계획 등에 반영해야 한다. 특히 절터는 폐사 후에 형성된 집락이나 택지조성 등으로 개발된 곳에 소재하는 경우가 많으므로, 정비에 관해서 경관 형성에 관한 내용과 현황에 관한 조사 성과를 비교하면서 검토해나가는 것이 중요하다.

정비
핵심사항

대상 범위

사찰은 신앙 활동의 계속성, 현재 경내지의 범위, 유구의 잔존 상황 등의 측면에서 절터로 조영된 시대·입지·종파 등에 따라 다양한 규모와 형태가 있다. 정비의 방향 및 대상으로 하는 범위에 관해서는 앞에 서술한 각 조사의 성과를 토대로 현재의 사찰 및 주변 지역의 상황을 포함하여 구체적으로 검토하는 것이 중요하다.

절터 중 유적이 되어 있는 부분의 정비를 검토하는 경우에는 전체가 판명된 범위를 기준으로 한다. 단 폐사 후 예전의 사역에 주거지가 있는 경우를 포함하여 절터로 지정된 사적의 가치와 직접 관련이 없는 사찰 등이 존재하거나 현재의 토지 이용으로 인해 예전의 사역 전체를 정비하는 것이 불가능한 경우에는 이에 관해 충분히 배려하여 정비의 대상 범위를 확정할 필요가 있다.

절터 중에서도 옛 사역을 포함하는 사찰의 경우에는 현재 신앙 형태 및 이용실태 등의 조사를 비롯하여 문화재로서의 관리 및 수리를 주로 진행하면서, 없어진 역사적 건조물 등의 복원적 정비를 포함하여 어느 일정 지역의 시대관 등에 기초하여 쇠퇴한 경내의 본래 모습을 부분적으로 정비하기도 한다. 특히 광대한 사역을 가지고 있는 산지 사찰은 현재의 사역이 옛날의 규모에 비하여 축소된 경우도 많기 때문에 사역의 관리를 충분히 해나갈 수 있도록 정비의 범위와 방법을 검토할 필요가 있다.

정비 대상의
시기

발굴조사로 명확하게 밝혀진 유구에 기초하여 현존하는 역사적 건조물 등의 수리, 없어진 건조물 및 구조물 등의 평면표시, 문 등의 복원전시를 통해 창건기 또는 최전성기의 모습을 기준으로 정비를 계획하는 경우도 있다.

특히 절터의 경우에는 명확히 구분되어 있는 중심 가람의 공간에서 건물터의 평면표시와 문·담장·회랑 등 역사적 건조물의 복원 전시를 적절히 조합하여 복원적으로 정비함으로써 옛 사찰 공간의 위용을 되찾을 수 있다. 단 가람 내에 옛 중심 사찰이 현존하는 경우에는 협의를 통해 다른 곳으로 이전하는 방안도 검토하여 해당 사찰의 부지와 정비대상이 되는 구역을 적절히 조화시키려는 노력이 필요하다.

절터를 정비하는 경우에는 주변 지역에 소재하는 문화재 및 문화시설 등의 정비와 연계하여 문화관광계획을 수립하고 실시해나가는 것이 중요하다.

정비 시 보존의 관점

유구의 보존

지하 유구는 일반적으로 적절한 두께를 복토하여 보존하지만, 지상부에 있는 석조물 등에 관해서는 필요에 따라 보호각의 설치나 적절한 보존조치를 검토하는 것이 중요하다. 또한 절터에서 건물터의 기단 및 초석을 노출하여 전시하는 경우에는 기단의 토질이나 초석의 석질 등 열화 상황을 조사하고 풍화 및 열화 억제대책과 수리를 겸하여 전시방법 등을 검토해야 한다.

사역의 보존

사찰에는 신앙 활동을 하는 신도를 포함하여 많은 사람이 자주 방문한다. 따라서 유적을 보호하는 관점에서 문화재로서의 가치를 인식시키기 위한 안내판 및 문화재 보호를 위한 주의표를 설치하거나 필요에 따라 보존시설을 설치하는 등 사적으로서의 사역을 보존하는 것이 중요하다. 산지에 입지하는 사찰의 경우에는 자연환경의 보전에도 노력해야 한다.

수리 및 방재시설의 정비

사역 내에 남아 있는 역사적 건조물 및 구조물 등에 관해서는 정기적인 점검 등의 결과에 기초하여 적절한 시기에 적절한 수법으로 수리할 필요가 있다. 수리의 방법에는 해체수리·반 해체수리·부분수리가 있는데, 파손 상황 및 관리체제의 정비를 감안하고 수리의 시기와 방법에 관해 중장기적인 관점에서 계획을 수립하는 것이 중요하다.

또한 이러한 역사적 건조물 및 구조물 외에도 유형문화재를 화재 등의 재해로부터 보호하기 위해 자동화재경보기나 소화전 등 방재시설을 정비할 필요가 있다. 특히 긴급 차량이 도달하기 어려운 산악 및 구릉에 위치하는 사찰은 역사적 건조물 등의 방재시설 정비에 관해 다각적인 관점에서 검토해야 한다.

정비 시 활용의 관점

고대 사찰의 경우에는 회랑 등으로 둘러싸인 사역 및 중심 가람금당, 탑, 강당 등의 정연한 상황을 눈에 보이는 형태로 정비하여 공간의 규격성을 표현하는 것도 한 방법이다.

사찰공간의 표현

이러한 정비에서는 중문 및 남문을 구획하는 시설담장, 회랑의 부분적인 복원전시 또는 시선을 유도하는 입체표시를 검토하고, 건물터의 평면표시 및 기단의 복원전시 등을 적절히 조합하여 표현하는 것도 가능하다. 게다가 부분적으로 기단 내부의 판축을 노출전시하거나 당시의 종교 활동을 안내판 등으로 나타냄으로써 웅장했던 고대 사찰의 가람 공간에 대한 상상력을 자극하는 연구를 검토하는 것도 중요하다.

전시관

절터의 정비에서는 사적을 관리하면서 가치를 상세하고 알기 쉽게 전달하기 위한 설명 및 모형 등의 전시를 포함하여 교육이나 학습 등을 위한 시설이 필요한 경우가 있다. 설치 위치는 사찰이 가진 특수성에 따르지만, 지정지 외의 장소를 중심으로 가람의 축과 옛 가람이 가진 동선을 배려하여 검토하는 것이 중요하다.

정비 시 유의점

절터의 공간적 보전을 위해서는 주변 지역의 경관을 보전하는 것도 중요하다. 특히 고대 사찰의 정면성을 표현하기 위해서는 남쪽지역 및 주변 지역의 양호한 경관을 확보하여야 한다. 산악 사찰의 주변에 전개되는 자연환경의 보전이 종합적인 사찰 경관을 구성하는 데 필요하므로, 경관조례의 제정 및 지구 지정 등의 수법으로 적절한 범위의 보호구역을 설정하는 것도 중요하다.

제단, 지석묘, 옛 무덤(군), 사당 등의 제사·장례에 관한 유적

지석묘

개요

지석묘支石墓, 고인돌 는 계급이 분화되기 시작된 청동기시대에 주로 만들어졌다. 웅장한 규모로 볼 때 일반인의 무덤이 아니라 경제력이나 정치권력을 가진 지배층의 무덤으로 추정된다.

지석묘의 축조에는 수백 명에서 수천 명의 인력이 동원되었을 것으로 추측되며, 고인돌이 사라진 시기는 일반적으로 기원전 3세기경으로 보고 있다. 지역에 따라 조금씩 형태의 차이가 있으나, 일반적으로 받침돌 위에 커다란 덮개돌을 올린 모양을 하고 있다.

전남 고창 지석묘군

우리나라는 세계에서 지석묘가 가장 많이 모인 곳으로, 제주도와 울릉도를 포함한 한반도 전역에서 고인돌이 발견된다. 남한에서 약 3만 기, 북한에서 약 1만 기에서 1만 5천 기에 가까운 고인돌이 발견되었는데, 이는 전 세계의 40퍼센트 이상에 해당한다.

지석묘는 하천 유역의 대지나 낮은 구릉에 많이 축조되었으며, 넓은 평야지대보다는 산과 구릉이 가까운 높은 평지나 해안지대 등

지에 많이 분포되어 있다.

출토 유물로는 비파형동검, 청동도끼, 곡옥, 대롱옥, 붉은간토기, 가지무늬토기 등 무덤방 내에서 발견된 껴묻거리 유물과 돌칼, 돌화살촉, 돌끌, 가락바퀴, 그물추 등 무덤방 밖에서 발견된 의례용 유물이 있다. 2000년에 전남 화순, 전북 고창 및 인천 강화의 고인돌이 유네스코세계문화유산으로 등록되었다.

구성요소

지석묘는 크게 지상에 네 면을 판석으로 막아 묘실을 설치하고 위에 상석을 올린 탁자식과 지하에 묘실을 만들어 위에 상석을 놓고 돌을 괸 기반식으로 구분할 수 있다.

그 밖에 지하에 묘실을 만들었으나 기반식 지석묘와는 달리 돌을 괴지 않고 묘실을 상석 위에 바로 올린 것을 개석식 지석묘라 한다. 덮개돌이나 뚜껑돌에는 별자리를 담은 성혈性穴을 새기기도 했다. 성혈을 새기는 것은 석기시대 이전부터 토속신앙의 상징이었으며, 고대 한반도의 기복신앙이나 천문학의 기원으로 추측된다.

고인돌의 구성요소

덮개돌 / 가장 위에 놓이는 넓고 큰 돌이다.
받침돌(굄돌) / 덮개돌을 받치고 있는 돌이다.
무덤방 / 덮개돌과 받침돌 밑에 마련된 석실이며, 사람 뼈나 부장품이 발굴되는 경우도 있다. 그러나 무덤방이 처음부터 없는 고인돌도 많다.
뚜껑돌 / 무덤방을 덮는 돌이다. 기반식 고인돌에서만 보인다. 개석식 고인돌의 경우에는 덮개돌 자체가 뚜껑돌의 역할을 한다.
묘역시설 / 어떤 것은 하나의 고인돌에만, 또 어떤 것은 군 전체에 걸쳐서 자갈이나 깐돌을 넓게 깔아 일종의 묘역을 구성하기도 한다.

지석묘는 선돌과 짝을 이루기도 하고, 채석장이 있는 경우도 있으며, 지석묘와 인접하는 곳에 청동기시대 주거지가 발견되기도 한다.

정비의 기본구상

지석묘는 광활한 대지에 평면적으로 넓게 펼쳐져 있는 유적이다. 자연환경과 어우러져 있는 경우가 많으므로, 자연과 조화된 야외전시관의 개념으로 기본방침을 정하여 정비하는 것이 자연스럽다.

이를 위해서는 주변 경관에 인위적인 전신주나 통신탑 등의 설치를 지양해야 하며, 편의시설을 설치할 때도 친환경적인 재료를 이용하고 선사시대의 분위기를 느낄 수 있는 디자인으로 검토한다. 지석묘 주변의 잡목 제거 등을 통해 유적 전체의 분위기를 통일하는 것도 중요하다. 지석묘와 관련된 채석장 등의 주변 유적과 연계하여 고대의 사회, 문화, 종교 등을 유추할 수 있는 정비가 되도록 한다.

조사항목

발굴조사

기본적으로 지석묘의 유구는 훼손이 진행되거나 흐트러져 있는 것을 중심으로 발굴계획을 수립한다. 그 밖에 원형을 유지하고 있는 지석묘에 대해서는 발굴조사를 지양하고, 주변 수목을 간벌하여 지석묘의 형상이 나타나도록 정비한다. 또한 동일 구역 내 다양한 고인돌 형태의 분포도를 조사하여 시대적 변천이나 사회·문화적인 변천 과정을 유추한다.

유물 분석

유물을 분석하여 비파형동검 등이 속하는 문화권의 사회, 문화, 종교를 유추해볼 수 있다.

경관조사

지석묘는 정치권력을 가진 지배층의 무덤으로서 산기슭의 낮은 둔덕에 넓게 분포하여 조성되는 경우가 많다. 현재는 하천이나 지형 등의 변화에 따라 지석묘의 옛 경관이 변화되는 경우도 상정할 수 있다. 따라서 옛 지형 및 환경 등과의 조화를 고려하면서 주변 지역까지 포함하는 전체적인 경관에 관해 검토한다.

정비 핵심사항

지석묘는 자연과 어우러진 경관이 주요 포인트다. 주변의 하천과 구릉과 늪의 갈대가 어우러진 산기슭의 고인돌은 그 자체로 선사시대의 분위기를 연출할 수 있다. 따라서 인위적인 시설을 설치하기보다는 야외박물관이라는 관점에서 정비계획을 수립하는 것이 중요하다.

정비 시 보존의 관점	지석묘는 옥외에 노출된 상태로 유지하는 것이 기본이다. 따라서 고인돌 주변의 수목 제거와 석재의 보존처리를 정기적으로 실시할 필요가 있다. 특히 석재의 열화 및 풍화, 파손을 방지하기 위한 유지 및 관리수법을 충분히 검토한다.
정비 시 활용의 관점 선사환경의 표현	지형 및 화분 등의 분석으로 얻은 선사환경에 관한 다채로운 정보에 근거하여 지석묘의 주변 환경에 관해 표현하는 것을 기본으로 한다. 낮은 구릉에 배치된 지석묘를 배경으로 하천 등이 흐르고, 주변 경관을 구성하는 식물과 갈대숲 등이 어우러짐으로써 선사시대의 분위기를 느낄 수 있다.
표현방법의 선택	지석묘는 기본적으로 유적 전체를 노출하여 전시한다. 그러나 지석묘의 형태나 구조를 이해하기 위해서는 발굴조사를 통해 명확해진 지석묘의 특징을 대표하는 유구의 일부를 선택하여 표현하는 방안도 검토할 필요가 있다. 유구 노출전시를 통해 구조나 단면을 알기 쉽게 정비하고 보호각의 설치 등을 같이 검토한다.
지정지 내 관람로의 설치	선사시대 사람들의 동선과 시대적 분포에 따른 지석묘군의 동선을 고려하여 관람로를 검토한다. 동선이 판명되지 않는 경우에는 유적의 보존을 최우선으로 삼고 활용이나 경관의 유지를 고려하여 설정한다.
정비 시 유의점	지석묘는 대상 유구가 공간을 구성하지 않기 때문에 선사유적 중에서도 유구를 활용한 정비계획을 수립하기가 어렵다. 따라서 편의시설이나 전시시설의 설치가 선사시대 경관의 구성요소를 저해하는 요인으로 작용할 가능성이 높다. 　　편의시설 또는 전시시설을 설치할 때는 지석묘의 특성을 디자인에 적극 도입하고, 외곽의 낮은 곳이나 차폐가 가능한 곳을 선별하여 검토해야 한다.

옛 무덤(군)

개요

분墳이란 성토한 묘를 뜻하며, 옛 무덤(古墳/ 고분)은 일정한 양식을 갖춘 특정한 시기의 무덤으로서 학술적·역사적 고고학적 가치가 있는 것을 말한다.

우리나라의 고분에는 고대 왕조가 처음 확립되는 삼국의 건국부터 신라의 통일 이후 고분 축조가 쇠퇴되는 시기까지 축조된 무덤이 해당한다. 매장방법을 통해 고대인의 사상 및 신앙과 기타 관련 풍습 및 제도 등을 알 수 있고, 꾸미개·무기·용기用器 등을 통해 당대 문화·미술·공예의 수준과 내용을 알 수 있다.

우리나라에서는 신석기시대부터 무덤이 축조되기 시작했으며, 청동기시대 이후로 형식이 다양해졌다. 삼국시대에는 지배층의 권력을 과시하기 위해 거대한 규모의 봉분으로 축조되기 시작했으며, 껴묻거리의 종류가 역사상 가장 다양하고 풍부하게 매장되었다. 전국 각지에 삼국시대의 고분군이 남아 있다.

통일신라시대 이후로는 불교의 영향으로 화장火葬 무덤이 성행하면서 껴묻거리가 점차 약해지다가 고려시대에는 더욱 줄어들게 되었다.

고령 지산동 고분군

구성요소

옛 무덤은 크게 매장시설, 봉분, 묘역시설로 나눌 수 있으며, 매장시설은 다시 구덩식[竪穴式]과 굴식[橫穴式]으로 나누어진다. 구덩식 무덤에는 돌방[石室]·점토곽[粘土槨]·나무널[木棺]·돌널[石棺] 등이 속하고, 굴식 무덤으로는 돌방이 있다. 분구 주위에 구덩이 및 도랑 등을 동반하는 경우도 있다.

내부구조에 따라서는 목곽분[木槨墳, 덧널무덤]과 전곽분[塼槨墳, 벽돌덧널무덤]으로 나눌 수 있다. 목곽분은 관을 넣어두는 널방을 목재로 만든 무덤을 말하며, 전곽분은 벽돌을 사용하여 장방형의 덧널을 만든 무덤을 말한다. 껴묻거리로는 장신구나 의식용 그릇, 무기류 등이 출토된다.

옛 무덤을 다양한 기준에 따라 분류하면 다음과 같다.

옛 무덤의 다양한 분류

봉분의 모양에 따른 분류	원형분圓形墳, 봉분이 둥근 모양이다.
	방형분方形墳, 봉분이 모난 모양으로 주로 장방형[직사각형]이 많다.
	전방후원분前方後圓墳, 봉분의 앞부분은 모서리가 있고 뒷부분은 둥근 모양이다.
봉분의 재료에 따른 분류	토장묘土葬墓, 봉분을 흙으로 덮은 묘지
	지석묘支石墓, 세운 돌 위에 큰 돌을 얹은 묘지 강화 지석묘 등
	적석총積石塚, 돌을 쌓아 올려 봉분을 만든 묘지
	석총石塚, 돌로 된 묘지
	토총土塚, 흙으로 된 묘지
	전축분塼築墳, 벽돌을 쌓아 봉분을 만든 묘지
관의 재료에 따른 분류	석관묘石棺墓, 관을 돌로 만든 묘지
	석곽묘石槨墓, 시신 주위가 작은 석실로 된 묘지
	목관묘木棺墓, 관을 나무로 만든 묘지
	목곽묘木槨墓, 나무를 사용하여 시신 주위에 궤 모양으로 만든 묘지
	옹관묘甕棺墓, 관을 옹기로 만든 묘지 부여 송국리 독무덤 등
	도관묘陶棺墓, 관을 도자기로 만든 묘지
매장 주체부의 매납 방식에 따른 분류	수혈식竪穴式, 지하에 구덩이를 파고 유해를 묻는 무덤 형식으로 돌방무덤, 점토곽무덤, 나무널무덤, 돌널무덤 등이 있다.
	횡혈식橫穴式, 시신을 묻기 위해 널길을 통해 무덤방[石室]으로 들어갈 수 있도록 돌로 쌓아 만든 무덤으로 횡구식 석실분과 횡혈식 석실묘가 있다.

정비의 기본구상	봉분의 적석, 석실의 돌쌓기구조를 보존하는 것이 중요하다. 돌쌓기구조를 조사하고 부동침하, 헐거움 및 배부름 현상, 붕괴 등이 발생하는 범위가 확인되면 진행 상황을 파악하여 해체수리나 보수 등을 실시한다. 　　　매장주체부의 정비는 현상 유지를 원칙으로 한다. 그 밖에 헐거움 및 배부름 현상에 따라 구조적으로 불안정하거나 자연적·인위적 요인으로 매장주체부의 붕괴가 진행되어 돌쌓기구조를 보존하기 위해 수리가 불가피한 경우에 한정하여 발굴조사 등을 실시하고 수리방법을 검토한다.
조사항목 **지형판독조사**	현지를 답사하여 조사하고 봉분의 잔존 상황, 분구 형태의 개요, 도굴 흔적 등을 파악한다. 또한 분묘의 입지환경을 파악하고 복원적 정비의 가능성 및 보존시설의 설치, 수목의 정리, 토사 정지 등에 따른 정비의 방침을 검토한다.
발굴조사	개발 및 식생이 악영향을 미치는 경우가 많기 때문에 봉분의 발굴조사에서는 형태가 남아 있는 범위가 어디까지인지 파악한다. 특히 예전의 분구 형태를 파악하기 위해서는 발굴조사와 실측조사를 실시해야 한다. 분구의 형태나 범위가 판명된 후에는 고분의 잔존 상황을 파악하기 위해 봉분의 기본형태, 축조 상황, 토층이나 돌쌓기구조 등의 구성, 외표시설의 상황, 도랑이 있는 경우에는 도랑의 형상 및 깊이와 규모 등을 확인한다. 출토 유물을 정밀 조사하여 보다 상세한 축조 시기 및 매장자의 성격 등에 관해서도 파악한다.
호석조사	봉분에 남아 있는 호석護石, 무덤의 외부를 보호하기 위해 돌을 이용하여 만든 시설물에 관해서는 육안으로 전체의 잔존 상태를 확인한 후에 석재의 쌓기법 및 종류 등을 파악한다. 잔존 상태가 양호한 경우에는 이를 노출시켜 보이게 할 것인지 아니면 성토 피복 후에 새로운 석재를 이용하여 표현할 것인지 등 나중의 정비계획에 반영해나갈 방법을 검토해둘 필요가 있다. 이러한 결과를 토대로 전면해체수리, 부분해체수

리, 전면 수복, 부분 수복, 유구 표현 등의 정비수법을 결정한다.

지반조사	호석을 동반하지 않는 분구에는 우수에 의한 침식이나 축성토의 유출이 일어나는 경우가 많다. 분구 성토의 성질 및 강도에 더하여 표류수 및 지하수가 영향을 미칠 수 있으므로 조사를 통해 투수층 및 지하수위의 변동 등을 파악한다.
석실조사	조사가 필요한 석실에 관해서는 돌쌓기구조의 보존에 영향이 없는 한 현상 유지를 원칙으로 한다. 보존에 영향이 있다고 판단되는 경우에는 우선 육안으로 헐거움 및 배부름 현상, 변형 및 줄눈이나 석재의 파손 상황 등을 파악한다. 또한 지하수 및 봉분에서 잡목 등 수목의 뿌리가 석실에 미치는 영향을 조사하고, 전면해체수리·부분해체수리·보수·구조보강 등 정비의 방향성에 관해 검토한다.
보존과학적인 조사	벽화고분 등에서 석실 내 벽화 등의 파손이나 퇴색이 확인될 경우에는 석실과 접하는 봉분 부분의 지질, 지하수의 수질, 물의 흐름, 석실 내의 온습도 등 보존환경에 영향을 미치는 요소 또는 벽면에 남아 있는 벽화 및 채색의 재료성분 등을 파악하고 상관관계를 조사하여 열화 및 풍화를 적절하게 억제하고 사적을 보존할 대책을 검토한다.
식생조사	옛 무덤에 생식하는 식물은 호석 및 석실구조에 영향을 미치는 경우가 많다. 따라서 이를 명확히 하기 위해 식생 및 뿌리에 관한 영향을 조사하고, 보존에 영향을 미치지 않도록 벌목이나 뿌리 제거 등의 조치를 한다. 단 석실 또는 즙석에 침투하여 자리 잡고 있는 경우에는 뿌리의 제거가 유구의 파손으로 이어질 수 있기 때문에 신중한 판단이 필요하다.
문화적 자산에 관한 조사	옛 무덤이 성립된 당시의 환경을 파악하기 위해 입지 조건을 고려하면서 피장자와 관련된 유적이나 고분과 같은 시기에 형성된 유적과의 위치관계 및 특징 등에 관해 조사한다.

정비 핵심사항	석실의 수리 중에서 해체수리는 유구의 파괴를 동반하므로, 해체에 대해서는 신중할 필요가 있다. 해체의 필요성이 충분히 인정되지 않는 동안에는 경과를 관찰하고 경우에 따라 안전을 위한 보강 또는 보양을 검토한다.
수리 검토	
분묘의 성격 파악	옛 무덤은 축조시기 및 지역에 따라 다양한 형태를 가진다. 입지의 특성을 살리고 지형 및 식생 등을 시대에 맞춰 정비함으로써 규모 및 출토 유물에서 추정할 수 있는 피장자의 지위 등에 관한 정보를 적절히 제공하도록 노력할 필요가 있다.
정비 시 보존의 관점	매장주체부는 현상 유지에 의한 보존을 원칙으로 하지만, 도굴을 당했거나 도굴을 당했을 가능성이 높거나 도굴에 의한 주체부의 파괴가 현저하다고 추측되는 등 보존수리의 필요성이 높은 경우에 변형을 조사하고 정비수법을 검토한다. 그 결과 현 상태를 유지하는 것이 곤란하다고 판단되는 경우에만 신중하게 발굴조사를 실시하고 해체수리 등을 검토한다.
석실의 보존수리	

해체수리를 하는 경우에는 우선 작업도로 및 보호각 등의 가설시설을 설치하고, 해체를 위한 준비작업도면 작성, 번호·표시 등의 기입에는 전통 장비를 우선적으로 사용한다. 전통적인 기구의 사용이 불가능할 경우에는 현대적인 장비를 사용하여 신중하게 해체한다. 해체 시에는 유구조사작업을 실시하여 돌쌓기구조 등 수리에 필요한 정보를 상세히 얻는다.

다시 쌓기를 할 때는 처음부터 사용한 석재를 재이용하는 것을 원칙으로 하며, 열화 및 풍화·파손되고 있지만 보존처리가 가능한 것은 재사용할 필요가 있다. 그 밖에 어쩔 수 없이 대체 또는 보충하는 석재에 관해서는 나중에 교체 부재임을 알 수 있도록 표시를 남기기도 한다.

봉분의 보존수리	호석 및 봉토의 해체수리를 할 때는 호석조사나 실측조사에서 판명된 헐거움 및 배부름 현상, 토사 유출 등이 발생되고 있는 범위에 대해 파손 진행 상황 및 호석의 잔존 상태를 파악하여 방침을 결정한

다. 수리하는 경우에는 해체 시에 파악한 축조 상황에 기반하는 것이 중요하며, 성토의 특징 등에 유의한다. 또한 지반의 지지력이 저하되어 돌쌓기에 침하가 보이는 경우에는 보존에 영향을 미치지 않는 선에서 부분 보강을 검토한다.

벽화고분

벽화고분 등의 벽화는 온도 및 습도, 주변 지하수 등의 변화, 염류 및 미생물 등에 의해 쉽게 열화 및 풍화되기 때문에 충분한 보존과 학적 조사를 실시해야 한다. 열화 및 풍화, 파손 등을 억제하는 대책을 세워 필요에 따라 약품의 도포, 벽화의 보수, 보존시설 설치 등의 보존조치를 시행한다.

봉분 위의 식물 또는 지의류로 인해 파손이 진행되기도 하고 반대로 분구 내의 온습도가 유지되는 경우도 있으므로, 종합적인 시점에서 식물과 지의류의 취급방침을 정한다.

정비 시 활용의 관점

유구 전체에 성토를 하고 발굴조사의 성과에 기초하여 성토의 상면을 새로운 석재로 깔거나 잔디 등의 지피식물로 둘러서 당시의 고분을 재현하는 것이 일반적이다. 단 적석 또는 호석이 남아 있는 경우에는 노출하여 정비하거나 잔존 범위, 석재의 열화 정도, 보충석재의 확보 가능성 등에 따라 정비하는 범위 및 공법 등을 결정한다. 조사를 통해 판명된 관련시설 등을 고려하여 정비하도록 한다.

분구의 표현

매장주체부의 표현

분구 위에 매장주체부의 위치 및 평면 형태를 안내판과 함께 표시하는 평면표시수법이 있다. 그 밖에 충분한 보존시설을 갖추고 석실의 돌쌓기구조가 보이도록 노출전시하는 수법이 있으며, 현장에서는 평면적인 위치표시를 하고 전시실에서 석실의 복제모형 및 복제벽화를 전시하는 방법 등도 생각할 수 있다.

야외 모형에 의한 전시

봉분을 복원하지 않거나 주변 환경이 현저히 변화하고 있는 경우에는 남아 있는 부분만 확실히 보존하고 야외모형 등으로 축조 당시의 상황을 전시하여 설명하는 방안을 검토한다. 이때 봉분과 함께 주변의 지형 및 관련 시설 등을 연계하여 표현하는 방안도 검토한다.

녹지공간으로의 활용

고분지역은 자연환경이 풍부하고 넓은 공간을 형성하는 경우가 많으므로, 시민의 휴식공간을 겸하여 보존하는 활용방안도 검토한다.

정비 시 유의점

고분군은 대부분 사적으로서의 성격과 도시공원으로서의 역할을 겸하는 경우가 많다. 따라서 사적으로서의 정비에만 초점이 맞춰지면 공원으로서의 동선 구성이나 편의시설에는 소홀할 수 있으므로 어느 한쪽에 치우치지 않도록 한다.

사당

개요

사당에는 사대부가士大夫家의 사당을 포함하여 학자, 문인, 사상가 등 개인의 사당과 왕실의 사당이 있다. 개인의 사당을 가묘家廟라고도 하며, 왕실의 사당은 종묘宗廟라고 한다.

가묘는 유교의 가례 중에서 제례를 수행하던 곳으로, 고려 말 전래된 주자학이 보급되는 과정에서 성립되었다. 고려 말에 주자학자 정몽주鄭夢周, 조준趙浚 등이 가묘의 설립을 주장하였고, 1391년공양왕 3 6월에 가묘제도의 실행이 공식적으로 명해졌다.

여수 충민사

그리고 성리학을 국가정교國家政敎의 근본으로 삼은 조선시대에는 가묘제도가 본격적으로 시행되면서 집을 지으려면 반드시 먼저 사당을 세워야 했다. 조선 초기에는 사당을 설치하지 않은 사대부가 문책을 받기도 했다고 전하며, 서민은 집의 대청 모퉁이 등 적당한 곳에 사당을 부설하였다. 사당에는 삼년상을 마친 조상의 신주를 모셨다.

구성요소

사당과 신주를 모시고 제향하는 건물, 물품을 보관하는 기능을 가진 건물, 담장, 문 등으로 구성된다. 묘소에 매장된 인물에 관련된 것도 구성요소로 취급한다.

정비의 기본구상

사당에는 아직 종중의 소유이거나 개인의 소유로 된 곳이 있고, 현재에도 사당이나 가묘에서 제사 등의 행사와 추가 매장 및 개장改葬 등의 매장 행위가 이루어지기도 한다. 따라서 사적 보호의 관점에서 소유자와 의견을 조정하고 분묘로서의 존엄성 및 신성성을 충분히 배려하여 정비기술을 채용해야 한다. 묘소의 대부분은 주거와 접해 있는 경우가 많고 지형과 일체가 되어 경관을 형성하므로, 주거 및 지형과 일체가 된 정비수법이 필요한 경우도 있다.

조사항목

건조물 및 구조물 조사

매장주체부와 석비 및 석등을 시작으로 사당의 구성요소 중에서 지상에 표출되고 있는 것에 관해서는 적절한 축척의 지형도에 정확히 나타내고, 필요에 따라 평면도·단면도·입면도 등의 실측도를 작성해 현상을 파악한다. 목조나 석조의 건조물 및 구조물 등에서 수리의 우선순위를 결정하기 위해 헐거움 및 배부름 현상, 파손 등의 상황을 조사한다.

발굴조사

건조물 및 구조물 등의 역사적 변천을 파악한 성과를 포함하여 부지의 정비사업에 활용하기 위해 발굴조사가 필요한 경우가 있다. 석비 및 석탑, 건조물 등의 수리에 따른 발굴과 매장시설에 관해서도 발굴조사를 실시해야 하는 경우도 있다. 단 그럴 때는 소유자와 사전

사료조사	묘소 또는 사당의 부지를 그린 그림이나 사진 외에 무형의 제향의례, 각종 고문서, 관련 인물, 제향이나 매장에 대해 기록한 문헌을 조사하고 묘역의 역사적 변천에 관해 파악한다.
지형 및 지질조사	주변의 지형을 보전하기 위해 하천 및 배수로 등을 조사해야 하는 경우가 있다. 또한 주변에 경사지가 있는 경우에는 경사지의 안정공법을 검토하기 위해 토질조사 등을 고려하기도 한다.
경관조사	우리나라는 묘소의 구성과 관련해서 풍수지리와 깊은 관계를 가지며, 풍수지리적인 해석에 따라 경관을 분석한다. 또한 묘역의 경관을 구성하는 수목을 시작으로 묘역과 일체의 경관 및 환경을 구성하는 배후 경사지의 수목 등을 보전할 대책을 정비계획에 포함시키고 전체 수목을 조사하는 등 현황을 파악할 필요가 있다.

에 충분히 의견을 조정해야 한다.

정비 핵심사항 사적으로 지정된 분묘나 사당을 정비할 때는 종중 및 개인이 소유한 상태에서 수리 등을 진행하는 경우가 많다. 소유자인 종중 및 개인이 묘소를 유지관리하고 묘에서 제사 및 추가 매장·개장 등의 매장행위를 계속적으로 실시하는 곳도 있으므로, 이러한 행위를 배려하고 유적 구성요소의 보존관리와 조정에도 충분히 유의한다. 이를 포함하여 보존관리의 기본방침을 정하고 정비계획을 수립한다.

정비 시 보존의 관점

분묘의 수리 묘의 봉분에 관해서는 성토 및 준설, 잔디식재 등으로 적절히 현상을 유지하는 것이 기본이다. 특히 목조건조물 및 구조물에 관해서는 주기적인 해체수리 등의 근본적인 수리가 필요하다. 석조물 등에 관해서는 헐거움 및 배부름 현상이 발생하거나 파손되고 있는 장소를 적절히 수리한다. 보존과학적인 수법에 의한 접착 및 강화처리가 필요한 경우도 있다.

방재시설의 설치	목조건조물 및 구조물 등에서는 방재시설의 정비계획이 필요하다. 또한 방재시설의 운영 및 긴급 시의 대응방침에 관해서도 충분히 계획해두어야 한다.
	배후에 수목군을 구성하고 경사면을 가지는 경우도 있기 때문에 유적의 보존상 적절한 법면 보호계획 및 수목의 육성계획과 배수계획은 반드시 필요하다. 대규모 방재시설이 필요한 경우에는 묘소 등의 신성한 분위기와 역사적 경관을 충분히 배려한 의장 및 공법으로 진행하는 것이 중요하다. 배수로의 설치 및 지하관의 매설에 관해서는 지하 유구의 보존을 충분히 배려할 필요가 있다.
정비 시 활용의 관점	활용을 위한 시설을 정비할 때는 분묘가 가진 존엄성 및 신성함을 방해하지 않도록 안내판, 화장실, 도로 등의 설치 위치에 주의한다. 이러한 시설의 의장 및 재료 등에 관해서도 충분히 유의해야 한다.
정비 시 유의점	유구의 수리를 위해 매장시설의 발굴조사를 실시하는 경우에는 해당 시설물의 존엄성을 깊이 배려해야 하므로, 사전에 충분한 조정을 거쳐 소유자의 동의를 얻어야 한다.

인물유적, 사건유적 등 역사적 사건이나 인물의 기념과 관련된 유적

현재 인물유적 중에서 지정된 사적으로는 인물의 묘가 지정된 경우를 제외하면 경주 계림19호, 강진 정약용 유적107호, 산청 목면시배 유지108호, 정읍 전봉준 선생 고택293호, 진천 김유신 탄생지와 태실414호, 괴산 송시열 유적417호, 김해 구지봉429호, 해남 윤선도 유적432호, 안국동 윤보선가438호, 성주 세종대왕자 태실444호, 서울 경교장465호, 서귀포 김정희 유배지487호, 서울 이화장497호 등이 있다. 해당 인물이 살았던 곳 또는 상징적인 장소의 터를 지정하여 업적을 되새겨보거나 생전에 거주했던 곳을 지정하여 인물을 기리는 경우이다.

1 성주 세종대왕자 태실
2 오대산 사고지
3 전남 장성 황룡 전적
4 서귀포 김정희 유배지

　인물을 중심으로 한 사적을 정비할 때는 거주했던 장소를 현황 유지 차원에서 검토한다. 인물과 관련된 상징적인 장소의 경우에는 새로운 시설물을 도입하기보다 안내판 등으로 해당 인물과 관련된 내용을 정리하고 상징적인 터로서 남겨두는 경우가 많다.

　사건유적은 항일운동이나 동학농민운동, 항몽운동 등이 일어난 곳을 중심으로 지정되며, 정읍 항토현 전적295호, 공주 우금치 전적 387호, 제주 항파두리 항몽 유적396호, 장성 황룡 전적406호, 화순 쌍산 항일의병 유적485호, 장흥 석대들 전적498호 등이 있다. 대부분 전적지이며, 인물유적과 마찬가지로 상징적인 터로서 지정되었다. 또한 대부분 상징탑을 세우고 있는데, 현대의 사적정비에서는 높이가 높은 상징물보다는 수평적인 상징물로 대체할 것을 권고하고 있다. 인물유적과 마찬가지로 새로운 시설물을 도입하기보다는 안내판 등에 해당 인물과 관련된 내용을 정리하고 상징적인 터로서 정비하는 방안을 검토한다.

　인물이나 사건과 관련된 사적은 위에서 살펴본 바와 같이 다양한 유형이 있으므로, 하나로 정리하기에는 무리가 있다. 따라서 각 유적별 정비에서 다룬 내용을 종합적으로 검토하여 적용하는 것이 바람직하다.

Chapter 6.

사적의 관리 및 활용

6.1 사적정비보고서

1
사적정비 보고서의 이해

사적정비보고서의 내용은 〈문화재수리 등에 관한 법률〉 제36조문화재수리보고서의 작성에서 다루고 있지만, 개별 문화재수리보고서를 제외하고는 사적정비보고서로 작성된 사례가 드물다.

사적정비의 경위와 내용을 밝히는 작업은 문화재의 계승이라는 측면에서 반드시 필요하며, 사적정비기법이 발전하는 근간이 되기도 한다. 또한 사적정비 후의 경과보존처리의 경과 또는 관찰 결과를 밝히는 중요한 자료로도 활용할 수 있는 등 다양한 분야에 응용 가능한 내용을 포함하고 있다.

2
사적정비 보고서

사적정비 과정을 충실히 작성하기 위해서는 먼저 기록방법과 항목 등을 정하고, 사업을 진행하면서 상황에 따라 적절히 수정해나간다.

작성하는 내용은 사적의 종류와 해당 정비사업의 목적 및 성격에 따라 각기 다르기 때문에, 방법이나 항목 등을 주체적으로 정하여 각 정비사업에서 구체적으로 검토한다.

이러한 방침을 전제로, 여기서는 일반적으로 필요하다고 생각되는 내용 및 기록의 작성·정리·보관에 관해서 설명하기로 한다.

사적정비 보고서의 구성

사적정비보고서에는 조사와 공사 등의 경과 및 내용을 나타내고 해당 사적의 보존과 활용을 위한 기본적인 사항을 기재해야 한다. 따라서 해당 사적의 개요, 정비방침과 내용, 경과뿐만 아니라 관리와 운영, 공개 및 활용, 이후의 과제 등도 포함되어야 한다. 특히 지하 유구 등에서 사용한 보존과학적 조치, 유적 표현의 근거와 복원방침, 전통적인 기술과 새로운 기술의 적용 등 해당 사적의 정비에서 실시하는 특수한 조사와 재료 및 공법에 관해 상세히 기재한다. 그 밖에 사적정비보고서에 넣어야 할 내용에 관해서는 다양한 검토가 필요하지만, 여기에서는 일반적으로 포함시켜야 할 내용에 관해서만 해설하기로 한다.

해당 사적의 개요

해당 사적의 내용과 문화재로서의 가치·문화사적 가치·보존 의의·입지·성립·연혁 등은 반드시 확인해서 정리하고, 시기별 변천·복원정비의 기준 시점(안)·해당 사적의 기능과 성격에 맞는 활용방안을 검토한다. 또한 다른 유적과 주변 환경과의 관련성을 나타내고, 해당 사적을 둘러싼 다양한 학설을 포함하여 주요 구성요소와 정비사업의 기본적인 방침을 나타낸다.

정비사업의 과정

발굴에서 보존에 이르는 경위와 조사연구의 연혁·문화재 지정 내용 지정 종별, 지정 연월일, 지정 범위, 지정 설명 등 등을 나타내고, 사적 및 주변 지역의 토지매입·기본계획·도위원회 등 해당 정비사업의 과정을 기술한다.

정비사업의 기본구상

상위계획·관련 계획 및 보존관리계획과의 관계를 정리하고, 사적정비사업의 의의와 계획의 목표 등에 관해 기술한다.

각종 조사연구의 내용과 성과

발굴부터 보존에 이르는 과정에서 시행된 조사와 학술연구를 포함하여 정비사업을 통해 실시한 조사의 내용과 성과를 기록한다. 특히 정비사업을 진행하면서 실시한 시험조사 등에 관해서는 유구 보호와의 관련성을 명확히 하고, 조사방법과 함께 상세한 자료를 기재한다.

사적 정비계획의 방침

어떠한 방침에 기초하여 사적의 정비계획을 수립하는지에 관해 기술한다. 보존과 활용이라는 관점에서 사적 구성요소의 보존과 유구 등의 표현, 각종 시설의 설치 등에 관한 방침을 정리한다. 특히 수리와 복원에 관한 근거 및 방법, 재료 등을 상세하게 기재한다.

정비계획 및 설계의 내용
기본계획 등을 검토하여 최종적으로 결정한 정비계획 및 설계 내용을 기재한다. 계획도 및 설계도를 반드시 게재하고, 각종 조사연구의 성과 등에 기초한 계획 및 설계의 근거를 나타내면서 정비계획방침과의 관계를 명확히 한다.

공사 내용과 시공 과정
감리를 포함하여 실제로 실시한 공사 내용과 시공 과정에 관해 기재한다. 이때 반드시 사진기록을 병용하여 공사 과정과 함께 정비 전후의 상황을 적절히 비교할 수 있도록 한다. 보존관리에 필요한 시설의 설치와 수리에 관해 설명할 때는 적용된 기술의 내용을 파악할 수 있는 사진을 활용한다. 또한 사적의 보존과 역사적 건조물의 복원에 적용된 기술의 방법 및 재료를 상세하게 기재한다.

참고자료
해당 사적의 보존 및 활용과 관련되는 법령, 계획의 개요, 지도위원회의 내용, 팸플릿 등을 게재한다. 연표, 도면, 사진 등 본문 안에 삽입하는 것이 어려운 자료는 보고서의 뒷부분에 별도로 정리한다.

그 외
그 밖에 해당 정비사업에 관한 논문 등과 관계 기관과의 협의, 해당 사적의 조사 및 정비에서 전문가로부터 받은 자문 등을 기록해둘 필요가 있다.

사적정비보고서 수록 내용

항목	내용
1, 지정	사적 등의 지정 경위, 지정 연월일, 지정 범위, 지정 설명 등
2, 관리단체 지정	지정 연월일 외에 관리단체 지정에 관한 사항 등
3, 토지매입	토지매입의 경위, 매입한 토지의 소유자, 연월일, 면적, 주소 등
4, 발굴조사	발굴조사의 경과·내용·성과 및 위원회 등에서 검토한 과정·내용 등
5, 사업 구상	사업 수립의 경위, 사업에 관한 검토 내용, 미팅, 회의 검

6. 상위계획	토 경과 및 내용 등 계획수립의 경위, 타 부처·기관·조직과 관련된 사업의 경과, 회의의 경과와 내용 등
7. 기본계획	기본계획 수립에 관한 위원회의 검토 경과와 내용, 보고서의 편집·인쇄 등
8. 정비를 위한 기초조사	정비를 위한 기초조사의 검토 경과, 조사의 경과·내용, 성과 및 위원회 등의 검토 과정과 내용, 조사의 성과 등
9. 인허가신청	인허가 신청의 경과·내용·연월일 등
10. 설계	실시설계에 관한 내용 및 검토 과정, 설계 내용 등
11. 시공·감리	공사 및 공사 감리의 실시 내용·경과 등
12. 자료	법령, 연표, 도면, 사진 등

사적정비 보고서의 작성 요령

사적정비보고서는 사업 과정에서 검토한 사항과 적용한 기술에 관한 기록을 사업 주체 외에 사적의 보존 및 활용에 관계되는 사람들에게 전달하는 역할을 한다. 따라서 정비사업이 끝날 때 보고서 제작에 들어가는 것이 아니라, 사업을 진행하면서부터 보고의 내용 및 방법을 염두에 둔 기록을 작성해둘 필요가 있다. 때때로 사진 촬영 등을 할 때는 전시와 보고서의 사용방법을 검토하여 작업하는 것이 중요하다.

보고서는 정비 담당자가 직접 작성하는 것을 원칙으로 한다. 이를 위해 정비 담당자는 사업에 착수하기 전부터 보고서에 포함할 내용과 표현방법 등에 관해 연구하는 것이 중요하다. 조사연구와 설계 및 시공에 관한 전문적인 부분은 필요에 따라 전문가와 설계자의 협력을 얻어서 원고 작성, 자료사진 및 도면의 정리와 작성을 진행한다. 배포처 등을 사전에 검토하여 초기 배포에 필요한 부수가 모자라지 않도록 확인해둔다.

사적정비보고서는 해당 사적을 보존 및 활용하는 기초가 되며, 그 밖의 사적정비사업 등에서 귀중한 자료로 쓰인다. 따라서 사적정비 관계자·관계 기관·관련 분야의 연구자 등은 물론 국립도서관과 대학의 관련 학과 등에도 배포하여 일반인이 열람할 수 있도록 한다.

6.2 사적의 유지관리

1 사적 유지관리의 이해

사적의 유지관리는 주로 사적의 구성요소를 양호한 상태로 유지하기 위해 실시하는 점검 및 조치를 말한다. 특히 정비된 사적은 적절한 유지관리에 의해 더욱 효과를 발휘한다고 할 수 있다.

정비된 공간을 양호한 상태로 유지할 뿐만 아니라, 지속적인 기능의 유지가 사적의 보존 및 활용으로 이어진다는 점에서 아주 중요하다.

적절한 유지관리가 이루어지지 않으면 보존 및 수리의 조치와 유구 등의 표현, 시설 등에 사용된 재료의 열화 및 풍화가 가속화되고 보수 및 재정비에 소요되는 시간과 경비가 늘어난다. 게다가 경우에 따라서는 사적의 보존에도 큰 영향을 미치게 되므로, 유지관리가 그만큼 중요하다고 할 수 있다.

2 사적의 유지관리

사적의 유지관리에서는 대상을 명확히 하여 방침을 세울 필요가 있다. 사적을 적절히 보존하기 위해서는 해당 사적에 관계되는 제반사항을 이해하고 주요 구성요소를 정확히 파악해야 한다.

통상 사적을 유지관리하는 단체는 사적의 구성요소를 파악한 내용을 토대로 법령상 정해진 사적의 관리 및 각종 현상변경·신고·신청 등과 함께 안내 및 설명을 진행한다. 사적의 보호시설에 관해서도 파악해둘 필요가 있으며, 사적 활용의 관점에서 안전성과 쾌적성 등을 확보하기 위해 노력해야 한다. 해당 사적의 정비 목표가 계획·설계·공사를 통해서 실현되고 있는지 그리고 사적의 보존과 활용에 문제점이나 개선점이 있는지에 관해 확인하고, 양호한 상태를 유지하기 위해 필요한 보존조치와 점검을 실시해야 한다.

사적의 유지관리에 관계되는 업무에는 주로 점검 및 유지조치가 있다. 사적의 구성요소를 중심으로 정비 후의 상태에 관해 지속적인 점검 및 유지조치를 실시하고, 보존 및 활용의 방향성을 검토하기 위해 작성되는 관리 및 운영계획과 유지조치의 내용 및 방법을 적절히 수정하고 추가한다. 특히 정비 후에 지속적으로 관리가 되지 않으면 계획에서 기대했던 기능을 발휘할 수 없기 때문에 적극적으로 유지관리를 실시해나가야 한다. 또한 정비를 통해 새롭게 설치하는 건축물 및 구조물과 설비 등은 다양한 법규와 관련되며, 안전·방재·위생 등 다양한 분야에 걸친 점검 및 유지조치가 필요하다.

유지관리조치는 빈도나 상태 및 방법 등에 따라 일상적·정기적·임시적인 것으로 나누어 살펴볼 수 있으며, 그 밖에도 다양한 업무가 있다.

유지관리 계획

유지관리업무를 수행할 때는 각 업무의 성질 등을 고려하여 정해진 기간에 필요한 점검 및 유지조치작업의 시기와 횟수 등을 검토하고 활용을 위한 활동 등을 감안한다. 또한 구체적인 목표 및 수준을 정하고 일정 기간의 업무 흐름을 나타내는 작업계획표도 작성해둔다.

업무를 수행하는 체제 및 조직의 규모와 능력에 따라 특정 시기에 업무가 극도로 집중되지 않도록 업무기간을 충분히 배려하면서 앞서 설정한 유지관리의 목표 및 수준에 기초하여 배분해야 한다.

특히 정기적인 유지관리업무와 계절 등에 따른 활용에 관계되는 업무가 중복될 때는, 관람객이 집중되는 시기휴가철, 축제, 연말연시, 지자체의 행사 등나 학교 교육 등과 연계하여 현장학습을 실시하는 시기 등 업무량이 증대하는 시기를 적절히 파악하여 대응할 수 있는 체제 및 조직의 정비를 검토해야 한다.

위에서 살펴본 것처럼 유지관리의 대상은 다양하며, 적절한 목표 및 수준을 상정한 후에 점검 및 조치계획을 수립한다.

**점검 및
유지조치**

사적의 점검 및 유지조치에서 가장 중요한 것은 대상이 되는 유적 및 유구 등의 보존 및 보존시설과 활용 및 활용시설이 항상 올바르게 기능하고 있는지를 확인하여 양호한 상태를 지속적으로 유지하는 데 있다. 다시 말해 사적의 구성요소에 대한 훼손이나 도난 등을 발견하거나 그럴 가능성을 확인하여 필요한 조치를 검토하고자 실시하는 순찰 등의 일상적인 점검이 기본이다. 특히 정비된 사적에서는 기본적인 유지관리 외에도 각 상황에 따른 점검 및 유지조치를 실시해야 한다.

사적의 점검 및 조치에 관해 검토해야 할 기본적인 내용을 정리하면, 다음과 같은 항목을 예로 들 수 있다.

점검 및 조치의 대상

구분	대상	점검 사항
1, 지상의 건조물 및 구조물	해당 사적 내 지상에 노출된 건조물 및 구조물	지상 건조물 및 구조물 훼손, 도난, 방재시설 등
2, 지하의 유적 또는 유구	성토, 노출, 이전된 발굴 유구 또는 유적	붕괴 여부, 보존처리의 경과, 동물에 인한 굴착 등
3, 주변 경관	사적 주변의 법면, 잔디, 조경 등 사적의 주변 경관을 구성하는 요소	법면 붕괴 여부, 수목의 절손·도괴, 수목 병충해 등
4, 전시시설	전시관, 전시실, 박물관, 야외전시물 등	전시 기능, 조명 등 소모품의 교체, 장난·도난, 방재시설, 피난 기능 등
5, 관람시설	관람로, 배수구, 조명, 관람안내판 등	관람로의 훼손, 배수구의 막힘 등, 조명 등 소모품, 관람안내판에 대한 장난이나 훼손 등
6, 안내시설	종합안내판, 개별 안내판, 팸플릿, 음성안내시설	안내판에 대한 장난·훼손 등, 팸플릿의 변경 내용, 음성안내시설 등
7, 편의시설	화장실, 정자, 벤치, 음수대 등	화장실, 음수대의 막힘, 청소 등, 정자·벤치의 훼손 등
8, 안전시설	출입문의 개폐, 출입 금지 표시, 인제책	출입문의 개폐 여부, 출입금지구역의 표시 또는 시설, 인제책의 훼손

일상적인 유지관리

주로 사적의 일상적인 공개 및 활용 업무에서 중요한 부분의 보존과 활용에 지장이 없는지 파악하고 경미한 수리를 통해 양호한 상태를 유지한다. 따라서 전문지식을 동반하지 않고 일상적으로 진행할 수 있는 유지관리업무를 실시한다.

일상적인 점검에서는 개폐 상태 등을 확인하는 단순한 순찰을 바탕으로 사적 전반에 이상이 없는지 살펴본다. 특히 휴일이나 행사 등의 전후에는 평소보다 넓은 범위를 순찰하는 등 경우에 따라 점검 범위와 점검항목을 설정하는 것이 바람직하다.

해당 사적의 특징과 공개 상황 등에 따라 확인해야 하는 중점 항목을 구체적으로 설정해야 하며, 순찰과 동시에 해당 항목에 관한 이상이 없는지 등을 점검하고 비고란을 설치하여 의견 및 대책을 간단히 기록해두는 것이 좋다.

일상적인 유지조치에서는 간단한 청소나 제초 등을 포함하여 경미한 수리를 실시한다. 또한 각각의 조치를 실시한 날짜와 구체적인 내용을 기입하고 비고란을 설치하여 현상을 간단히 기록해두는 것이 좋다.

일상적인 유지관리에 관한 기록을 작성하기 위한 점검표는 이후 사적의 보존과 활용을 계속 검토해나가기 위한 기초자료로 삼을 수 있도록 매일 축적하여 보관해둘 필요가 있다.

그리고 이상을 발견할 경우에는 담당 직원이나 관계 기관 등과 연락 및 협의할 수 있는 체계를 구축하고 이때 취해야 하는 조치 매뉴얼 등을 정리해둘 필요가 있다.

일상적인 점검 및 유지조치 점검표

번호	점검 내용	조치 내용
1	청소는 양호한가?	화장실, 사무실, 전시실, 정비된 사적의 구성요소에 관한 일상적인 청소 등
2	제초는 시행되고 있는가?	잡초 제거 등
3	순찰은 행해지고 있는가?	일상적인 사적 내·외부의 경계 순찰 등
4	문의 개폐 여부는 확인하였는가?	사적 출입 관련 시설, 사무실, 화장실, 전시실 등의 개폐 확인과 개폐

5	사적의 구성요소인 유적 또는 유구에 육안상 이상이 없는가?	육안 관찰에 따른 정비된 사적의 지상·지하 유구 및 유적 등의 훼손 확인과 보고, 사진 촬영
6	시설이나 설비가 작동하는가?	방재시설, 온습도 설비, 그 외 전시시설 등의 작동 여부 확인
7	경미한 조치를 취하였는가?	〈문화재보호법〉에서 정의하는 경미한 조치
8	관람시설은 안전상 이상이 없는가?	미끄러움 등의 확인과 방지조치
9	비상연락망은 숙지하였는가?	비상연락망 도표에 의한 숙지

경미한 문화재수리의 범위

가. 창호지, 장판지 또는 벽지를 바르는 행위
나. 벽화 및 단청이 없는 벽체나 천장의 떨어진 흙을 부분적으로 바르는 행위
다. 누수 방지를 위하여 극히 부분적으로 파손된 기와를 원형대로 교체하는 행위
라. 누수 방지를 위하여 지붕 면적의 10분의 1 이하 또는 지붕 면적의 20제곱미터 이하를 기와고르기 하는 행위
마. 화장실을 기존의 형태로 보수하는 행위
바. 표석, 안내판, 경고판 등을 설치하거나 보수하는 행위
사. 잔디를 보식補植하거나 깎는 행위
아. 기존 배수로 또는 기존 연지蓮池를 준설하는 행위
자. 보호책의 부식된 부분을 기존의 형태로 보수하거나 도색하는 행위
차. 진입 도로, 광장 등의 토사가 유실되거나 굴곡을 형성하는 경우 토사를 채우거나 면을 고르는 행위
카. 일부 훼손된 기단, 담장, 배수로 또는 석축을 교체하거나 바로잡는 행위
타. 성곽이나 건물지 등 유적의 보존·관리를 위하여 잡목을 제거하는 행위
파. 기존의 전기·통신·소방·도난 경보·오수·분뇨처리 시설을 보수하는 행위
하. 기존 초가지붕을 이엉잇기 하는 행위
거. 기존 너와·굴피지붕의 지붕 면적의 10분의 1 이하 또는 지붕 면적의 20제곱미터 이하를 기존의 형태대로 보수하는 행위
너. 일부 훼손된 바닥의 박석, 포방전 또는 전돌을 교체하거나 바로잡는 행위
더. 관련 분야 전문가의 지도를 받아 식물의 보호를 위하여 실시하는 긴급한 병충해의 방제 또는 거름주기

〈문화재수리 등에 관련 법률〉
제4조 제1항 관련

러. 자생 초화류를 심는 행위
머. 문화재의 경관을 해치는 말라 죽은 나무나 가지를 제거하는 행위
버. 그 밖에 문화재청장이 현상 유지 및 관리를 위하여 필요하다고 인정하여 고시하는 행위
가. 제1호의 경미한 문화재수리에 해당하는 행위
나. 기존 시설물을 수리하는 행위로서 수리예정금액이 1천만 원 미만인 경우
다. 기존 시설물의 내부를 정비하는 행위
라. 기존의 전기·통신·소방·도난경보·오수·분뇨처리시설을 보수하거나 신설하는 행위
마. 그 밖에 문화재청장이 문화재의 보존 또는 관리를 위하여 필요하다고 인정하여 고시하는 행위

정기적인 유지관리	정기적인 유지관리업무의 핵심은 사적의 모든 지역에서 상황을 확인하고 보존과 활용에 지장이 없는지를 종합적으로 파악하여 문제가 생기지 않도록 경미한 조치를 강구하는 데 있다.

　　이를 위해 일상적으로 실시하기에는 업무상의 부담이 너무 큰 것은 어느 정도 기간을 두고서 실시하고, 필요에 따라 전문업자 및 전문가의 협력을 얻는다. 유지관리하는 대상에 따라 점검 및 유지조치를 실시하는 시기 및 기간 등을 각각 검토하여 적절한 시기를 설정한다. 지정지의 모든 지역에 적절한 보호가 행해지고 있는지 점검하여 사적 구성요소의 보존 상태와 사적의 보호를 위한 시설의 상황을 확인한다. 보존시설의 기능이 계획하고 설계한 대로 양호하게 유지되고 있는지, 충분한 기능을 다하고 있는지에 관해서도 상세하게 살펴본다.

　　정기적인 유지조치에서는 일상적인 유지조치에서 실시할 수 없는 규모의 청소 및 제초 외에 보존처리 등의 효과를 유지하고 병충해를 방제하기 위해 약제를 도포 및 살포하거나 보존시설에서 건물·설비·기기 등을 보수관리하고 안전관리상의 경미한 조치를 취한다.

　　이러한 정기적인 유지관리는 기본적으로 담당 직원이 실시하지만, 기술적 전문성이 높고 담당 직원이 가진 기능의 범위를 넘어서는 일에 관해서는 전문업자나 전문가의 협력 아래 적절히 실시할 필요가 있다.

나주
신촌리 고분군
잔디 깎기
작업

정기적인
점검 및 유지조치
점검표

번호	점검 내용	조치 내용
1	정기적인 청소는 양호한가?	시설정비의 정기적인 청소, 배수구 막힘 제거, 지붕의 낙엽, 오물 제거 등
2	정기적인 제초는 시행되고 있는가?	여름철 잔디 깎기 등
3	유적 또는 유구에 변화는 없는가?	측정기 확인 등, 보존처리의 변이 또는 정기적인 보존처리 주기 확인에 따른 보존조치
4	정기적인 보존처리가 행해지고 있는가?	노출 유구의 보존처리, 흰개미 방지제 및 방충제 도포 등
5	시설, 설비의 정기점검은 행하였는가?	정기적인 시설, 설비의 청소, 기능 점검에 따른 조치 등
6	호우나 태풍에 대비해 조치를 취하였는가?	호우나 태풍에 대비한 비닐 보양 또는 배수구 점검 등
7	성수기 관람객에 대한 대책은 마련하였는가?	관람객의 증가에 따른 주차장 점검, 안전대책과 교통 통제 점검 및 조치 등
8	행사 관람객에 대한 대책은 마련하였는가?	통행금지, 출입 금지, 화재 예방, 안전시설 점검, 소방서나 경찰서 등과의 연락체계 구축 등의 조치
9	교육프로그램과 관련된 조치를 취하였는가?	통행금지, 출입 금지, 화재 예방, 안전시설 점검, 소방서, 경찰서 등과의 연락

| 10 | 비상연락망은 숙지하였는가? | 체계 구축 등의 조치 비상연락망 도표에 의한 숙지 |
| 11 | 정기적인 점검과 조치의 결과를 기록하고 보고하였는가? | 사진, 보고서 등의 제출 |

임시적인 유지관리

임시적인 유지관리업무는 사적의 지정지 또는 인접한 지역에서 태풍, 지진, 화재 등 및 인위적인 재해 등이 발생하거나 임시적인 행사를 비롯하여 특별한 공개 및 활용을 하는 경우 등에 필요하다. 사적 구성요소의 훼손 및 그 밖에 시설 파손 등의 상황이나 사적 내 안전성을 확인하기 위해 실시하는 임시적인 순찰 및 긴급적·응급적인 조치, 필요에 따른 경미한 보수와 개선조치, 훼손 등의 확대 및 악화 등을 방지하고 본격적인 수리가 필요한 경우에 대비하여 초기 대응 준비를 갖추는 것이 핵심이다.

때때로 이러한 재해나 사고 등이 일어나거나 특별한 행사가 개최될 때는 다양한 기관 및 조직 등이 관계되므로, 임시적인 유지관리에서는 재해나 사고 등의 발생과 행사 개최에 관계되는 여러 기관 등의 역할을 명확히 분담해두어야 한다.

임시 점검에서는 평소에 경비 등의 체제를 갖추어두는 것이 중요하다. 특히 재해나 사고 등이 발생할 경우에는 피해 확산을 방지하기 위해 안전을 충분히 확인한 후 재빨리 상황을 파악하기 위한 순찰을 실시한다. 또한 출입 금지 및 통행금지를 조치하고 흙 포대나 널판 등을 활용한 토사붕괴 방지조치 등으로 안전을 확보한 후 이차적 재해를 방지하기 위해 긴급하고 응급적인 조치를 실시한다. 행사 등을 하는 경우에는 사적 구성요소의 보존관리 및 관람객의 안전성 확보를 위해 가설물 설치 및 인원의 보충과 배치 등에 관련해서 임시적인 조치를 취할 필요가 있다.

임시적인 점검 및 유지조치 점검표

번호	점검 내용	조치 내용
1	태풍, 집중호우, 화재에 대한 점검을 하였는가?	봄철 건기, 여름 우기, 가을 태풍의 대책 및 조치
2	행사에 대비한 조치를 취하였는가?	특별 개방, 전시 등의 임시적인 행사에 대한 통행금지, 출입 금지, 화재 예방, 안전시설 점검, 소방서, 경찰서 등과의 연락체계 구축 등의 조치
3	사적의 훼손에 대한 조치를 취하였는가?	경미한 수리, 긴급보수에 의한 수리 등의 조치
4	사적의 수리 등에 관련한 인허가를 득하였는가?	현상변경 허가신청 등에 대한 조치
5	눈, 비 등에 의한 관람객의 안전조치는 취하였는가?	제설작업, 배수로 점검 및 청소
6	임시적인 조치의 결과를 기록으로 남기고 보고하였는가?	사진, 보고서 제출 등
7	조명 등 소모품은 교체하였는가?	전시시설의 조명 교체 등
8	비상연락망은 숙지하고 있는가?	비상연락망 숙지, 임시적인 행사나 비상시를 위한 출입 금지 및 통행금지 조치와 자재 보관창고 등의 위치 숙지

점검과 기록

사적 유지관리의 목표 및 수준을 나타낸 계획을 세우고, 사전에 작성한 점검표 및 조사표 등의 양식에 근거하여 실시하는 것이 바람직하다. 또한 점검 결과 훼손 등의 이상이 발견되면 발견된 일시, 의견 및 대책 등과 함께 사진과 도면 등으로 상황을 기록하여 보관해둘 필요가 있다.

업무 위탁에 의한 유지관리

지속적인 유지관리를 위해서는 사적의 보호에 필요한 관리업무의 적절한 조합을 전제로 인원, 경비, 효율 및 전문성 등의 관점에서 전문업자에게 관리업무의 일부를 위탁하는 것이 타당한 경우가 있다.
업무위탁에 의한 유지관리의 내용은 일반적으로 다음과 같다.

| 일반적인 업무의 위탁 | 일상적·정기적인 관리 중에서 전문적 지식 및 기능이 필요하지 않는 업무에 관해서는 비상근 관리인을 고용함으로써 지속적인 관리를 위한 인원 부족의 해소·경비 삭감·효율화를 도모한다. 게다가 사적 주변의 주민을 활용하여 해당 사적을 알리는 계기로 삼을 수 있다.

이때 문화재 담당 부서는 관리 매뉴얼 등을 작성하여 사적이 가진 가치와 보존에 관한 인식을 충분히 전달할 수 있도록 노력해야 한다.

이 같은 위탁관리업무는 일상적인 관리업무와 정기적인 관리업무로 나눌 수 있으며, 상황에 따라 용역·고용·전문업자에게 맡기는 등 적절한 방식을 검토한다.

일상적인 관리업무

일상적인 청소·제초·순찰을 포함한 지속적인 관리와 안내와 해설 등의 공개 및 활용에 관계되는 업무이다. 전시관 등을 비롯하여 상주 가능한 시설이 있다. 해당 시설의 관리와 병행하는 비상근 직원을 고용하거나 용역에 위탁하는 것이 적당한 경우도 있다.

정기적인 관리업무

사적 전반에 걸쳐서 잔디 등의 제초와 겨울 양생 등을 연간 정기적으로 실시하는 업무이다. 일상적인 위탁업무와 병행하여 위탁하기도 하지만, 특정 기간에만 작업하기 위해 업자에게 위탁하는 경우도 있다.

전문적인 업무의 위탁

전문성을 가진 유지관리업무 중에서 직접 실시할 수 없는 일에 관해서는 해당 분야의 지식 및 기능을 가진 업자에게 위탁한다.

설비·기기의 정기적인 점검·관리

사적에 설치된 방재설비 외에 보호각 등의 공조설비나 관측기기 등에 관해서는 유구 보존의 기능을 충분히 발휘하기 위해 해당 설비나 기기의 관련 업체에 위탁하는 등 유지를 위한 점검 및 관리를 진행한다.

이 밖에 수도나 전기 등의 설비 및 기기에 관해서는 법령에서 정하는 내용에 따라 정기적으로 전문업자에게 점검 및 관리해나가도록 위탁한다.

지속적인 보존처리

유구 등을 보존하기 위해 정비하여 보존처리를 실시한 부분과 사적의 표현 등에 목재를 이용한 부분은 지속적으로 재처리해나갈 필요가 있다. 이 경우에는 정비의 계획 및 설계를 토대로 목표하는 효과를 지속시키기 위해 해당 보존처리업자 등에 위탁하여 지속적인 경과를 관찰하고 그 결과를 포함하여 재처리와 보수 등을 진행한다.

방제처리

사적의 구성요소 중에서 식물의 병충해 방제와 목조건축의 충해 방제는 일정 기간 지속적으로 실시하면 충분한 효과를 발휘한다. 정비사업이 완료된 후에도 관리의 일환으로서 정기적으로 실시해나갈 필요가 있기 때문에 전문업자에게 위탁하여 진행한다.

그 외

그 밖에 식재관리 등에 관해서는 조경업자에게 위탁하고 대규모 행사는 기획업자에게 위탁하는 등 공개 및 활용과 유지관리에서 적절하다고 판단되는 경우에는 위탁을 검토하고 사적의 직원은 본연의 임무에 충실할 수 있는 업무 체제를 갖춘다.

행사 등을 개최할 때는 경찰서나 소방서 등 관계 기관과 연락 및 협의해야 하는 업무가 있으며, 사적의 유지관리 중에 생길 수 있는 훼손에 대한 경미한 수리 및 현상변경에 관한 업무도 있다.

3 유의사항

사적에서 발생하는 사고는 인명과 관계될 수 있기 때문에 사고 발생 시 필요한 긴급 및 응급 대응체제에 관해 평소에 충분히 정비해두어야 한다.

특히 사적은 유적 및 유구 등의 보호와 경관을 고려하고 재해에 대비하여 옹벽 및 안전 울타리 등의 시설을 설치함에 따라 사고에 대응하기가 적절치 않은 경우가 많으므로, 가능한 한 인적관리를 철저히 하여 대비하는 것이 바람직하다.

안전성의 확보에 관해서는 관리자가 전체 상황을 파악할 필요가 있다. 특히 펜스 등 안전 확보에 관계되는 시설을 충분히 관리하고, 위험한 장소의 출입 등에 관해서는 주의표 등으로 경고하거나 펜스 등을 설치하여 제한 또는 금지조치를 강구할 필요가 있다.

6.3 사적의 활용

1 사적 활용의 이해

활용이란 단순히 보존하고 보여주는 것만이 아니라, 사적이 가진 가치 및 의미를 적극적으로 알리고 이용하게 함으로써 정비된 사적의 가치를 극대화하는 것이라고 할 수 있다. 다시 말해 사적이 지닌 역사적·예술적·학술적·경관적 가치와 기능을 살려 현대에도 효율적으로 체험하고 느낄 수 있게 해주는 행위이다. 물론 문화재의 원형을 보존하여 훼손되지 않게 관리하는 것이 활용의 가장 중요한 목표이다.

문화재는 무엇보다도 역사적 사실과 교훈을 배우고 우리 문화를 느끼게 해준다는 점에서 교육 및 관광자원으로서의 가치가 크다. 또한 다양한 문화상품, 영상자료, 문화콘텐츠 등의 산업자원으로도 쓸 수 있다는 점에서 활용도가 높다.

따라서 현 단계에서는 문화재를 원형대로 보존하고 체계적으로 관리하는 한편, 국민이 문화재를 알고 찾고 향유하는 동시에 다양한 사회경제적 가치를 창출해나갈 수 있도록 활용할 수 있는 종합적인 프로그램을 마련하려는 노력이 필요하다.

2 사적 활용의 유형

사적의 활용에서는 무엇보다 대상의 유형별 특성을 전제로 현재 문화재의 보존과 정비, 관리 및 상태에 따라 다원적인 전략이 수립되어야 한다. 최근에는 이런 다양한 관점에서 사적을 활용한 코스와 더불어 교육·체험·관광 등이 복합된 프로그램을 개발하고 있다. 하지만 각 사적의 성격에 맞춘 프로그램을 개발하기보다는 어디서나 할 수 있는 떡메치기, 토우, 제기차기, 윷놀이 등 특색 없는 프로그램을 열거하는 형태가 되고 있어 오히려 사적의 성격을 애매모호하게 만들고 있다.

사적의 활용을 위한 프로그램은 크게 교육·체험·답사·관광 등에 관한 것으로 나눌 수 있으며, 이를 통해 활용 방안을 적극적으로 모색할 필요가 있다. 사적의 활용 형태를 나누어보면 다음과 같다.

교육형	체험형	답사형	안내형	축제형
학교 교육과 연계하여 진행하는 예절 교육, 한자 교육 등	발굴체험, 토기 맞추기 등의 고고학체험, 병영체험, 농·어·산촌 체험, 만들기 토기, 먹거리 등, 스테이 서원스테이, 템플스테이 등	사적 코스 답사, 지역의 문화유산 답사 등	현지 설명회, 해설사 설명 등	각종 이벤트, 강연회, 축제 등

위에 서술한 것처럼 사적 내에서는 다양한 활용의 형태가 복합적으로 시행되고 있다. 여기서 사적의 유형과 성격에 맞고 가치를 극대화할 수 있는 프로그램을 조합하여 활용할 필요가 있다.

3 사적 활용 프로그램

교육형

학교 교육 등

학교 교육과 연계된 프로그램을 통해 지역의 자산인 사적을 배움으로써 자신이 사는 지역의 역사 및 예술·문화를 접할 수 있고 전통에 대한 자긍심을 가질 수 있다. 또한 어린이나 청소년에게 사적과 관련된 활동에 참가하여 지역의 일원으로서의 사회성을 배우는 계기를 제공해줄 수 있다.

사적을 학교 교육의 장으로 만들어나가기 위해서는 학교와 지역이 서로 적극적으로 협력하여 다양한 프로그램을 준비할 필요가 있다.

왼쪽
서울 풍납토성 학교의 교육 프로그램에 따른 현장학습

오른쪽
초등학교 내에서 이루어지는 문화재 교육

전통 인성교육 등 사적이 가진 본래의 기능과 역할 그리고 전통을 현대에 되살림으로써 의미를 되돌아볼 수 있다. 서원이나 향교는 전통적인 교육기관으로서 현대에도 시설과 기능이 살아 있으므로, 이를 적극 활용하면 지역의 활성화에 기여하고 지역사회에서도 역할을 담당하고 있다는 자긍심을 줄 수 있다.

왼쪽
돈암서원 상읍례 체험

오른쪽
금산 칠백의총 제향 체험

평생교육 등 사회가 다양화되면서 학습에 대한 개인의 열망에 따라 평생 언제라도 자유롭게 기회를 선택하여 배울 수 있는 사회적인 분위기가 조성되었다. 전시관의 시설이나 체험학습시설을 활용하여 전문적이고 다양한 평생학습 프로그램을 구성함으로써 각자 흥미 있는 전통기술 및 전통예능에 관해 배우거나 해당 사적과 관련되는 교육 및 고고학 강좌 등을 접할 기회를 제공할 수 있다.

역사아카데미를 통한 지역역사학습

체험형

농·어·산촌 체험 등

도시에 생활하는 사람 또는 어린이와 청소년이 농·어·산촌에 머무르면서 지역의 문화재와 자연 및 체험을 즐기는 것을 말한다. 농·어·산촌의 역사적 환경과 자연환경을 보전하고, 도시민에게 농사·어로·약초 채집 등 색다른 문화활동을 체험할 기회를 제공한다.

전통공예품의 제작, 농·어·산촌의 각종 작업에 따른 다양한 제품 만들기나 전통적인 생활 등을 실제 체험할 수 있도록 현지 주거를 활용한 숙박 및 체험시설 등을 일관성 있게 구성한다. 또한 농·어·산촌의 다양한 연대를 통한 지역 활성화가 이루어지도록 한다.

1 짚풀공예 체험

2 외암민속마을 물고기잡이 체험

3 아궁이 장작불 때기 체험

4 사적 내 자연을 이용한 꽃 관찰 프로그램

병영·관아 체험

사적을 구성하는 유형 중에는 군사적인 시설이 많다. 성곽을 비롯하여 병영과 관아 등이 있으며, 다양한 시설과 함께 분포하는 경우가 많다.

1 조선시대 군복 입어보기

2 남한산성 '내가 인조라면' 상황극

3
활쏘기 체험

4
병영 체험

산성의 경우에는 건강을 위한 트래킹 코스로 각광받고 있으므로 이와 연계하여 코스를 구성하는 것이 효과적이다. 성곽이나 병영은 군사시설로서 현대 군인이 옛 선인의 병법 등 지혜를 배우고 체험하며 지식을 쌓는 장소로 활용 가능하다.

관아는 공무원이 옛 선인의 목민심서적인 마음가짐을 엿보고 연수를 받는 시설로 활용할 수 있다. 또한 어린이와 청소년은 각 시설이 가진 의미와 역할 및 국가에 대한 의식을 배울 수 있으며, 옛날의 군복을 입어보고 무기를 다뤄봄으로써 대상 사적과 일체감을 맛보는 이색적인 체험을 할 수 있다.

만들기 체험

어린이나 청소년, 어른 할 것 없이 직접 만져보고 만들어보고 그 성과를 체험해보면 상당히 강한 인상을 받게 된다.

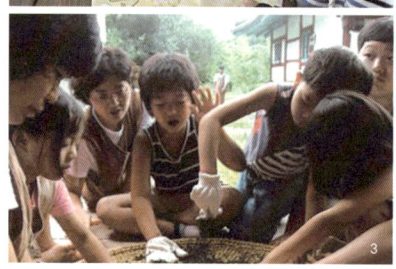

1
문화유적
지도 만들기

2
공주박물관
탁본 체험

3
해남 대흥사
차 만들기 체험

4
고성공룡세계엑스포
발굴체험관

5
연천 전곡리
움집 만들기 체험

6
문경 도자기 만들기 체험
문경 전통 찻사발 축제

선사유적지나 가마터를 중심으로 불 피우기, 토기 만들기, 탁본, 발굴 체험 등과 유물 및 유적 그리기, 선사시대 또는 역사시대의 음식 만들기 등을 체험하면서 각 시대를 이해하고 느낄 수 있다. 또한 전문적인 만들기 체험에서는 각 분야의 장인을 적극 활용하여 일석이조의 효과를 노릴 수 있다.

스테이

최근 서원이나 향교, 사찰 등에서는 본래의 역할과 기능을 살리면서 현대인에게 필요한 정신적인 부분을 보완해주는 긍정적인 프로그램을 많이 개발하고 있다.

휴식기능을 포함하여 일상생활에서 벗어나 이색적인 공간에 머무르면서 정신과 육체에 활력을 준다는 명분으로 진행되며, 우리 문화재와 전통문화에 대한 좋은 인상을 심어줄 수 있다는 점에서 상당히 긍정적이다. 또한 외국인에게도 우리의 문화를 느끼게 해줄 수 있어 활용도가 높다.

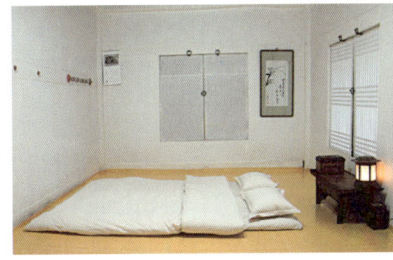

왼쪽
고산서원 숙박 체험

오른쪽
템플스테이
명상 프로그램

답사형

해당 사적의 동선을 따라 답사하거나 지역의 문화재를 둘러볼 수 있는 코스를 답사하는 형태이다. 주제나 인물 등에 따라 코스를 다르게 구성하는 등 다양한 대상에 대한 답사 코스를 만들 수 있다.

최근에는 옛길(과거보러 가던 길 등)을 주제로 한 코스도 개발되고 있어 코스 자체가 답사 대상이 되기도 한다. 이러한 경우에는 전문가가 동행하여 설명하거나 각 사적에 주재하고 있는 해설사가 설명하는 경우가 많다. 건강을 위한 트래킹과 문화유산 답사를 겸하는 코스로도 각광을 받고 있다.

1 경주 남산 답사 용장사지 3층석탑
2 문경새재 답사 제1관문
3 남한산성 단체 답사
4 산성 코스 답사

현장 설명회 등

이전에는 유적 및 유구를 발굴할 때 발굴터를 차폐하여 일반인에게는 공개하지 않았다. 하지만 최근에는 발굴조사 기간 중에도 일반인이 관람할 수 있도록 관람로를 구성하고 유적 및 유구의 사진과 설명을 붙인 안내판을 각 개소에 설치함으로써 유적 및 유구의 발굴에 방해되지 않는 범위에서 관람객이 발굴조사를 더욱 친근하고 가깝게 느낄 수 있도록 야외박물관의 개념을 도입하는 사례가 늘어나고 있다.

이때 발굴 성과를 주기적으로 알릴 수 있는 설명회를 개최하고 유적 및 유구를 공개하는 경우가 많다. 이는 사적 주변의 주민뿐만 아니라 문화재 동호회, 향토 학자 등 많은 사람이 애정을 가지고 지속적인 관심을 가질 수 있도록 유도하는 효과가 있다.

현장 설명회

현장 안내 가이드

우리가 사적을 방문할 때 가장 일반적으로 접하게 되는 경우이다. 해설사가 해당 사적에 상주하거나 사전 요청에 따라 미리 현지에 대기하고 있다가 관람객이 방문하면 사적에 대해 설명해주는 방식이다. 이를 위해서는 해설사의 소양과 전문적인 지식이 필요하므로 지속적인 교육이 이루어져야 한다.

외국어가 가능한 해설사가 전국에 많이 상주하고 있으므로, 사적 답사는 외국인에게 우리 문화를 느끼고 배우게 할 수 있는 코스로도 각광받고 있다.

왼쪽
창덕궁
문화유산 해설사

오른쪽
가이드의
성곽 설명

축제형

도심이나 교외에 위치한 사적은 대부분 지역의 휴식 공간으로 사용되며, 넓은 공간을 유지하고 있는 경우가 많다. 이러한 공간은 많은 사람이 모일 수 있는 행사나 축제의 장소로 적합하며, 이때 문화유적은 좋은 배경이 될 수 있다.

사적과 관련된 스토리를 발굴하여 공연으로 제작하거나 열린 음악회 및 지역 축제를 개최하기에도 유익하다. 전시관이나 체험시설을 이용하여 사적·지역 문화재·문화 관련 강연회 및 강좌 등의 중심지로 충분히 활용할 수 있다.

1, 2
연천
전곡리 구석기
축제

3
수원화성
문화재

4
경복궁 경회루

5
부여
세계대백제전
축제

6
전라병영성
병영 축제

그 외   사적은 자연스럽게 지역의 휴식장소로 활용된다. 도심에서는 여유 공간을 가진 녹지 공간으로, 교외에서는 여가 공간으로서 자연스럽게 생활 공간의 일부로 인식된다.

사적의 운영과 관리에는 다양한 분야의 사람들의 협력이 필요하므로, 이를 통해 지역 주민의 자발적인 활동을 유발하는 장으로 만들어나갈 수 있다.

재능 기부라는 최근의 유행에서도 알 수 있듯이, 자신의 재능을 자원봉사에 활용함으로써 지역에 대한 자긍심을 높이고 관람객에 대한 이미지를 제고하는 시너지 효과를 거둘 수 있다.

왼쪽
청주 흥덕사지
정비된 사적지는
지역 공원으로서
학습과 휴식의
장소가 된다.

오른쪽
남한산성 문화재
지킴이들의 봉사활동
창호지 붙이기

Supplement

용어 해설
참고문헌

용어 해설

1 용어 일반

사적 〈문화재보호법〉에서 말하는 사적은 기념물에 들어가며 기념물에는 사적·명승·천연기념물 등이 있다.
　이 가운데 사적에는 다시 ㉮ 조개무덤, 주거지, 취락지 등의 선사시대 유적, ㉯ 궁터, 관아, 성터, 성터시설물, 병영, 전적지戰蹟地 등의 정치·국방에 관한 유적, ㉰ 역사驛舍·교량·제방·가마터·원지園池·우물·수중유적 등의 산업·교통·주거생활에 관한 유적, ㉱ 서원, 향교, 학교, 병원, 절터, 교회, 성당 등의 교육·의료·종교에 관한 유적, ㉲ 제단, 지석묘, 옛 무덤(군), 사당 등의 제사·장례에 관한 유적, ㉳ 인물유적, 사건유적 등 역사적 사건이나 인물의 기념과 관련된 유적 등이 포함된다.

정비 ① 흐트러진 체계를 정리하여 제대로 갖춤, ② 기계나 설비가 제대로 작동하도록 보살피고 손질한다는 의미로 쓰인다. 사적정비를 중심으로 해석하자면, 사적을 잘 정리하여 가치나 형상 등을 알기 쉽게 나타내거나 옛 기능을 회복하고 유지하도록 한다는 의미이다.

기념물 〈문화재보호법〉에서 말하는 문화재의 일종. 유적, 명승, 동·식물 및 지질·광물로서 역사적·예술적·학술적·경관적 가치가 높은 문화재.

유구 ① 인류가 활동한 흔적이 잔존하는 곳에서 발견되며, 이동할 수 없는 것. ② 과거의 토목또는 건축구조를 알아볼 수 있는 실마리가 되는 구조물.

유물 ① 과거에 인류가 만들어 사용한 것으로서 이동이 가능한 물건. ② 과거의 인류가 남긴 유형의 제작품특히 부피가 작고 옮길 수 있는 물건.

유적 ① 인류가 남긴 유구 및 유물이 있는 곳. ② 옛 인류가 남긴 유형물의 자취특히 부피가 크고 옮길 수 없는 것. ③ 역사상 큰 사변 등이 있었던 자리.

발굴조사	고고학 연구의 대상이 되는 유물을 체계적으로 수집하는 작업.
종합정비 기본계획	〈문화재보호법 시행령〉 제2절 관리 및 보호에 따르면, '정비계획의 목적과 범위에 관한 사항', '문화재의 역사문화환경에 관한 사항', '문화재에 관한 고증 및 학술조사에 관한 사항', '문화재의 보수·복원 등 보존·관리 및 활용에 관한 사항', '문화재의 관리·운영 인력 및 투자 재원(財源)의 확보에 관한 사항', '그 밖에 문화재의 정비에 필요한 사항' 등을 종합적으로 계획하면서 정비사업의 목표, 현황, 조사 결과에 따른 정비계획을 구체적으로 나타내는 것으로서, 〈사적 종합정비계획의 수립 및 시행에 관한 지침〉에 의거하여 시행되는 계획을 말한다.
설계	계획을 세움. 기계, 토목, 건축 등에서 제작 또는 구축에 관한 계획을 미리 도면 등을 통해 설계도서로 정리한 것.
시공	실시설계에 나타나는 내용을 실제 공사를 통하여 구현하는 것.
감리	실시설계도서에 나타나는 설계 의도를 충실하게 시행하기 위해 재료 및 공법의 사양과 수량에 관해 확인하고, 이에 필요한 시공업자에 대해 각종 지시를 하면서 공사의 전반적인 공정을 감리하는 것.
지정문화재	1) 문화재 가운데 역사상·학술상 가치가 큰 유적지로 국가나 시·도가 법적으로 특별히 지정한 것으로서 지정문화재는 국보·보물·중요 무형문화재·사적·명승·사적 및 명승·천연기념물 및 중요 민속자료 등 8개 유형으로 구분되며, 다음과 같은 기준이 적용된다. 국보: 보물에 해당하는 문화재 중 인류문화의 견지에서 그 가치가 크고 유례가 드문 것. 보물: 건조물·전적·서적·고문서·회화·조각·공예품·고고자료·무구 등의 유형문화재 중 중요한 것. 사적: 기념물 중 유적·제사·신앙·정치·국방·산업·교통·토목·교육·사회사업·분묘·비 등으로서 중요한 것. 사적 및 명승: 기념물 중 사적지·경승지로서 중요한 것. 명승: 기념물 중 경승지로서 중요한 것. 천연기념물: 기념물 중 동물(서식지·번식지·도래지 포함), 식물(자생지 포함), 지질·광물로서 중요한 것.

중요 무형문화재: 무형문화재 중 중요한 것.

중요 민속자료: 의식주·생산·생업·교통·운수·통신·교역·사회생활·신앙·민속·예능·오락·유희 등으로서 중요한 것.

비지정문화재 〈문화재보호법〉 또는 시·도의 조례에 의하여 지정되지 않은 것 중에서 보존할 만한 가치가 있는 문화재.

매장문화재 ① 땅속이나 물 밑에 있거나 그 밖에 사람의 눈에 띄지 않는 곳에 묻혀 있는 유형의 문화적 유물이나 유적. ② 〈문화재보호법〉에서는 토지, 해저 또는 건조물 등에 포장包藏된 문화재.

문화재 1) 예술·과학·종교·도덕·법률·경제·민속·생활양식 등에서 문화적인 가치를 지니고 있는 가치가 뛰어난 사물. 2) 〈문화재보호법〉이 보호의 대상으로 정한 유형문화재, 무형문화재, 민속 문화재, 천연기념물, 사적, 명승지 따위를 이르는 말. 3) 〈문화재보호법〉에서는 인위적이거나 자연적으로 형성된 국가적·민족적·세계적 유산으로서 역사적·예술적·학술적·경관적 가치가 큰 다음 각 호의 것을 말한다.

① 유형문화재: 건조물, 전적典籍, 서적書跡, 고문서, 회화, 조각, 공예품 등 유형의 문화적 소산으로서 역사적·예술적 또는 학술적 가치가 큰 것과 이에 준하는 고고자료考古資料.

② 무형문화재: 연극, 음악, 무용, 공예기술 등 무형의 문화적 소산으로서 역사적·예술적·학술적 가치가 큰 것

③ 기념물: 다음 각 목에서 정하는 것

가. 절터, 옛 무덤, 조개무덤, 성터, 궁터, 가마터, 유물 포함층 등의 사적지史蹟地와 특별히 기념이 될 만한 시설물로서 역사적·학술적 가치가 큰 것.

나. 경치 좋은 곳으로서 예술적 가치가 크고 경관이 뛰어난 것.

다. 동물그 서식지, 번식지, 도래지를 포함한다, 식물그 자생지를 포함한다, 광물, 동굴, 지질, 생물학적 생성물 및 특별한 자연현상으로서 역사적·경관적·학술적 가치가 큰 것.

④ 민속자료: 의식주, 생업, 신앙, 연중행사 등에 관한 풍속이나 관습과 이에 사용되는 의복, 기구, 가옥 등으로서 국민생활의 변화를 이해하는 데 반드시 필요한 것

용어 해설

보존관리계획 〈문화재보호법〉에서는 문화재의 보존·관리 및 활용에 관해 다음 각 호의 사항을 말한다.
1) 국가지정문화재의 보수와 정비에 관한 사항.
2) 국가지정문화재 주변 환경의 보호에 관한 사항.
3) 그 밖에 국가지정문화재의 보존·관리 및 활용에 필요한 사항.

현상변경 제15조 국가지정문화재 등의 현상변경 등의 행위
① 법 제35조 제1항 제1호에 따른 국가지정문화재 등의 현상을 변경하는 행위는 다음 각 호의 어느 하나에 해당하는 행위를 말한다.
1. 국가지정문화재, 보호물 또는 보호구역을 수리, 정비, 복구, 보존처리 또는 철거하는 행위
2. 국가지정문화재 천연기념물 중 죽은 것을 포함한다를 포획·채취·사육하거나 표본·박제·매장·소각하는 행위
3. 국가지정문화재, 보호물 또는 보호구역 안에서 하는 다음 각 목의 행위
가. 건축물 또는 도로·관로·전선·공작물·지하구조물 등 각종 시설물을 신축, 증축, 개축改築, 이축移築 또는 용도 변경하는 행위
나. 수목樹木을 심거나 제거하는 행위
다. 토지 및 수면의 매립·간척·굴착·천공穿孔·절토切土·성토盛土 등 지형이나 지질의 변경을 가져오는 행위
라. 수로, 수질 및 수량에 변경을 가져오는 행위
마. 소음·진동 등을 유발하거나 대기오염물질·화학물질·먼지 또는 열 등을 방출하는 행위
바. 오수汚水·분뇨·폐수 등을 살포, 배출, 투기하는 행위
사. 동물을 사육하거나 번식하는 등의 행위
아. 토석, 골재 및 광물과 그 부산물 또는 가공물을 채취, 반입, 반출, 제거하는 행위
자. 광고물 등을 설치, 부착하거나 각종 물건을 야적하는 행위
② 법 제35조 제1항 제2호에 따른 국가지정문화재 동산에 속하는 문화재는 제외한다. 이하 이 항에서 같다의 보존에 영향을 미칠 우려가 있는 행위는 다음 각 호의 어느 하나에 해당하는 행위를 말한다.
1. 역사문화환경 보존지역에서 하는 다음 각 목의 행위
가. 해당 국가지정문화재의 경관을 저해할 우려가 있는 건축물 또는 시설물을 설치·증설하는 행위

나. 해당 국가지정문화재의 보존에 영향을 줄 수 있는 소음·진동 등을 유발하거나 대기오염물질·화학물질·먼지 또는 열 등을 방출하는 행위
다. 해당 국가지정문화재의 보존에 영향을 줄 수 있는 지하 50미터 이상의 굴착행위
라. 해당 국가지정문화재의 보존에 영향을 미칠 수 있는 토지·임야의 형질을 변경하는 행위
2. 국가지정문화재가 소재하는 지역의 수로의 수질과 수량에 영향을 줄 수 있는 수계에서 하는 건설공사 등의 행위
3. 국가지정문화재와 연결된 유적지를 훼손함으로써 국가지정문화재 보존에 영향을 미칠 우려가 있는 행위
4. 천연기념물이 서식·번식하는 지역에서 천연기념물의 둥지나 알에 표시를 하거나, 그 둥지나 알을 채취하거나 손상시키는 행위
5. 그 밖에 국가지정문화재 외곽 경계의 외부 지역에서 하는 행위로서 문화재청장 또는 해당 지방자치단체의 장이 국가지정문화재의 역사적·예술적·학술적·경관적 가치에 영향을 미칠 우려가 있다고 인정하여 고시하는 행위.

관계전문가 〈문화재보호법〉에서 지칭하는 관계전문가는 다음의 자를 말한다.
1) 문화재위원회의 위원 또는 전문위원.
2) 법 제72조에 따른 시·도문화재위원회의 위원 또는 전문위원.
3) 〈고등교육법〉 제14조에 따른 대학에서 문화재와 관련이 있는 학과의 전임강사 이상 되는 교원.
4) 문화재 업무를 담당하는 학예연구사 이상의 학예연구직 공무원 또는 7급 상당 이상의 별정직공무원.
또한 건설공사에 따른 영향검토에서의 관계전문가는 다음의 자를 말한다.
1) 〈고등교육법〉 제14조에 따른 대학에서 건축, 환경, 도시계획, 대기오염, 화학물질, 열 등에 해당하는 관련 분야 학과의 전임강사 이상의 교원.
2) 관련 분야 학회의 추천을 받은 자.
3) 관련 분야 연구기관의 연구원 이상 되는 연구자.

문화재위원회 〈문화재보호법〉에 따라 문화재의 보존·관리 및 활용에 관한 다음 각 호의 사항을 조사·심의하기 위하여 문화재청에서 설치한 위원회를 말한다.
또한 문화재위원회에서 조사·심의하는 내용은 다음과 같다.
1) 국가지정문화재 지정과 그 해제.

2) 국가지정문화재의 보호물 또는 보호구역 지정과 그 해제.
3) 중요무형문화재 보유자, 명예보유자 또는 보유단체의 인정과 그 해제.
4) 국가지정문화재의 중요한 수리 및 복구 명령.
5) 국가지정문화재의 현상변경 또는 국외 반출 허가.
6) 국가지정문화재의 환경 보전을 위한 행위의 제한·금지 또는 시설의 설치, 제거, 이전 등의 명령.
7) 문화재의 등록 및 등록 말소.
8) 매장문화재의 발굴.
9) 국가지정문화재의 보존·관리 또는 활용에 관한 전문적 또는 기술적 사항 중 중요하다고 인정되는 사항.
10) 시·도지정문화재나 문화재자료의 지정 및 관리에 관한 문화재청장의 권고사항.
11) 그 밖에 문화재의 보존·관리 및 활용 등에 관하여 문화재청장이 심의에 부치는 사항.
그리고 각 호의 사항에 대하여 문화재 종류별로 업무를 나누어 조사 및 심의하기 위해 문화재위원회에 분과위원회를 둘 수 있으며, 위원회의 조직 및 운영 등에 필요한 사항은 대통령령으로 정한다.

문화재 소유자 문화재를 자기의 것으로 가지고 있는 자 또는 문화재의 소유권을 가진 자.

문화재 점유자 문화재를 자기의 지배 아래에 두고 있는 사람.

문화재 관리자 문화재의 소유자로부터 위탁을 받아 문화재를 관리하는 자.

손실보상 행정상 손실보상은 공공 필요에 의한 적법한 공권력 행사로 인하여 개인에게 과하여진 '특별한 희생'에 대하여 사유재산권의 보장과 전체적인 공평부담의 견지에서 행정주체가 행하는 조절적인 재산적 보상을 말한다. 손실보상은 적법한 공권력 행사에 의한 것이며, 그 손실은 적법하게 과하여진 '특별한 희생'이라는 점 등에서 손해배상과 구별된다.
2. 〈문화재보호법〉에서 국가는 다음 각 호의 어느 하나에 해당하는 자에 대해서는 손실의 보상을 규정하고 있다.
1) 〈문화재보호법〉 제37조 제1항 제1호부터 제3호까지의 규정에 따른 명령을 이행하여 손실을 받은 자.

2) 제37조 제2항에 따른 조치로 인해 손실을 받은 자를 말한다.

보호구역　지상에 고정되어 있는 유형물이나 일정한 지역이 문화재로 지정된 경우에 해당 지정문화재의 점유 면적을 제외한 지역에서 그 지정문화재를 보호하기 위해 지정하는 구역을 말한다.

지정구역　문화재로 지정된 구역.

영향 검토 구역　지정된 문화재의 주변이 해당 문화재에 영향을 미칠 수 있는 범위를 설정한 것으로, 〈문화재보호법〉에서 해당 구역의 범위를 500미터로 정하고 있다. 또한 각 지자체의 조례로 500미터 범위 안에서 문화재청과 협의 조정하여 영향 검토를 시행하도록 하고 있다.

2 발굴조사 관련 용어

원형보존　문화재의 전부 또는 일부를 현지에 원형대로 보존하는 것.

복토　유적의 발굴 후 발굴 전의 지표 높이까지 흙을 되메우는 것.

성토　복토된 지표에 흙을 돋워 더 높이 쌓는 것.

입회조사　〈매장문화재 보호 및 조사에 관한 법률 시행규칙〉 제5조 제1항 제3호에 따라 건설공사를 시작하는 시점에 공사현장에 참관하여 매장문화재의 출토 여부를 육안으로 확인하는 것을 말한다.

표본조사　건설공사사업 면적 중 매장문화재 유존지역 면적의 2퍼센트 이하 범위에서 가목 및 나목에 따른 매장문화재 발굴조사 조치 여부를 결정하기 위해 법 제11조에 따른 발굴허가를 받지 않고 매장문화재의 종류 및 분포 등을 표본적으로 조사하는 것.

시굴조사　건설공사사업 면적 중 매장문화재 유존지역 면적의 10퍼센트 이하 범위에서 매장문화재를 발굴하여 조사하는 것.

정밀발굴조사	건설공사사업 면적 중 매장문화재 유존지역 면적 전체에 대한 표본조사 또는 시굴조사에서 확인된 유구에 관해 정밀하게 발굴조사하는 것.
이전복원	문화재의 전부 또는 일부를 전시관이나 인근 장소 등으로 이전하여 복원모형으로 복원하는 것을 포함한다하는 것.

3 종합정비기본계획 관련 용어

역사문화환경	문화재 주변의 자연경관이나 역사적·문화적인 가치가 뛰어난 공간으로서 문화재와 함께 보호할 필요성이 있는 주변 환경을 말한다〈문화재보호법〉 제2조(정의).
수리	〈문화재수리 등에 관한 법률〉에서 사용하는 뜻은 다음과 같다. 1. '문화재수리'란 다음 각 목의 어느 하나에 해당하는 것의 보수·복원·정비 및 손상 방지를 위한 조치를 말한다. 가. 〈문화재보호법〉 제2조 제2항에 따른 지정문화재무형문화재는 제외한다. 이하 같다. 나. 〈문화재보호법〉 제32조에 따른 가지정문화재. 다. 지정문화재가지정문화재를 포함한다와 함께 전통문화를 구현·형성하고 있는 주위의 시설물 또는 조경으로서 대통령령으로 정하는 것〈문화재수리 등에 관한 법률〉 제2조(정의).
보링조사	지층의 구성 상태, 지하수위의 각 토층별 특성을 파악하여 이를 기초로 기초설계 및 구조보강에 적용하기 위한 조사.
측량조사	공간상에 존재하는 일정한 점들의 위치를 측정하고 특성을 조사하여 도면에 수치로 표현하거나 도면상의 위치를 현지에 재현하기 위한 조사.
토지이용계획	토지 공간의 평면 위에서 사람들이 영위하는 제반활동을 가늠하여 토지의 이용을 합리적으로 배치하는 작업.
열화	어떤 재료의 성능이 저하되어 일어나는 물리적·화학적 현상.
현상변경 허용기준	〈문화재보호법〉 제13조역사문화환경 보존지역의 보호 제4항 규정④문화재청장 또는 시·도지사는 문화재를 지정하면 그 지정 고시가 있는 날부터 6개월 안에 역사문화환경 보존지역에서

지정문화재의 보존에 영향을 미칠 우려가 있는 행위에 관한 구체적인 행위기준을 정하여 고시하여야 한다에 따라 현상변경 허용기준이 마련되면 시·군·구에서 시행하는 관계전문가 영향검토를 생략하게 되며, 허용기준을 초과할 경우 영향 검토 단계를 생략하고 문화재청으로 이첩하여 현상변경 허가 단계로 진행된다. 또한 문화재청으로 이첩된 문화재 현상변경은 〈문화재보호법〉 36조 허가기준에서 "문화재청장은 제35조 제1항에 따라 허가신청을 받으면 그 허가신청 대상 행위가 다음 각 호의 기준에 맞는 경우에만 허가하여야 한다. 1. 문화재의 보존과 관리에 영향을 미치지 아니할 것. 2. 문화재의 역사문화환경을 훼손하지 아니할 것. 3. 문화재기본계획과 제7조에 따른 연도별 시행계획에 들어맞을 것"으로 정해져 있다.

버퍼존
Buffer-Zone

완충구역. 문화재 주변의 외부로부터 문화재에 미치는 영향을 줄이기 위해 일정 구역을 설정하는 것.

토지조서
해당 토지에 관한 소유관계, 면적, 형태 등의 정보를 나타낸 문서.

4 설계 관련 용어

평면도
해당 층 바닥에서부터 1.5미터 높이에서 아래를 내려다본 상태를 표현한 도면으로서 평면의 구획, 재료의 구성 상태, 개구부 등의 관련 사항을 나타낸다.

단면도
단면도는 대상물의 전체 단면 상황을 검토하는 도면.

입면도
대상물의 전체 높이, 바닥 마감선과 현황 상부의 위치, 모양 및 형태 등의 정보를 주는 도면.

시방서
설계, 제조, 시공 등 도면에 나타낼 수 없는 사항을 문자로 적어서 규정한 설계도서의 일부로, 사양서라고도 한다. 일반적으로 사용 재료의 재질·품질·치수 등 제조·시공상의 방법과 정도, 제품·공사 등의 성능, 특정한 재료·제조·공법 등의 지정, 완성 후의 기술적 외관상의 요구, 일반 총칙사항이 포함된다.

적산서
건축, 토목공사에 소요되는 비용, 즉 공사비를 산출하는 공사원가계산도서.

내역서	공사량, 공사단가 및 공사금액이 명시된 공사내역서. 원가계산서, 총괄 내역, 부문별 내역, 일위대가, 부표, 수량산출조서 등으로 구성된다.
복원	문화재의 중요한 가치 또는 원형이 소실된 경우에 고증을 통해 문화재를 원래 모습이나 특정 시기의 모습으로 전체 또는 일부를 되찾는 행위.

5 시공·감리 관련 용어

문화재수리 기술자	문화재수리에 관한 기술적인 업무를 담당하고 문화재수리기능자의 작업을 지도 및 감독하는 자로서 제10조에 따른 문화재수리기술자 자격증을 발급받은 자를 말한다.
문화재수리 기능자	문화재수리기술자의 지도 및 감독을 받아 문화재수리에 관한 기능적인 업무를 담당하는 자로서 제12조에 따른 문화재수리기능자 자격증을 발급받은 자를 말한다.
문화재수리업	이 법에 따른 문화재수리를 업으로 하는 것을 말한다.
문화재 수리업자	〈문화재수리 등에 관한 법률〉 제14조에 따라 문화재수리업을 등록하고 영위하는 자를 말한다.
실측설계	문화재수리 또는 기록의 보존을 위하여 제1호 각 목의 것을 실측하거나 고증조사 등을 실시하여 실측도서나 설계도서 등을 작성하는 것을 말한다.
문화재실측 설계업	이 법에 따른 실측설계를 업으로 하는 것을 말한다.
문화재실측 설계업자	제14조에 따라 문화재실측설계업을 등록하고 영위하는 자를 말한다.
감리	문화재수리가 설계도서나 그 밖의 관계 서류 및 관계 법령의 내용대로 시행되는지 확인하고 지도 및 감독하는 것을 말한다.

문화재감리업	이 법에 따른 감리를 업으로 하는 것을 말한다. '문화재감리업자'란 제14조에 따라 문화재감리업의 등록을 하고 문화재감리업을 영위하는 자를 말한다.
문화재감리원	문화재수리기술자로서 문화재감리업자에게 소속되어 문화재수리에 따른 감리 업무를 하는 자를 말한다.
도급	원도급(原都給)·하도급(下都給)·위탁, 그 밖의 어떠한 명칭으로든 상대방에게 문화재수리와 실측설계 또는 감리를 완성하여 주기로 약정하고, 다른 상대방은 그 결과에 대하여 대가를 지급할 것을 약정하는 계약을 말한다.
발주자	문화재수리와 실측설계 또는 감리를 문화재수리업자, 문화재실측설계업자 또는 문화재감리업자에게 도급하는 자를 말한다. 다만 수급인으로서 도급받은 문화재수리를 하도급하는 자는 제외한다.
수급인	발주자로부터 문화재수리·실측설계 또는 감리를 도급받은 문화재수리업자와 문화재실측설계업자 또는 문화재감리업자를 말한다.
하도급	수급인이 도급받은 문화재수리의 일부를 도급하기 위해 제3자와 체결하는 계약을 말한다.
하수급인	수급인으로부터 문화재수리를 하도급받은 자를 말한다.
현장대리인	공사현장 대리인으로서 공사에 관한 전반적인 관리 및 공사 업무를 책임지고 시행할 수 있는 권한을 가진 문화재수리기술자를 말한다.
현장요원	해당 공사에 상당한 기술과 경험이 있는 자로서 수급인이 지정 또는 고용하여 현장 시공을 담당하게 하는 건설기술자를 말한다.
승인 지시	수급인으로부터 제출 등의 방법으로 요청받은 공사와 관련된 사항에 대해 공사감독자가 권한 범위 내에서 서면으로 동의하는 것을 말한다. 공사감독자가 수급인에 대하여 권한 범위 내에 필요한 사항을 구두 또는 서면으로 알려주고 실시하도록 하는 것을 말한다.

검사	공사계약문서에 나타낸 시공 등의 단계 및 납품된 공사 재료에 대해서 완성품의 품질을 확보하기 위해 수급인의 확인 검사에 근거하여 검사자가 기성부분 또는 완성품의 품질, 규격, 수량 등을 확인하는 것을 말한다.
확인	공사를 공사계약문서대로 실시하고 있는지의 여부 또는 지시, 조정, 승인, 검사 이후 실행한 결과에 대하여 공사감독자가 원래의 의도와 규정대로 시행되었는지의 여부를 점검하는 것을 말한다.
하자	공사 중이나 준공 후 대상물이 적합하지 않은 것을 말한다.

6 사적정비기법 관련 용어

유구표시	사적정비기법의 하나로, 지하의 유구를 지상에서 여러 가지 재료를 사용하여 평면적으로 나타냄으로써 형태나 위치를 표시하는 기법.
일부 복원	발굴 또는 기존의 역사적 건조물 및 구조물의 형상을 기단 또는 일정 높이의 기둥을 모식적으로 나타내는 등의 사적정비기법.
역사적 건축물	과거에 형성된 것으로서 역사적·예술적·학술적·경관적 가치가 있는 건축유산.
보존	문화재의 가치를 유지하기 위하여 시행하는 제반조치.
보강	문화재의 가치를 유지하기 위하여 현재의 상태를 견고히 하는 행위.
수복	문화재의 원형을 부분적으로 잃거나 훼손하는 경우에 고증을 통해 원래의 모습으로 되돌리는 행위.
이건	문화재의 원형을 최대한 보존하여 다른 장소에 옮기는 행위.

참고문헌

단행본 및 보고서

경주시, 《도심 고분군 보존관리 기본계획》, 경주시, 2004
국립문화재연구소, 《물리탐사를 통한 미륵사 대지 조성 분석 연구》, 국립문화재연구소, 2010
국립문화재연구소, 《사적의 보존활용을 위한 국내조사자료집》, 국립문화재연구소, 2010
국립문화재연구소, 《사적의 보존활용을 위한 해외조사자료집》, 국립문화재연구소, 2010
국립문화재연구소, 《석조 문화재 보존관리 연구 -제2권-》, 국립문화재연구소, 2004
국립문화재연구소, 《석조문화재보존 국제심포지엄》, 국립문화재연구소, 2007
국립문화재연구소, 《유적 발굴과 물리 탐사》, 국립문화재연구소, 2006
국립문화재연구소, 《한국 매장문화재 조사연구 방법론①》, 국립문화재연구소, 2005
국립문화재연구소, 《한국 매장문화재 조사연구 방법론②》, 국립문화재연구소, 2006
국립문화재연구소, 《한국 매장문화재 조사연구 방법론③》, 국립문화재연구소, 2007
국립문화재연구소, 《한국 매장문화재 조사연구 방법론④》, 국립문화재연구소, 2008
국립문화재연구소, 《한국 매장문화재 조사연구 방법론⑤》, 국립문화재연구소, 2009
국립문화재연구소, 《한국 매장문화재 조사연구 방법론⑥》, 국립문화재연구소, 2010
국립문화재연구소, 《한국건축 기술사 연구의 방향모색》, 국립문화재연구소, 2011
김우림, 《문화재 보존 연구 3》, 서울역사박물관 보존처리과, 2006
대한건축학회, 《건축 유산의 보존과 복원, 활용》, 사단법인 대한건축학회, 2005
도중필, 《문화재수리 등에 관한 법률 해설》, 민속원, 2011
문화재관리국, 《문화재 관리국, 문화재 행정의 실제》, 문화재 관리국, 1997
문화재청, 《2009 설계심사위원회 회의록》, 문화재청, 2009
문화재청, 《2009 설계심사위원회 회의록》, 문화재청, 2010
문화재청, 《2009 설계심사위원회 회의록》, 문화재청, 2011
문화재청, 《건조물 문화재 안전점검방안 연구보고서》, 문화재청, 2000
문화재청, 《고분 보존·정비 관리방안 연구보고서》, 문화재청, 2011
문화재청, 《매장문화재 조사 업무처리 지침》, 문화재청, 2005
문화재청, 《문화재 관계 법령집》, 문화재청, 2007
문화재청, 《문화재 대관-사적- 제1권》, 문화재청, 2010
문화재청, 《문화재 대관-사적- 제2권》, 문화재청, 2010
문화재청, 《문화재 보존 관리 및 활용에 관한 기본계획》, 문화재청, 2002
문화재청, 《문화재 연감》, 문화재청, 2011
문화재청, 《문화재 유형별 활용 길라잡이-잠자는 문화재를 깨우는 방법 22가지-》, 문화재청, 2011
문화재청, 《문화재 재난대응 매뉴얼》, 문화재청, 2005
문화재청, 《문화재 현상변경 실무 안내집》, 문화재청, 2004
문화재청, 《문화재 현상변경 업무편람》, 문화재청, 2009
문화재청, 《문화재 활용 우수 사례 모음집 생생 문화재》, 문화재청, 2011
문화재청, 《문화재보존관리활용 5개년 기본계획(안)》, 문화재청, 2012
문화재청, 《문화재수리표준시방서》, 문화재청, 2005
문화재청, 《문화재안내판 가이드라인 및 개선 사례집》, 문화재청, 2009
문화재청, 《문화재정책 중장기 비전 문화유산 2001》, 2007
문화재청, 《사적 지정제도의 개선방안연구》, 문화재청, 2009
문화재청, 《사지 보존·정비 관리방안 연구보고서》, 2010
문화재청, 《서원의 보존관리 매뉴얼》, 문화재청, 2010
문화재청, 《서원의 보존관리방안 연구》, 문화재청, 2010

참고문헌

문화재청,《성곽 용어집》, 문화재청, 2008
문화재청,《성곽 정비 및 보존관리활용방안 지침마련 연구》, 문화재청, 2008
문화재청,《성곽문화재 안전점검방안 연구보고서》, 문화재청, 2001
문화재청,《성곽문화재 정비 및 보존관리 및 활용지침》, 2008
문화재청,《중요 목조문화재 방재시스템 구축 연구보고서》, 문화재청, 2006
문화재청,《한국 성곽 용어 사전》, 문화재청, 2007
문화재청·국립문화재연구소,《사적정비편람》, 문화재청·국립문화재연구소, 2011
문화재청·불교문화재연구소,《사지 보존·정비 관리방안 매뉴얼》, 문화재청·불교문화재연구소, 2010
문화재청·불교문화재연구소,《사지 보존·정비 관리방안 연구보고서》, 문화재청·불교문화재연구소, 2010
문화재청·불교문화재연구소,《한국의 사지》, 문화재청·불교문화재연구소, 2010
문화재청·불교문화재연구소,《2011년 사지 조사사업 실무 토론회 자료집》, 문화재청·불교문화재연구소, 2011
문화재청·한국전통문화대학교 전통문화교육원,《문화재 행정실무 입문》, 문화재청·한국전통문화대학교 전통문화교육원, 2011
문화전략연구소,《문화재 활용을 위한 정책기반 조상연구 최종보고서 I》, 문화전략연구소, 2006
박용기,《문화재보호법과 현상변경》, 한국칼라, 2011
심정보,《백제 산성의 이해》, 주류성, 2009
오세탁,《문화재보호법 원론》, 도서출판 주류성, 2005
장기인,《한국건축대계 Ⅴ 목조》, 普成閣, 2004
장호수,《문화재학개론》, 백산자료원, 2002
재)불교중앙교원대한불교조계종 문화유산발굴조사단,《인각사지 종합정비계획 지표조사 보고서》, 경상북도 군위군, 2001
전라남도·목포대학교박물관,《전남의 고대유적 보존 및 활용방안》, 도서출판 무돌, 2000
제주특별자치도 제주시,《제주항파두리 항몽유적지 토성복원공사》, 제주특별자치도 제주시, 2010. 3
종로구,《서울 문묘 및 일원 보수공사 수리보고서》, 종로구, 2011
한국토지개발공사,《문화재 실무편람》, 한국토지개발공사, 1994
한국토지개발공사,《토지 개발과 문화재 보존 −문화재의 효율적인 관리를 위하여−》, 한국토지개발공사, 1990
한국토지공사,《국토개발과 문화재 보존》, 한국토지공사, 1996

국외자료

奈良文化財研究所,《遺跡整備資料 I》(寺跡·國分寺跡), 1982
奈良文化財研究所,《遺跡整備資料 II》(古墳·墳墓), 1982
奈良文化財研究所,《遺跡整備資料 III》(集落遺跡·製作遺跡), 1982
奈良文化財研究所,《遺跡整備資料 IV》(城館跡·防壘), 1982
奈良文化財研究所,《遺跡整備資料 V》(宮跡·官衙遺跡), 1982
奈良文化財研究所,《遺跡整備資料 VI》(庭園·その他の遺跡), 198
文化廳文化財記念物課 監修,《史跡など整備のてびき−保存と活用のために−》, 同成社.
　　(I 총설편, 자료편, II계획편, III기술편, IV사례편), 2005
일본유적학회,《유적학 연구》, 일본유적학회, 2004
일본유적학회,《유적학 연구》, 일본유적학회, 2005
일본유적학회,《유적학 연구》, 일본유적학회, 2006
일본유적학회,《유적학 연구》, 일본유적학회, 2007
일본유적학회,《유적학 연구》, 일본유적학회, 2008
일본유적학회,《유적학 연구》, 일본유적학회, 2009
일본유적학회,《유적학 연구》, 일본유적학회, 2010
일본유적학회,《유적학 연구》, 일본유적학회, 2011

연구논문

김사덕, 〈석조문화재의 보존〉,《건축역사연구 제8권 2호 통권19호》, 1999. 6
김철주, 〈한일문화재정책의 변화에 따른 사적정비연구 따른〉,《한일문화연구논집 II》,
　　국립문화재연구소·나라문화재연구소, 2010, 142~161쪽
김철주·탁경백, 〈한·일 고대사찰의 정비방안 연구−6~8세기 사찰의 사례를 중심으로〉,
　　《국립 문화재 연구소 한일 공동 연구 논문집》
김흥식, 〈화성발안지구 선사 주거지 복원 및 보호각 설계〉,《건축역사연구 제14권3호 통권 43호》, 2005. 9
이지희·추연희·김화중, 〈역사적 건조물의 방재 안전을 위한 기초연구〉,《대한건축학회 논문집 계획계 22권 2호(통권 208호)》,
　　2006. 2.
임만택, 〈건축문화재의 과학적 복원 및 보존 관리방법〉,《건축》81~92쪽, 2005. 12
임양순, 〈정부의 문화재 보수·보존 정책에 관한 연구〉, 연세대학교 석사학위논문

천득염, 〈석조문화재의 보존방안〉, 《건축》, 2005. 12, 38~45쪽

종합정비 기본계획

(주) 금성종합건축사사무소, 《익산 쌍릉 정비 기본계획》, 익산시, 2000
강진군, 《강진 대구면 도요지 종합정비계획》, 강진군, 2011
강화군, 《강화 삼랑성 종합정비 기본계획》, 강화군, 2006
경주시, 《경주읍성 정비복원 기본계획》, 경주시, 2009. 01
慶州市, 《東國大學校 慶州캠퍼스 博物館, 慶州蒜谷洞·勿川里遺蹟 整備計劃 1》, 慶州市, 2004. 12
固城郡, 《固城 內山里古墳群 遺蹟整備 綜合計劃》, 固城郡, 2005. 11
공주시, 《공주 수촌리 고분군 종합정비기본계획》, 공주시, 2009
광양시, 《마로산성 복원·정비 기본계획》, 광양시, 2005
광주시, 《조선백자도요지 정비기본계획 수립》, 광주시, 2010
구리시, 《아차산일대 보루군 종합정비 기본계획》, 구리시, 2005. 12
南原市, 《廣寒樓苑 補修整備 基本計劃 및 基本設計》, 南原市, 1994. 12
남원시, 《남원읍성 종합정비계획》, 남원시, 2011
南濟州郡, 《城邑民俗마을 綜合整備計劃》, 南濟州郡, 2002. 2
단양군, (재)충청북도문화재연구원, 《단양수양개 유적 종합정비계획 수립연구》, 단양군, (재)충청북도문화재연구원, 2011
담양군, 《潭陽府官衙 전통역사관광개발 기본계획》, 담양군, 2005. 7
담양군, 《潭陽附官衙 전통역사관광개발 기본계획》, 담양군, 2005. 7
대구광역시, 《불로고분공원 기본계획》, 대구광역시, 2000. 7
명지대학교 부설 한국건축문화연구소, 《양주관아지 및 주변 정비 기본계획》, 양주군, 2003
명지대학교 부설 한국건축문화연구소, 《全遷兵營城 및 주변 종합정비기본계획》, 강진군, 2005. 7
명지대학교부설 한국건축문화연구소, 《사근산성 종합정비 기본계획》, 함양군, 2006
명지대학교부설 한국건축문화연구소, 《오간수문 복원방안 연구》, 서울특별시, 2006
문화재청, 《민속마을 보존·활용 및 종합정비세부실천계획》, 문화재청, 2004. 6
釜山廣域市 金井區, 《金井山城 金井鎭 復元 基本計劃》, 釜山廣域市 金井區, 2004. 12
부여군, 《능산리사지 유적정비 기본계획》, 부여군, 2004. 1
부여군, 《부여 부소산성 종합정비 기본계획》, 부여군, 2006
부여군, 《부여 송국리 선사취락지 종합정비기본계획(변경)》, 부여군, 2005
부여군, 《부여 왕흥사지 종합정비 기본계획》, 부여군, 2005. 1
부여군, 《부여 정암리 와요지 정비기본계획》, 부여군, 2001. 12
扶餘郡, 《扶餘羅城 整備工事 基本計劃-東門址 및 陵寺址 復元計劃-》, 扶餘郡, 1998. 10
부여군, 《사적 제 428호 부여 관북리 백제유적정비 기본계획》, 부여군, 2002.12
부여군, 《사적 제428호 부여 관북리 백제유적정비 기본계획》, 부여군, 2005. 12
부여군, 《정림사지 권역 정비 기본계획I》, 부여군, 2006
서산시, 《서산 보원사지 종합정비 기본계획》, 서산시, 2005.8
양산군, 《신기·북정리 고분군 정비계획(안)》, 양산군, 1991.9,
梁山市, 《新基洞山城 復元 基本計劃》, 梁山市, 2006. 8
양주시, 《楊州檜巖寺地 세부유적정비 학술연구보고서》, 양주시, 2005.7
울진군, 《봉평신라비 사적공원조성사업 기본계획》, 울진군, 2005
익산시, 《왕궁리 유적 정비 기본 계획》, 익산시, 2006. 10
益山市, 《益山彌勒山城 東門復元 및 水口整備基本計劃》, 益山市, 2006. 5
장성군, 《홍길동 테마파크 관광지조성계획 보고서》, 장성군, 2005
전남도청·강진군청, 《강진 고성사 청동보살좌상 보존처리보고서》, 전남도청·강진군청, 2011
충청남도 부여군, 《백제 팔충신 유적 성역화사업 기본계획》, 충청남도 부여군, 2002. 7
충청남도역사문화원, 《공주 공산성 유적정비 및 경관관리 기본계획》, 공주시, 2006. 8
충청남도역사문화원, 《동학농민혁명정신을 계승하기 위한 공주 우금티 전적지 복원정비기본계획》, 공주시, 2004. 12
충청남도역사문화원, 《백제시대 국가적 제사유적지 정지산 백제유적 정비기본계획》, 공주시, 2006. 9
충청남도역사문화원, 《자주적 근대개혁운동의 선구자 김옥균선생 유허지 정비기본계획》, 공주시, 2006. 6
충청남도역사문화원, 《조선조 절의의 표상으로 세종대 육진을 개척한 김종서장군 유적 정비기본계획》, 공주시 492, 2006. 7
하남시·한양대학교 문화재연구소, 《이성산성 종합정비 기본계획 학술연구보고서》, 하남시·한양대학교 문화재연구소, 2007
하동군, 《하동 읍성지 복원 종합계획》, 하동군, 2005. 6
홍성군, 《홍주성 복원 기본계획》, 홍성군, 2004. 8